国家现代小麦产业技术体系建设项目

小麦高产创建

赵广才　主编

中国农业出版社

图书在版编目（CIP）数据

小麦高产创建/赵广才主编．—北京：中国农业出版社，2014．3
ISBN 978－7－109－18984－3

Ⅰ．①小… Ⅱ．①赵… Ⅲ．①小麦-高产栽培-栽培技术②小麦-病虫害防治③小麦-除草 Ⅳ．①S512．1 ②S435．12

中国版本图书馆 CIP 数据核字（2014）第 047755 号

中国农业出版社出版
（北京市朝阳区农展馆北路 2 号）
（邮政编码 100125）
责任编辑 杨天桥

北京通州皇家印刷厂印刷 新华书店北京发行所发行
2014 年 3 月第 1 版 2014 年 3 月第 1 版北京第 1 次印刷

开本：880mm×1230mm 1/32 印张：8．875 插页：24
字数：238 千字 印数：1～23 000 册
定价：30．00 元

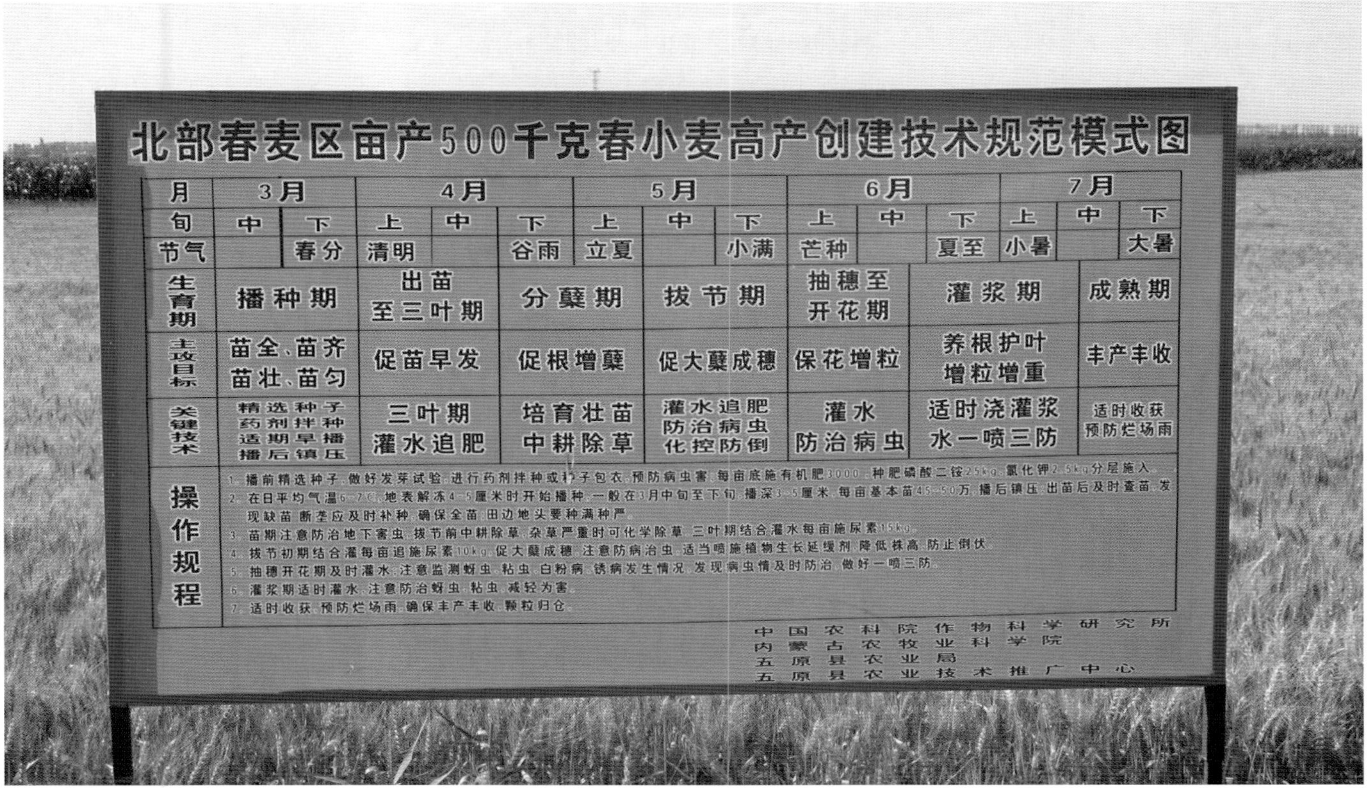

北部春麦区亩产500千克春小麦高产创建技术规范模式图

月	3月		4月			5月			6月			7月		
旬	中	下	上	中	下	上	中	下	上	中	下	上	中	下
节气		春分	清明		谷雨	立夏		小满	芒种		夏至	小暑		大暑
生育期	播种期		出苗至三叶期		分蘖期		拔节期		抽穗至开花期		灌浆期		成熟期	
主攻目标	苗全、苗齐 苗壮、苗匀		促苗早发		促根增蘖		促大蘖成穗		保花增粒		养根护叶 增粒增重		丰产丰收	
关键技术	精选种子 药剂拌种 适期早播 播后镇压		三叶期 灌水追肥		培育壮苗 中耕除草		灌水追肥 防治病虫 化控防倒		灌水 防治病虫		适时浇灌浆 水一喷三防		适时收获 预防烂场雨	

操作规程

1. 播前精选种子，做好发芽试验，进行药剂拌种或种子包衣，预防病虫害。每亩底施有机肥3000，种肥磷酸二铵25kg，氯化钾2.5kg分层施入。
2. 在日平均气温6~7℃，地表解冻4~5厘米时开始播种，一般在3月中旬至下旬，播深3~5厘米，每亩基本苗45~50万，播后镇压，出苗后及时查苗，发现缺苗断垄应及时补种，确保全苗，田边地头要种满种严。
3. 苗期注意防治地下害虫，拔节前中耕除草，杂草严重时可化学除草，三叶期结合灌水每亩施尿素15kg。
4. 拔节初期结合灌每亩追施尿素10kg，促大蘖成穗，注意防病治虫，适当喷施植物生长延缓剂，降低株高，防止倒伏。
5. 抽穗开花期及时灌水，注意监测蚜虫、粘虫、白粉病、锈病发生情况，发现病虫情及时防治，做好一喷三防。
6. 灌浆期适时灌水，注意防治蚜虫、粘虫，减轻为害。
7. 适时收获，预防烂场雨，确保丰产丰收，颗粒归仓。

中国农科院作物科学研究所
内蒙古农牧业科学院
五原县农业局
五原县农业技术推广中心

临汾市亩产600千克小麦高产创建技术规范模式图

<table>
<tr><td>月</td><td colspan="3">10月</td><td colspan="3">11月</td><td colspan="3">12月</td><td colspan="3">1月</td><td colspan="3">2月</td><td colspan="3">3月</td><td colspan="3">4月</td><td colspan="3">5月</td><td colspan="2">6月</td></tr>
<tr><td>旬</td><td>上</td><td>中</td><td>下</td><td>上</td><td>中</td><td>下</td><td>上</td><td>中</td><td>下</td><td>上</td><td>中</td><td>下</td><td>上</td><td>中</td><td>下</td><td>上</td><td>中</td><td>下</td><td>上</td><td>中</td><td>下</td><td>上</td><td>中</td><td>下</td><td>上</td><td>中</td></tr>
<tr><td>节气</td><td>寒露</td><td></td><td>霜降</td><td>立冬</td><td></td><td>小雪</td><td>大雪</td><td></td><td>冬至</td><td>小寒</td><td></td><td>大寒</td><td>立春</td><td></td><td>雨水</td><td>惊蛰</td><td></td><td>春分</td><td>清明</td><td></td><td>谷雨</td><td>立夏</td><td></td><td>小满</td><td>芒种</td><td></td></tr>
<tr><td>生育期</td><td>播种期</td><td colspan="2">出苗至三叶期</td><td colspan="4">冬前分蘖期</td><td colspan="7">越冬期</td><td colspan="2">返青期</td><td colspan="2">起身期</td><td colspan="3">拔节期</td><td>抽穗至开花期</td><td colspan="3">灌浆期</td><td>成熟期</td></tr>
<tr><td>主攻目标</td><td colspan="3">苗全、苗匀
苗齐、苗壮</td><td colspan="4">促根增蘖
培育壮苗</td><td colspan="7">保苗安全越冬</td><td colspan="2">促苗早
发稳长</td><td colspan="2">蹲苗
壮蘖</td><td colspan="3">促大蘖成穗</td><td>保花
增粒</td><td colspan="3">养根护叶
增粒增重</td><td>丰产丰收</td></tr>
<tr><td>关键技术</td><td colspan="3">精选良种
药剂拌种
适期播种
重施底氮
平衡施肥
足墒下种
播后镇压</td><td colspan="4">冬水前移
塌实土壤
壮根促蘖
化学除草
防治病虫</td><td colspan="7">墒情适宜
锄划耙耱
弥缝保墒
严禁放牧</td><td colspan="2">中耕松
土保墒</td><td colspan="2">蹲苗
控节
除草</td><td colspan="3">增量浇水
(60m³/亩)
少量追肥
防治病虫</td><td colspan="4">防治病虫
一喷三防</td><td>适时收获</td></tr>
<tr><td>操作规程</td><td colspan="26">1. 大马力机械粉碎玉米秸秆（长度≤5cm），并清除压倒未粉碎秸秆，地头或地垄边过多秸秆撒匀，达到精、匀；还田后及时旋耕播种，旋耕深度15~20cm，整地达到深、细、透、平、实、足。连续旋耕播种麦田每2~3年应深耕翻或深松一次，耕翻深度25cm左右，深松25~30cm。
2. 播前选用精选良种，做好发芽试验，药剂拌种或种子包衣，防治地下害虫；亩底施磷酸二铵20~25kg，尿素15~25kg，硫酸钾或氯化钾10kg，硫酸锌1.5kg。
3. 在日平均温度15℃左右播种，一般控制在10月5日-10日，播深3-5厘米，每亩基本苗20-25万，播种时田间相对含水量70%以上(土壤含水量18%),播后及时镇压；出苗后及时查苗，发现缺苗断垄应及时补种，确保全苗；田边地头做到不漏种、不重行、避免缺苗断垄和疙瘩苗；
4. 冬前苗期注意观察灰飞虱、叶蝉、麦蚜等害虫发生情况，及时防治，以防传播病毒病；不论墒情如何都应小麦三叶期后开始浇越冬水（11月中下旬），到夜冻昼消结束，限量灌溉30m³/亩，水到地头停止，以塌实土壤，壮根促蘖，确保安全越冬；在11月上中旬，日平均气温高于5℃的无风晴天进行冬前化学除草。
5. 灌水后土壤墒情适宜时进行锄划中耕或耙耱，弥实地表裂缝，防止寒风飕根，保墒防冻。
6. 顶凌期或返青期中耕松土或轻耙轻耱，去除枯叶，保墒提温，一般不浇返青水，不施肥。
7. 起身期不浇水，蹲苗控节；注意观察白粉病和蚜虫发生情况，达到防除指标及时防治；若冬前未进行化除，应在气温稳定在5℃以上的晴天开展化除。
8. 拔节期增量灌水，灌水量不低于60m³/亩，亩追尿素5~10kg（基肥亩施尿素25公斤麦田，可不追施尿素或追施5kg，基肥亩施尿素15kg麦田，追施尿素10kg），促大蘖成穗，并可预防4月上中旬的倒春寒和低温冷害；灌水追肥时间在3月25日-4月10日（根据早春气温和生育期适当调整，早春气温正常或偏高，生育期正常或提前应在3月25日~4月5日浇拔节水；气温偏低，生育期推迟应在4月1日~10日浇拔节水）；注意观察白粉病、锈病发生情况，发现病情及时防治。
9. 4月下旬，密切注意吸浆虫和蚜虫发生情况，并及时采取撒毒土和抽穗期药剂防治。
10. 因拔节期增量灌水，一般情况下不浇灌浆水，但应密切注意天气变化，遇到持续高温干热风等不利气候可浇水；根据田间蚜虫和白粉病发生情况，及时防治，做好“一喷三防”，一般2~3次，防干热风和早衰，提高粒重。
11.蜡熟末期适时收获，防止穗发芽，确保丰产丰收，颗粒归仓。</td></tr>
</table>

中国农业科学院作物科学研究所　山西省农业科学院小麦研究所　国家小麦产业技术体系山西综合试验站

CARS China Agriculture Research System 现代农业产业技术体系

安阳市亩产600千克小麦高产创建技术规范模式图

国家小麦产业技术体系
安阳综合试验站

月	10月			11月			12月			1月			2月			3月			4月			5月			6月	
旬	上	中	下	上	中	下	上	中	下	上	中	下	上	中	下	上	中	下	上	中	下	上	中	下	上	中
节气	寒露		霜降	立冬		小雪	大雪		冬至	小寒		大寒	立春		雨水	惊蛰		春分	清明		谷雨	立夏		小满	芒种	
生育期	播种期	出苗至三叶期		冬前分蘖期				越冬期								返青期	起身期	拔节期			抽穗至开花期		灌浆期		成熟期	
主攻目标	苗全、苗匀 苗齐、苗壮			促根增蘖 培育壮苗				保苗安全越冬								促苗早发稳长	蹲苗壮蘖	促大蘖成穗			保花增粒		养根护叶 增粒增重		丰产丰收	
关键技术	精选种子 药剂拌种 适期播种 播后镇压			防治病虫 适时灌好冻水 冬前化学除草				适时镇压 麦田严禁放牧								中耕松土镇压保墒	蹲苗控节除草	重施肥水 防治病虫			浇开花灌浆水 防治病虫 一喷三防				适时收获	

操作规程

1. 播前精选种子，做好发芽试验，药剂拌种或种子包衣，防治地下害虫；每亩底施磷酸二铵 20kg，尿素 10kg，硫酸钾或氯化钾 10kg，硫酸锌 1.5kg。
2. 在日平均温度 17℃左右播种，一般控制在 10 月 2 日–12 日，播深 3–5 厘米，每亩基本苗 14–22 万，播后及时镇压；出苗后及时查苗，发现缺苗断垄应及时补种，确保全苗；田边地头要种满种严。
3. 冬前苗期注意观察灰飞虱、叶蝉等害虫发生情况，及时防治，以防传播病毒病；根据冬前降水情况和土壤墒情决定是否灌冻水；需灌冻水时，一般要求在昼消夜冻时灌冻水，时间约在 11 月 25 日–30 日；冬前进行化学除草。
4. 冬季适时镇压，弥实地表裂缝，防止寒风飕根，保墒防冻。
5. 返青期中耕松土，提高地温，镇压保墒；一般不浇返青水，不施肥。
6. 起身期不浇水，蹲苗控节；注意观察纹枯病发生情况，发现病情及时防治；注意化学除草。
7. 拔节期重施肥水，促大蘖成穗；每亩追施尿素 18kg，灌水追肥时间约在 4 月 10 日–15 日；注意观察白粉病、锈病发生情况，发现病情及时防治。
8. 浇好开花灌浆水，强筋品种或有脱肥迹象的麦田，可随灌水每亩施 2–3kg 尿素，时间约在 5 月 5 日–10 日；及时防治蚜虫、吸浆虫和白粉病；做好一喷三防。
9. 适时收获，防止穗发芽，避开烂场雨，确保丰产丰收，颗粒归仓。

中国农业科学院作物所（北京）　安阳市农业科学院

江苏里下河地区亩产500千克小麦高产创建技术规范模式图

月	10月	11月			12月			1月			2月			3月			4月			5月			6月
旬	下	上	中	下	上	中	下	上	中	下	上	中	下	上	中	下	上	中	下	上	中	下	上
节气	霜降	立冬		小雪	大雪		冬至	小寒		大寒	立春		雨水	惊蛰		春分	清明		谷雨	立夏		小满	芒种

生育期	播种期	出苗至三叶期	冬前分蘖期	越冬期	返青起身期	拔节期	抽穗开花	灌浆期	成熟期
主攻目标	苗早、苗全、苗匀 苗齐、苗壮		促根增蘖 培育壮苗	保苗安全越冬	稳长、 壮蘖	培育壮秆、巩固分 蘖成穗、攻大穗	保花 增粒	养根保叶 增粒增重	丰产丰收
关键技术	精选种子 适宜播量 药剂拌种 适期播种 施足基肥 开好三沟		看苗施用壮蘖肥 适墒化除	清沟理墒	春季化除	重施拔节孕穗肥 防治纹枯病	防治赤霉病、白粉病、穗 蚜危害 一喷三防		适时收获

操作规程

1. 播前精选种子，进行药剂拌种或种子包衣，预防苗期病害，做好发芽试验。每亩基施三元复合肥（N:P:K=15:15:15）25-30kg，尿素 8-10kg，硫酸锌 1.5kg。
2. 在日平均温度 14-16℃左右播种，一般控制在 10 月 25 日-11 月 5 日，播深 2-3 厘米，每亩基本苗 10-12 万（精量半精量播种），播后及时窨水。出苗后及时查苗，发现缺苗断垄应及时补种，确保全苗，田边地头要种满种严。
3. 幼苗期注意防治蚜虫、灰飞虱，防除杂草。分蘖期看苗施用壮蘖肥，清理麦田三沟。
4. 返青期及时防治纹枯病和杂草。
5. 拔节孕穗期施好拔节孕穗肥，培育壮秆、巩固分蘖成穗、攻大穗。3 月中旬看苗施用拔节肥，45%三元复合肥 20-25kg；3 月底前施孕穗肥尿素 8 kg 左右；，及时防治白粉病。
6. 开花期注意防治蚜虫、白粉病和赤霉病，做好一喷三防。赤霉病防治立足开花始期或花前 1-2 天进行；如防治后一周内遇雨，则再防一次。
7. 适时收获，确保丰产丰收，颗粒归仓。

中国农业科学院作物科学研究所　江苏里下河地区农业科学研究所

衡水市亩产600千克小麦高产创建技术规范模式图

月	10月			11月			12月			1月			2月			3月			4月			5月			6月	
旬	上	中	下	上	中	下	上	中	下	上	中	下	上	中	下	上	中	下	上	中	下	上	中	下	上	中
节气	寒露		霜降	立冬		小雪	大雪		冬至	小寒		大寒	立春		雨水	惊蛰		春分	清明		谷雨	立夏		小满	芒种	
生育期	播种期	出苗至三叶期		冬前分蘖期					越冬期							返青期		起身期	拔节期		孕穗期	抽穗至开花期	灌浆期		成熟期	
主攻目标	苗全、苗匀 苗齐、苗壮			促根增糵 培育壮苗					保苗安全越冬							促苗早发稳长		蹲苗壮糵	促大糵成穗		防吸浆虫	保花增粒	养根护叶 增粒增重		丰产丰收	
关键技术	药剂拌种、精细整地适期播种、播后镇压			防治病虫 适时灌好冻水 冬前化学除草					适时镇压 麦田严禁放牧							中耕松土镇压保墒		蹲苗控节除草	重施肥水 防治病虫		撒施毒土	浇开花灌浆水 防治病虫 一喷三防			适时收获	

操作规程

1. 播前精选种子，做好发芽试验，药剂拌种或种子包衣，防治地下害虫；施足底肥，实行测土配方施肥，亩底施纯N 7-8kg，P_2O_5 9-10kg，K_2O 4-6kg，硫酸锌1-1.5kg。
2. 在日平均温度17℃左右播种，一般控制在10月5-15日，播深4-5厘米，每亩基本苗18-25万，播后及时镇压；出苗后及时查苗，发现缺苗断垄应及时补种，确保全苗；田边地头要种满种严。注意每3年深松或深耕一次，耕地深度在25-30厘米。
3. 冬前苗期注意观察灰飞虱、叶蝉等害虫发生情况，及时防治，以防传播病毒病；根据冬前降水情况和土壤墒情决定是否灌冻水；需灌冻水时，一般要求在昼消夜冻时灌冻水，时间约在11月25日-30日；冬前进行化学除草。
4. 冬季适时镇压，弥实地表裂缝，防止寒风飕根，保墒防冻。
5. 返青期中耕松土，提高地温，镇压保墒，一般不浇返青水，不施肥。
6. 起身期不浇水，蹲苗控节；注意观察纹枯病发生情况，发现病情及时防治；注意化学除草。
7. 拔节期重施肥水，促大糵成穗；每亩追施尿素18kg，灌水追肥时间约在4月5日-15日；注意观察白粉病、锈病发生情况，发现病情及时防治。
8. 孕穗期每亩用毒死蜱颗粒剂1kg或甲基异柳磷颗粒剂2kg拌土25kg撒施，防治蛹期吸浆虫效果最佳。
9. 浇好开花灌浆水，强筋品种或有脱肥迹象的麦田，可随灌水每亩施2-3kg尿素，时间约在5月5日-10日；及时防治蚜虫、吸浆虫、白粉病和赤霉病；做好一喷三防。
10. 适时收获，防止穗发芽，避开烂场雨，确保丰产丰收，颗粒归仓。

中国农业科学院作物科学研究所　　衡水市农业科学研究院

邯郸市亩产600千克小麦高产创建技术规范模式图

月	10月			11月			12月			1月			2月			3月			4月			5月			6月	
旬	上	中	下	上	中	下	上	中	下	上	中	下	上	中	下	上	中	下	上	中	下	上	中	下	上	中
节气	寒露		霜降	立冬		小雪	大雪		冬至	小寒		大寒	立春		雨水	惊蛰		春分	清明		谷雨	立夏		小满	芒种	
生育期	播种期	出苗至三叶期		冬前分蘖期				越冬期								返青期	起身期		拔节期		抽穗至开花期	灌浆期			成熟期	
主攻目标	苗全、苗匀 苗齐、苗壮			促根增蘖 培育壮苗				保苗安全越冬								促苗早发稳长	蹲苗壮蘖		促大蘖成穗		保花增粒	养根护叶 增粒增重			丰产丰收	
群体	15–20万			60–90万												90–120万				穗数:50—55万 穗粒数:32—35个 千粒重40克以上						
关键技术	精选种子 药剂拌种 适期播种 播后镇压			防治病虫 冬前化学除草 适时灌好冻水 适时锄划				麦田严禁放牧								中耕松 土镇压 保墒	蹲苗 控节 除草		重施肥水 防治病虫		浇灌浆水 防治病虫 喷叶面肥 一喷综防				适时收获	

操作规程

1.播前视降雨情况和土壤墒情确定是否浇底墒水，保证足墒播种；实施玉米秸秆粉碎还田或增施有机肥，不断培肥地力；精耕细作，采用旋耕与深耕相结合的方式进行整地，深翻后要耙平，土壤要达到上松下实。

2.选用半冬性品种，播前精选种子，做好发芽试验，药剂拌种或种子包衣，防治地下害虫；每亩底施磷酸二铵25kg，尿素10kg，硫酸钾或氯化钾15kg，硫酸锌1.5kg。

3.在日平均温度17℃左右播种，一般控制在10月10–15日，播深3–5cm，每亩基本苗15–20万，播后及时镇压；出苗后及时查苗，发现缺苗断垄应及时补种，确保全苗；田边地头要种满种严。

4.冬前苗期注意观察灰飞虱、叶蝉等害虫发生情况，及时防治，以防传播病毒病；根据冬前降水情况和土壤墒情决定是否灌冻水；需灌冻水时，一般要求在日平均气温下降到3℃，时间约在11月下旬至12月上旬；适时锄划，弥实地表裂缝，防止寒风飕根，保墒防冻。冬前化学除草（小麦3片叶，最低气温不低于4℃）。

5.返青期中耕松土，提高地温，镇压保墒；一般不浇返青水，不施肥。

6.起身期不浇水，蹲苗控节；注意观察纹枯病发生情况，发现病情及时防治；注意化学除草。

7.拔节期重施肥水，促大蘖成穗；每亩追施尿素18kg，灌水追肥时间约在4月1–10日；注意防治吸浆虫，观察白粉病、锈病发生情况，发现病情及时防治。

8.浇好灌浆水，强筋品种或有脱肥迹象的麦田，可随灌水每亩施2–3kg尿素，时间约在5月10日–15日；及时防治蚜虫、吸浆虫、赤霉病、白粉病；做好一喷综防。

9.适时收获，防止穗发芽，避开烂场雨，确保丰产丰收，颗粒归仓。

中国农业科学院作物科学研究所　邯郸市农业科学院/邯郸综合试验站

陕西省亩产600千克小麦高产创建技术规范模式图

国家小麦产业技术体系
杨凌小麦综合试验站

<table>
<tr><td>月</td><td colspan="3">10月</td><td colspan="3">11月</td><td colspan="3">12月</td><td colspan="3">1月</td><td colspan="3">2月</td><td colspan="3">3月</td><td colspan="3">4月</td><td colspan="3">5月</td><td colspan="2">6月</td></tr>
<tr><td>旬</td><td>上</td><td>中</td><td>下</td><td>上</td><td>中</td><td>下</td><td>上</td><td>中</td><td>下</td><td>上</td><td>中</td><td>下</td><td>上</td><td>中</td><td>下</td><td>上</td><td>中</td><td>下</td><td>上</td><td>中</td><td>下</td><td>上</td><td>中</td><td>下</td><td>上</td><td>中</td></tr>
<tr><td>节气</td><td>寒露</td><td></td><td>霜降</td><td>立冬</td><td></td><td>小雪</td><td>大雪</td><td></td><td>冬至</td><td>小寒</td><td></td><td>大寒</td><td>立春</td><td></td><td>雨水</td><td>惊蛰</td><td></td><td>春分</td><td>清明</td><td></td><td>谷雨</td><td>立夏</td><td></td><td>小满</td><td>芒种</td><td></td></tr>
<tr><td>生育期</td><td>播种期</td><td colspan="2">出苗至三叶期</td><td colspan="5">冬前分蘖期</td><td colspan="7">越冬期</td><td>返青期</td><td colspan="2">起身期</td><td colspan="2">拔节期</td><td colspan="2">抽穗至开花期</td><td colspan="2">灌浆期</td><td colspan="2">成熟期</td></tr>
<tr><td>主攻目标</td><td colspan="3">苗全、苗匀
苗齐、苗壮</td><td colspan="5">促根增蘖
培育壮苗</td><td colspan="7">保苗安全越冬</td><td>促苗早
发稳长</td><td colspan="2">蹲苗
壮蘖</td><td colspan="2">促大蘖成穗</td><td colspan="2">保花
增粒</td><td colspan="2">养根护叶
增粒增重</td><td colspan="2">丰产丰收</td></tr>
<tr><td>关键技术</td><td colspan="3">精选种子
药剂拌种
适期播种
播后镇压
精量宽幅条播</td><td colspan="5">防治病虫
及时冬灌
冬前化学除草</td><td colspan="7">适时镇压划锄
麦田严禁放牧</td><td>中耕松
土镇压
保墒</td><td colspan="2">蹲苗
控节
除草</td><td colspan="2">注意肥水
防治病虫</td><td colspan="4">防治病虫
一喷三防</td><td colspan="2">适时收获</td></tr>
<tr><td>操作规程</td><td colspan="26">1. 播前精选种子，做好发芽试验，药剂拌种或种子包衣，防治地下害虫；每亩底施磷酸二铵 20kg，尿素 10kg，硫酸钾或氯化钾 10kg，硫酸锌 1.5kg。
2. 在日平均温度 17℃左右播种，一般控制在 10 月 5 日-15 日，播深 3-5 厘米，每亩基本苗 14-22 万，播后及时镇压；出苗后及时查苗，发现缺苗断垄应及时补种，确保全苗；田边地头要种满种严。
3. 及时冬灌，在陕西关中要重视冬灌，一般要求在昼消夜冻时冬灌，时间约在 12 月 25 日-30 日；冬前进行化学除草。结合冬灌亩施尿素 15 公斤；冬灌后及时划锄，弥实地表裂缝，防止寒风飕根，保墒防冻。
4. 返青期中耕松土，提高地温，镇压保墒；一般不浇返青水，不施肥。
5. 起身期不浇水，蹲苗控节；注意观察纹枯病发生情况，发现病情及时防治；注意化学除草。
6. 拔节期根据土壤墒情，注意肥水管理，遇雨水或灌水时，每亩追施尿素 18kg；注意观察白粉病、锈病发生情况，发现病情及时防治。
7. 抽穗、开花、灌浆期，强筋品种或有脱肥迹象的麦田，可随雨水或灌水每亩施 2-3kg 尿素，时间约在 5 月 5 日-10 日；及时防治蚜虫、吸浆虫和白粉病；做好一喷三防。
8. 适时收获，防止穗发芽，避开烂场雨，确保丰产丰收，颗粒归仓。</td></tr>
</table>

中国农业科学院作物科学研究所　　西北农林科技大学

赵县亩产600千克小麦高产创建技术规范模式图

月	10月			11月			12月			1月			2月			3月			4月			5月			6月	
旬	上	中	下	上	中	下	上	中	下	上	中	下	上	中	下	上	中	下	上	中	下	上	中	下	上	中
节气	寒露		霜降	立冬		小雪	大雪		冬至	小寒		大寒	立春		雨水	惊蛰		春分	清明		谷雨	立夏		小满	芒种	
生育期	播种期	出苗到三叶期		冬前分蘖期					越冬期							返青期	起身期		拔节期			抽穗至开花期	灌浆期			成熟期
主攻目标	苗全、苗匀 苗齐、苗壮			促根增蘖 培育壮苗					保苗安全越冬							促苗早发稳长	蹲苗壮蘖		保大蘖成穗			保花增粒	养根护叶 增粒增重			丰产丰收
关键技术	精选种子 药剂拌种 适期播种 播后镇压			防治病虫 适时灌好冻水 冬前化学除草					适时镇压 麦田严禁放牧							中耕松土 镇压保墒	蹲苗控节除草		重施肥水 防治病虫			浇开花灌浆水 防治病虫 一喷三防				适时收获

操作规程

1、播前精选种子，做好发芽试验，药剂拌种或种子包衣，防治地下害虫；每亩底施磷酸二铵20kg,尿素10kg，硫酸钾或氯化钾10kg,硫酸锌1.5kg。

2、在日平均温度17℃左右播种，一般控制在10月5日–15日，播深3–5厘米，每亩基本苗18–22万，播后及时镇压，出苗后及时查苗，发现缺苗断垄应及时补种，确保全苗，田边地头要种满种严。

3、冬前苗期注意观察灰飞虱，叶蝉等害虫发生情况，及时防治，以防传播病毒病；在昼消夜冻时灌冻水，时间约在11月25日–12月5日；冬前进行化学除草。

4、冬季适时镇压，弥实地表裂缝，防止寒风飕根，保墒防冻。

5、返青期中耕松土，提高地温，镇压保墒；一般不浇返青水，不施肥。特别干旱年份早春可适当补水。

6、起身期不浇水，蹲苗控节；注意观察纹枯病发生情况，发现病情及时防治；注意化学除草。

7、拔节期重施肥水，促大蘖成穗；每亩追施尿素15–20kg，灌水追肥时间约在4月5日–15日；注意观察白粉病、锈病发生情况，发现病情及时防治。

8、浇好开花灌浆水，强筋品种或有脱肥迹象的麦田，可随灌水亩施2–3kg尿素,时间在5月5日左右；及时防治蚜虫、吸浆虫和白粉病；做好一喷三防。

9、适时收获，防止穗发芽，避开烂场雨，确保丰产丰收，颗粒归仓。

中国农业科学院作物科学研究所
赵县农业科学研究所

新乡市亩产600千克小麦高产创建技术规范模式图

月	10月			11月			12月			1月			2月			3月			4月			5月			6月
旬	上	中	下	上	中	下	上	中	下	上	中	下	上	中	下	上	中	下	上	中	下	上	中	下	上
节气	寒露		霜降	立冬		小雪	大雪		冬至	小寒		大寒	立春		雨水	惊蛰		春分	清明		谷雨	立夏		小满	芒种
生育期	整地	播种	出苗到三叶期	冬前分蘖期					越冬期					返青期		起身期	拔节孕穗期			抽穗至开花期		灌浆期			成熟期
主攻目标		苗全、苗匀苗齐、功壮		促根增蘖培育壮苗					保苗安全越冬					促苗早发稳长		蹲苗壮蘖	促大蘖成穗			保花增粒		养根护叶增粒增重			丰产丰收
关键技术		精选种子药剂拌种适期播种足墒下种播后镇压查苗补种		防治病虫适时灌好冻水冬前化学除草					适时镇压麦田严禁放牧					中耕松土镇压保墒		蹲苗控节除草	重施肥水防治病虫			浇开花灌浆水防治病虫一喷三防					适时收获

操作规程

1、播前精选种子，做好发芽试验，药剂拌种或种子包衣；精细整地，足墒下种；每亩底施磷酸二铵20kg，尿素10kg，硫酸钾或氯化钾10kg，硫酸锌1.5kg。

2、在日平均温度15℃左右播种，一般控制在10月8日—15日，播深3—5厘米，每亩基本苗16—20万，播后及时镇压；出苗后及时查苗补种，确保全苗；田边地头要种满种严。

3、冬前苗期注意观察灰飞虱、叶蝉等害虫发生情况，及时防治，以防传播病毒病；根据冬前降水情况和土壤墒情决定是否灌冻水；需灌冻水时，一般要求在昼消夜冻时灌冻水，时间约在12月10日–20日；冬前进行化学除草。

4、冬季适时镇压，弥实地表裂缝，保墒防冻。

5、返青期中耕松土，提高地温，镇压保墒；一般不浇返青水，不施肥。

6、起身期不浇水，蹲苗控节；注意观察纹枯病发生情况，发现病情及时防治；注意化学除草。

7、拔节期重施肥水，促大蘖成穗；每亩追施尿素18kg，灌水追肥时间在3月下旬；注意观察白粉病、锈病发生情况，发现病情及时防治。

8、浇好开花灌浆水，强筋品种或有脱肥迹象的麦田，每亩用尿素1公斤、磷酸二氢钾0.2公斤加水50公斤进行叶面喷肥，时间约在5月5日–10日；及时防治蚜虫、吸浆虫和白粉病；做好一喷三防。

9、适时收获，防止穗发芽，避开烂场雨，确保丰产丰收，颗粒归仓。

中国农业科学院作物科学研究所　新乡市农业科学院 / 新乡小麦综合试验站　新乡市农技站

亳州市亩产600千克小麦高产创建技术规范模式图

月	10月			11月			12月			1月			2月			3月			4月			5月			6月
旬	上	中	下	上	中	下	上	中	下	上	中	下	上	中	下	上	中	下	上	中	下	上	中	下	上
节气	寒露		霜降	立冬		小雪	大雪		冬至	小寒		大寒	立春		雨水	惊蛰		春分	清明		谷雨	立夏		小满	芒种
生育期	播种期	出苗至三叶期		冬前分蘖期					越冬期					返青至起身期			拔节、孕穗期			抽穗至开花期	灌浆期			成熟期	
主攻目标	苗全、苗匀 苗齐、苗壮			促根增蘖 培育壮苗					保苗安全越冬					促苗早发稳长 蹲苗壮蘖，促 弱控旺，构建 丰产群体			促大蘖成穗 促穗大粒多			保花增粒	养根护叶 增粒增重			丰产丰收	
关键技术	药剂拌种 土壤处理 精细整地 适期播种			防治病虫 适时灌好冻水 冬前化学除草					适时镇压 麦田严禁放牧					中耕松土 蹲苗控节			重施肥水 防治病虫			防治病虫 一喷三防 叶面喷肥				适时收获	

操作规程

1. 播前精细整地，实施秸秆还田和测土配方施肥，做好种子与土壤处理，防治地下害虫和苗期病害。一般每亩底施磷酸二铵20–25kg，尿素10kg，硫酸钾或氯化钾10kg；或三元复合肥（N:P:K=15:15:15）50–60kg，尿素10kg；硫酸锌1.5kg。

2. 在日平均温度17℃左右播种，一般控制在10月5日–15日，播深3–5厘米，并做到足墒匀播，每亩基本苗15–18万，播前或播后及时镇压；出苗后及时查苗，发现缺苗断垄应及时补种，确保全苗。

3. 冬前应重点做好麦田化学除草，同时加强对地下害虫、麦黑潜叶蝇和胞囊线虫病的查治，注意防治红蜘蛛、蚜虫等害虫；根据冬前降水和土壤墒情决定是否灌冻水，需灌冻水时，一般要求在昼消夜冻时灌冻水，时间约在11月下旬至12月上旬；暖冬年注意防止麦田旺长。

4. 冬季适时镇压，弥实地表裂缝，保墒防冻。

5. 返青期中耕松土，提高地温，镇压保墒；群、个体生长正常麦田一般不灌返青水，不施肥；起身期一般不浇水，蹲苗控节，注意防治纹枯病。

6. 拔节期重施肥水，促大蘖成穗和穗花发育。一般在3月中下旬结合降雨或浇水每亩追施尿素15kg；注意防治白粉病、锈病，防治麦蚜、麦蜘蛛。

7. 4月下旬可结合降水每亩追施2–3kg尿素；科学预防赤霉病，兼防白粉病、锈病；重点防治蚜虫、吸浆虫，做好一喷三防和叶面喷肥。

8. 适时收获，防止穗发芽，晒干扬净，颗粒归仓，防虫防霉，确保丰产丰收。

中国农业科学院作物科学研究所　亳州农业科学研究所

各地（部分）小麦高产创建模式图

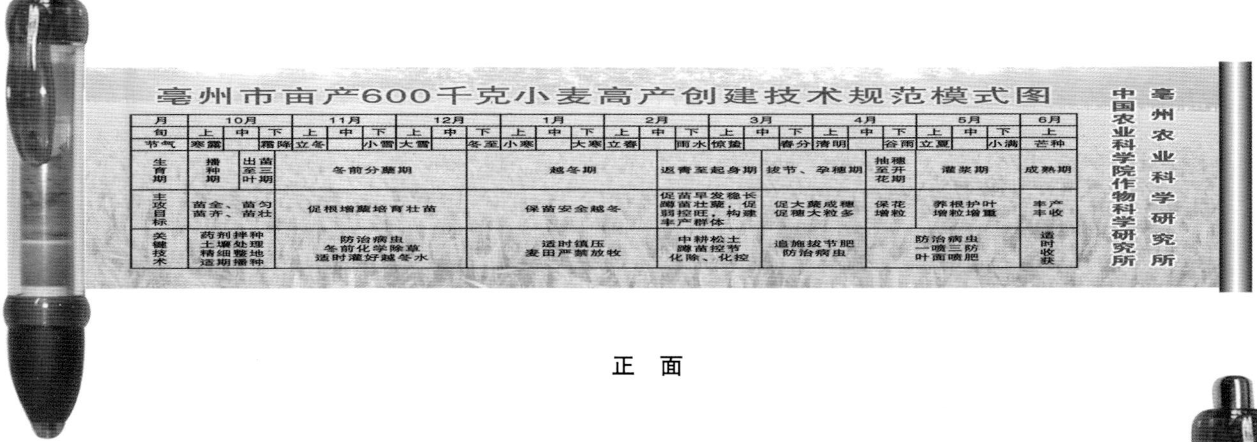

亳州市亩产600千克小麦高产创建技术规范模式图

月	10月			11月			12月			1月			2月			3月			4月			5月			6月
旬	上	中	下	上	中	下	上	中	下	上	中	下	上	中	下	上	中	下	上	中	下	上	中	下	上
节气	寒露		霜降	立冬		小雪	大雪		冬至	小寒		大寒	立春		雨水	惊蛰		春分	清明		谷雨	立夏		小满	芒种
生育期	播种期	出苗至三叶期		冬前分蘖期					越冬期					返青至起身期			拔节、孕穗期			抽穗至开花期		灌浆期			成熟期
主攻目标	苗全、苗匀 苗齐、苗壮			促根增蘖培育壮苗					保苗安全越冬					促苗早发稳长 蹲苗壮蘖，促 弱控旺，构建 丰产群体			促大蘖成穗 促穗大粒多			保花增粒		养根护叶 增粒增重			丰产丰收
关键技术	药剂拌种 土壤处理 精细整地 适期播种			防治病虫 冬前化学除草 适时灌好越冬水					适时镇压 麦田严禁放牧					中耕松土 蹲苗控节 化除、化控			追施拔节肥 防治病虫			防治病虫 一喷三防 叶面喷肥					适时收获

亳州农业科学研究所　中国农业科学院作物科学研究所

正　面

操作规程

1. 播前精细整地，实施秸秆还田和测土配方施肥，做好种子与土壤处理，防治地下害虫和苗期病害。一般每亩底施磷酸二铵20–25kg，尿素10kg，硫酸钾或氯化钾10kg；或三元复合肥（N:P:K=15:15:15）50–60kg，尿素10kg；硫酸锌1.5kg。
2. 在日平均温度17℃左右播种，一般控制在10月5日–15日，播深3–5厘米，并做到足墒匀播，每亩基本苗15–18万，播前或播后及时镇压；出苗后及时查苗，发现缺苗断垄应及时补种，确保全苗。
3. 冬前应重点做好麦田化学除草，同时加强对地下害虫、麦黑潜叶蝇和胞囊线虫病的查治，注意防治红蜘蛛、蚜虫等害虫；根据冬前降水和土壤墒情决定是否灌冻水，需灌冻水时，一般要求在昼消夜冻时灌冻水，时间约在11月下旬至12月上旬；暖冬年注意防止麦田旺长。
4. 冬季适时镇压，弥实地表裂缝，保墒防冻。
5. 返青期中耕松土，提高地温，镇压保墒；群、个体生长正常麦田一般不灌返青水，不施肥；起身期一般不浇水，蹲苗控节，注意防治纹枯病。
6. 拔节期重施肥水，促大蘖成穗和穗花发育。一般在3月中下旬结合降雨或浇水每亩追施尿素15kg；注意防治白粉病、锈病，防治麦蚜、麦蜘蛛。
7. 4月下旬可结合降水每亩追施2–3kg尿素；科学预防赤霉病，兼防白粉病、锈病；重点防治蚜虫、吸浆虫，做好一喷三防和叶面喷肥。
8. 适时收获，防止穗发芽，晒干扬净，颗粒归仓，防虫防霉，确保丰产丰收。

亳州农业科学研究所　中国农业科学院作物科学研究所

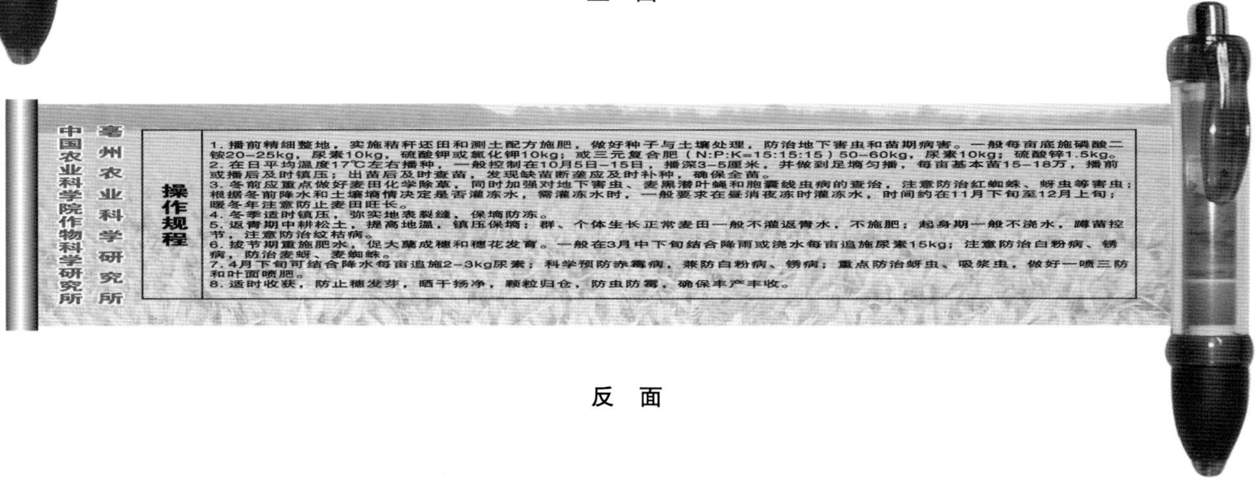

反　面

图44 小藜（藜科）

图45 反枝苋（苋科）

（注：图1、2、4、6、13、15引自植保员手册编绘组《植保员手册》；图3、5、9、17、18引自马奇祥等《麦类作物病虫草害防治彩色图说》；图7、8、10、11、12、14、16、19、20、21、22、23、24、25引自中国农业科学院《中国农作物病虫图谱》；图29引自陈万权《图说小麦病虫草鼠害防治关键技术》；图36、37、38引自车晋滇《中国外来杂草原色图鉴》；图39、40引自全国农业技术推广服务中心《中国植保手册·小麦病虫防治分册》。）

图42　牛筋草（禾本科）

图43　马齿苋（马齿苋科）

图40　野燕麦（禾本科）

图41　无芒稗（禾本科）

图38 田雀麦（禾本科）

图39 看麦娘（禾本科）

图36　**节节麦**（禾本科）

图37　**毒麦**（禾本科）

图34 圆叶牵牛（旋花科）

图35 龙葵（茄科）

图32　**蒲公英**（菊科）

图33　**小旋花**（旋花科）

图30　苣荬菜（菊科）

图31　苦苣菜（菊科）

图28　苍耳（菊科）

图29　播娘蒿（十字花科）

图26　小蓟（菊科）

图27　平车前（车前科）

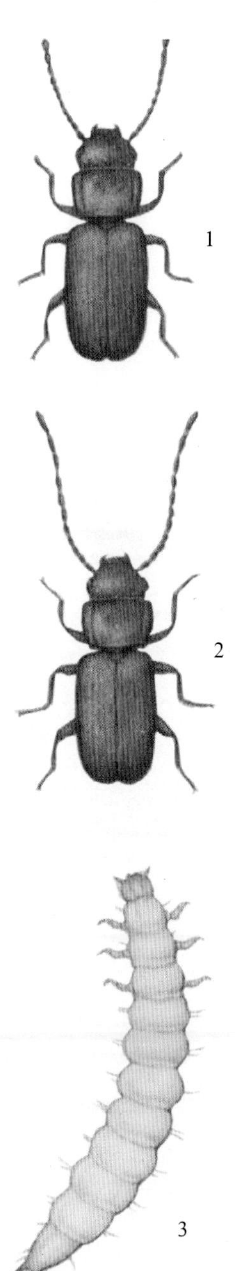

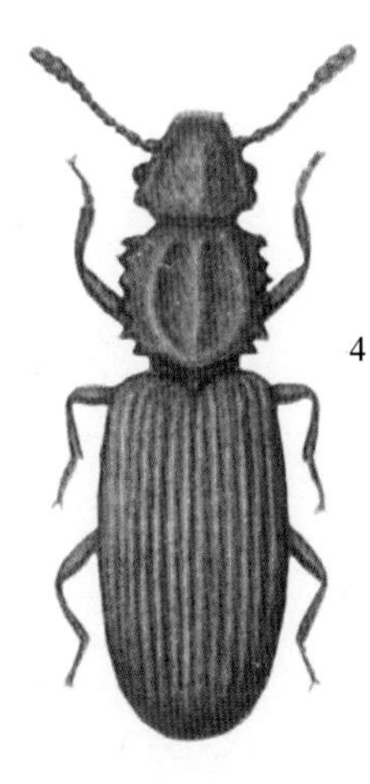

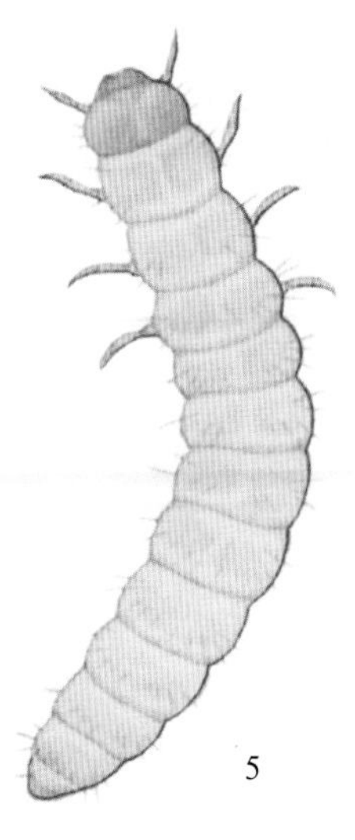

图25　长角谷盗、锯谷盗

长角谷盗　1.成虫（雌）　2.成虫（雄）　3.幼虫

锯谷盗　　4.成虫　5.幼虫

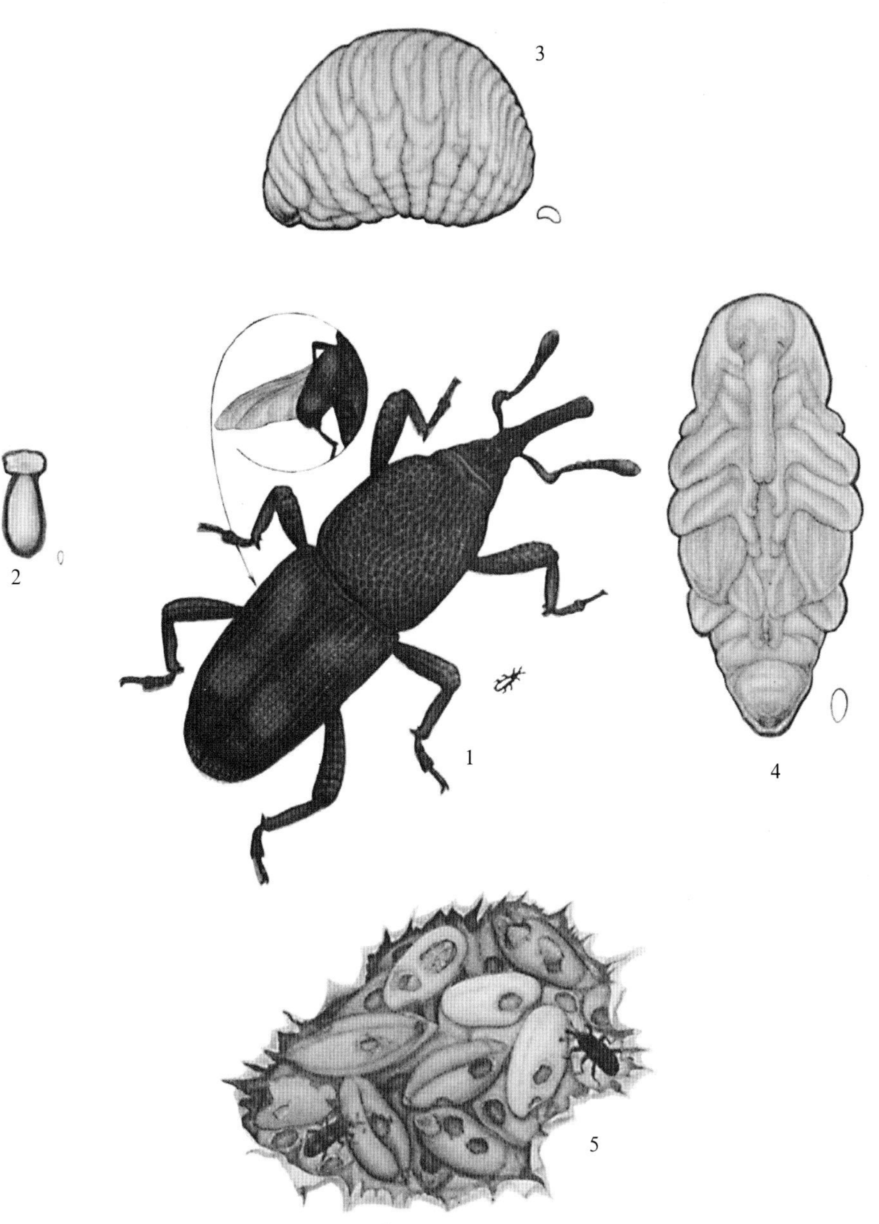

图24　米象

1. 成虫　2. 卵　3. 幼虫　4. 蛹　5. 籽粒被害状

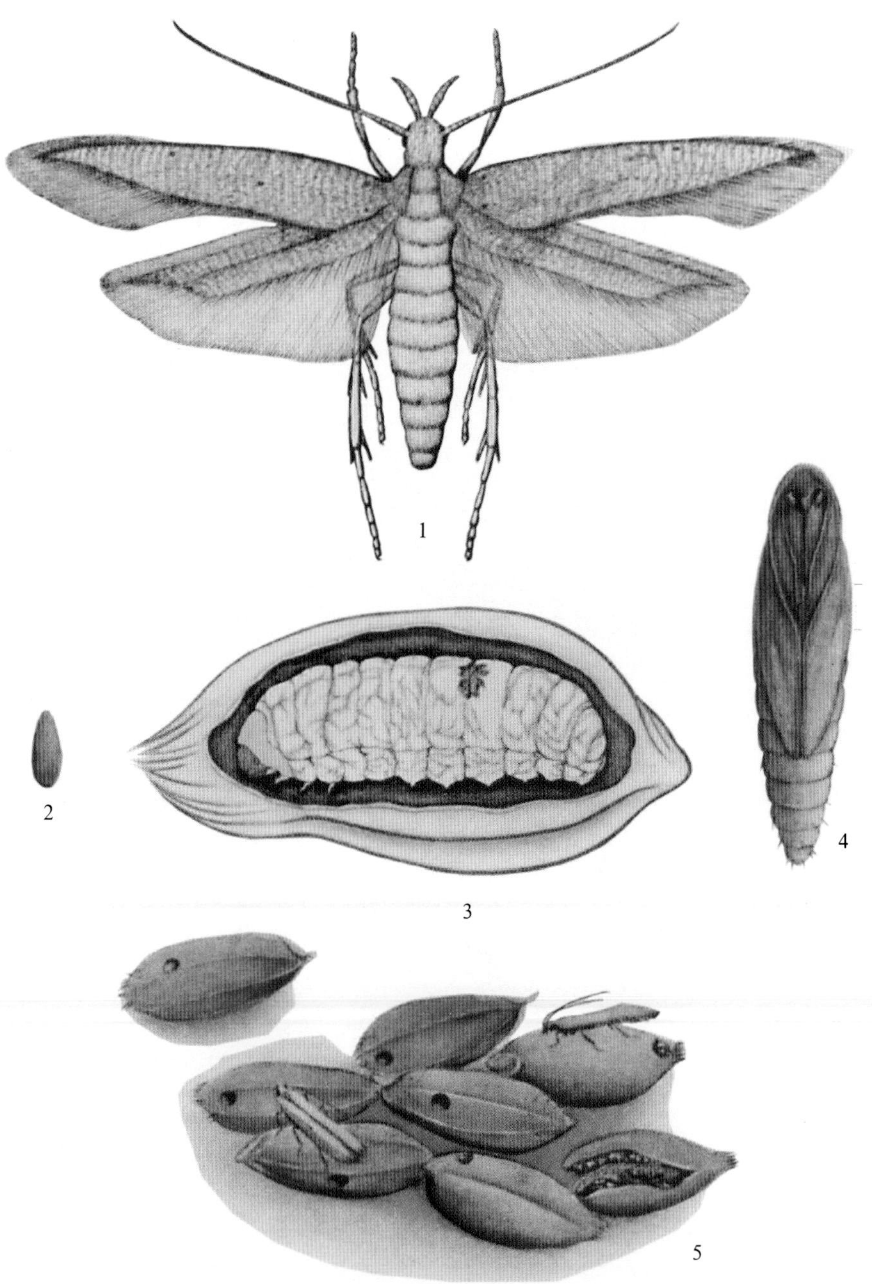

图23　麦蛾

1.成虫　2.卵　3.幼虫　4.蛹　5.麦粒被害状

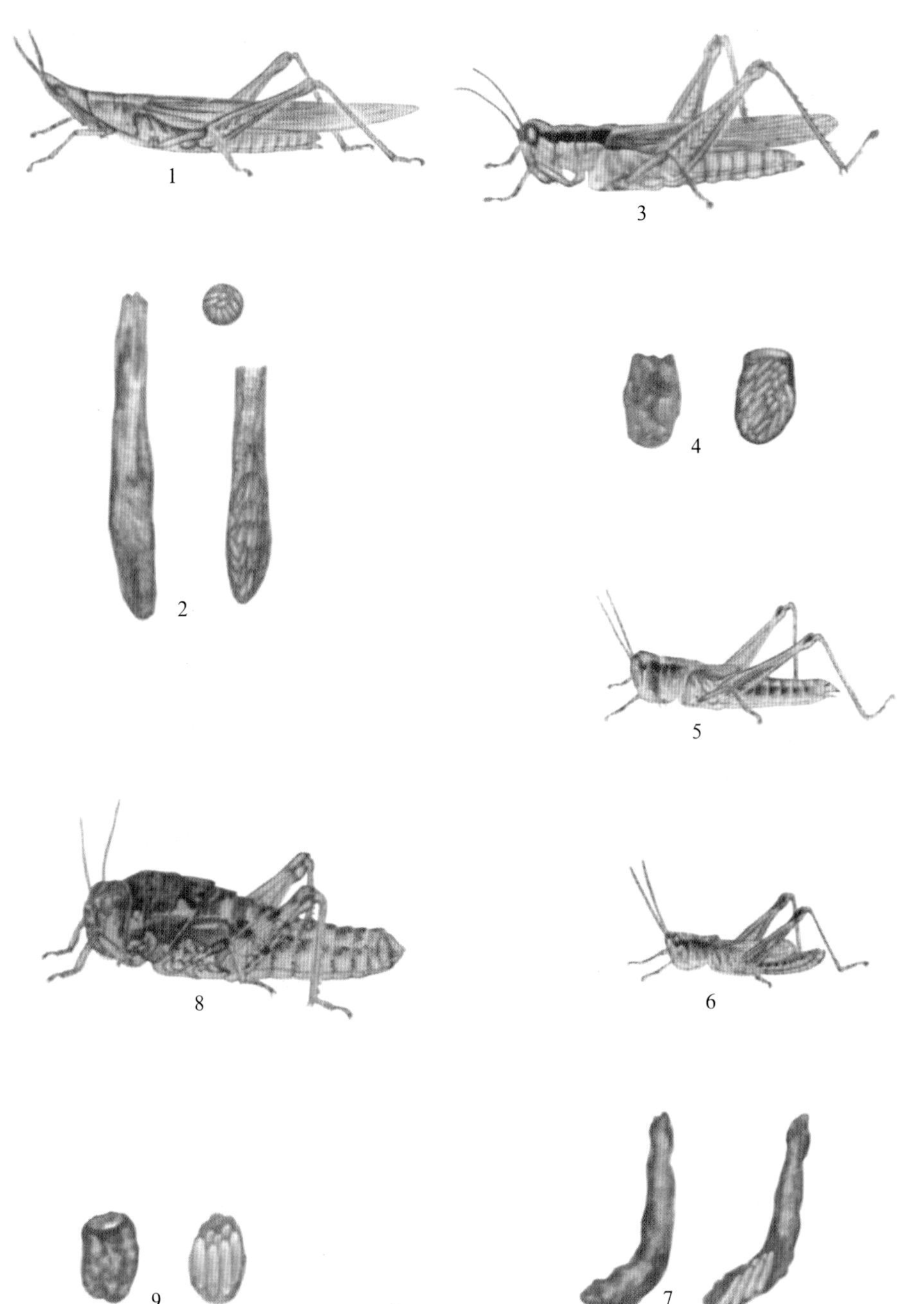

图22　蝗虫（二）

短额负蝗　1.成虫　2.卵块　**中华稻蝗**　3.成虫　4.幼虫
小翅雏蝗　5.成虫（雌）　6.成虫（雄）　7.卵块　**笨蝗**　8.成虫　9.卵块

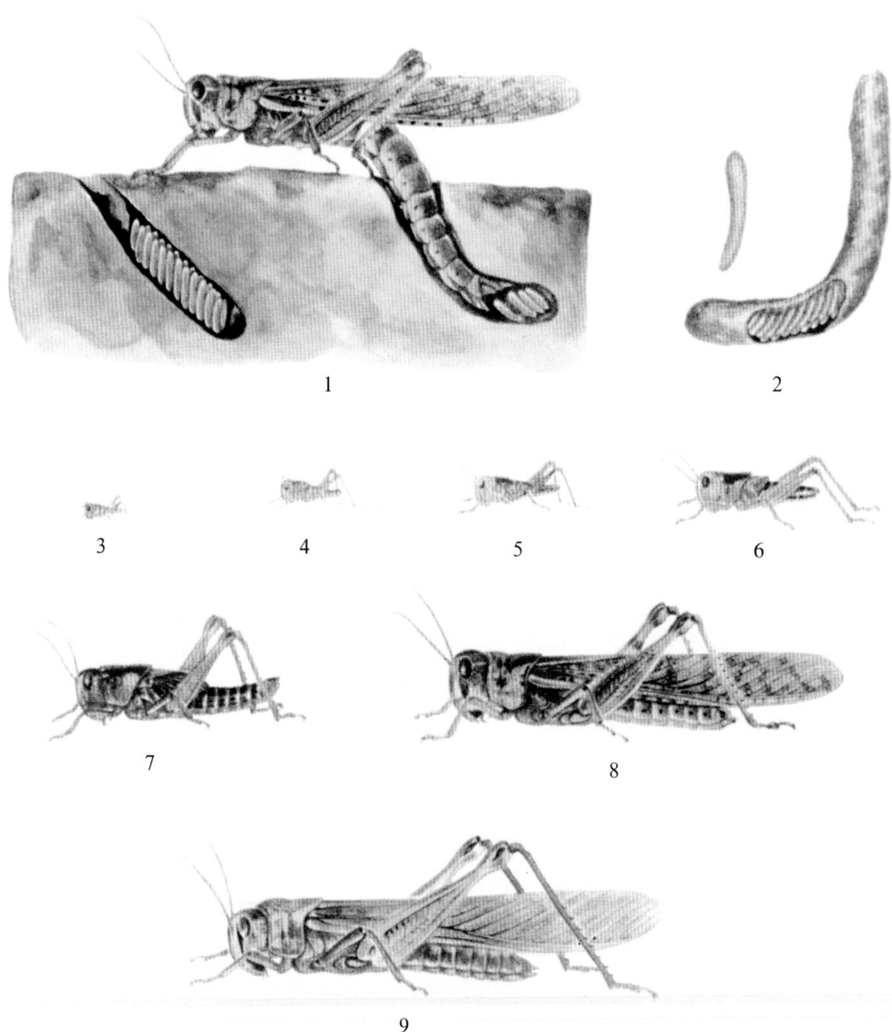

图21　蝗虫（一）

东亚飞蝗（群居型）　1.雌成虫产卵状　2.卵块　3.第一龄若虫　4.第二龄若虫　5.第三龄若虫　6.第四龄若虫　7.第五龄若虫　8.雌成虫　9.散居型雌成虫

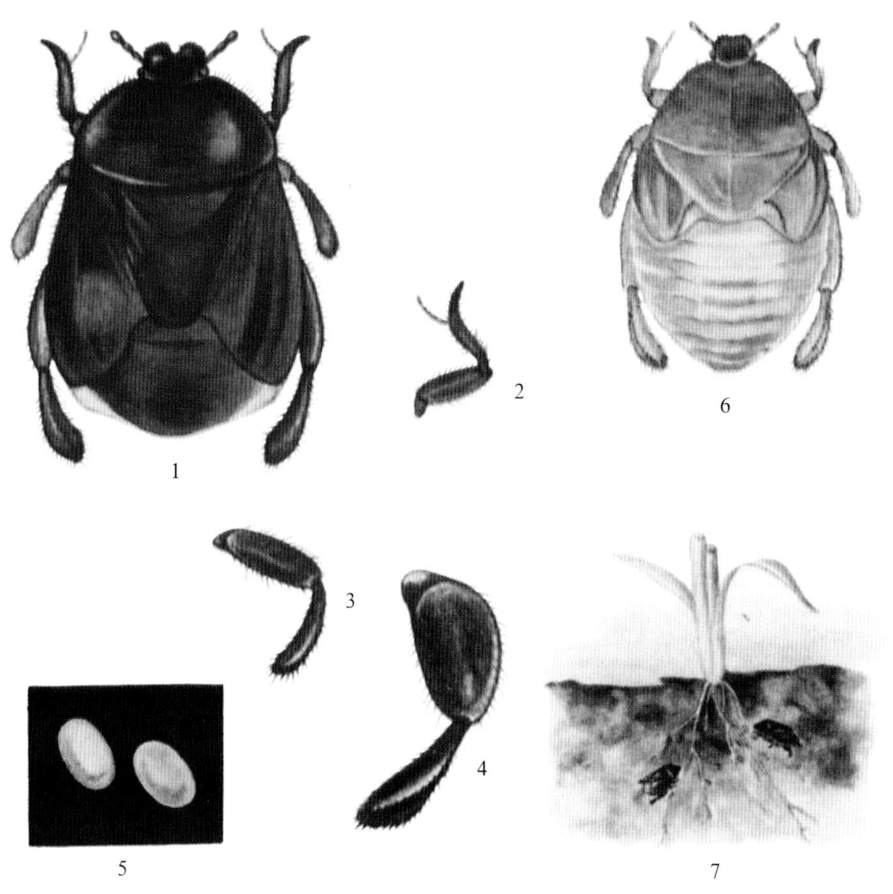

图20　麦根椿象

1. 成虫　2. 成虫前足放大　3. 成虫中足放大　4. 成虫后足放大　5.卵　6.若虫　7.为害根部状

图19　地老虎

小地老虎　1.成虫　2.成虫休止状　3.产于叶片上的卵　4.放大的卵粒　5.幼虫　6.蛹

大地老虎　7.成虫　8.幼虫

黄地老虎　9.成虫　10.幼虫

图18　蛴螬（金龟子幼虫）

1.幼虫为害状及土中的卵　2.幼虫　3.华北大黑鳃金龟子成虫　4.铜绿丽金龟子　5.暗黑鳃金龟子　6.黄褐丽金龟子

图17　金针虫

1. 细胸金针虫幼虫和成虫　2. 褐纹金针虫幼虫　3. 沟金针虫成虫、幼虫、为害状

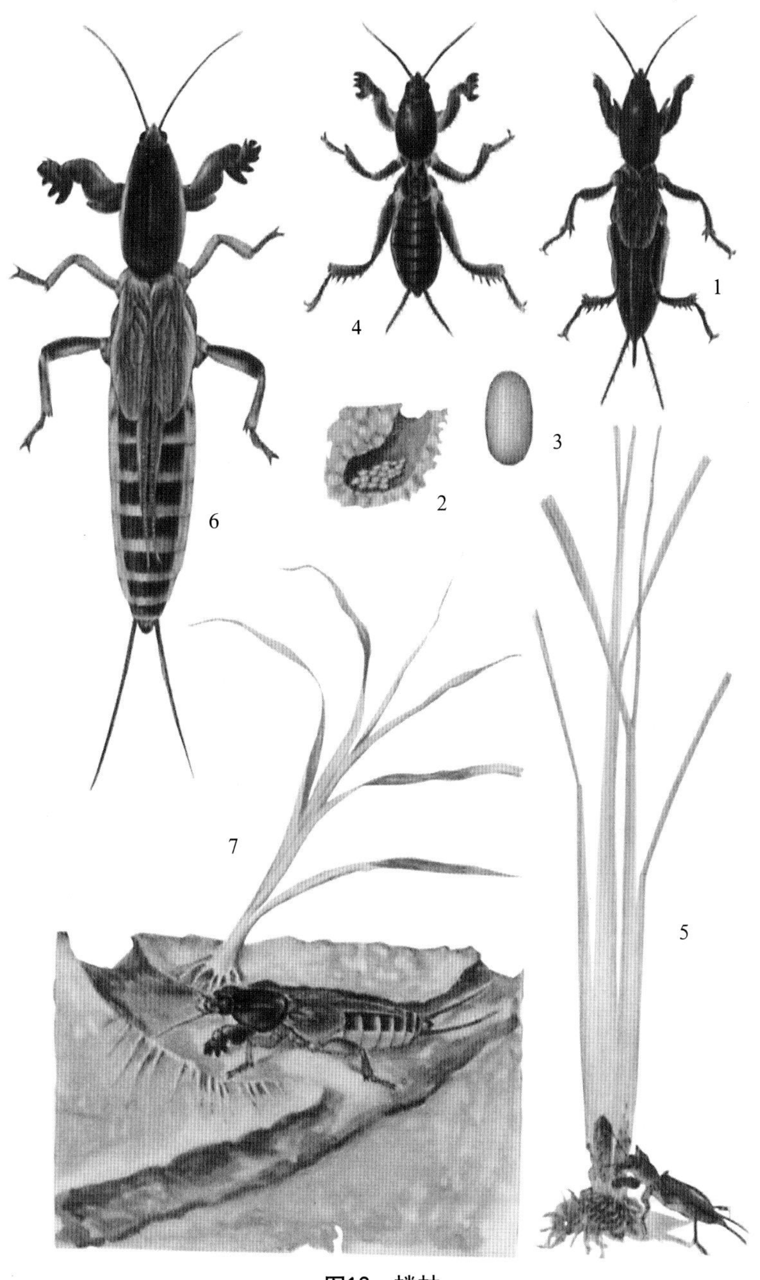

图16　蝼蛄

东方蝼蛄　1. 成虫　2. 卵产于土内　3. 卵粒放大　4. 若虫　5. 为害水稻状

华北蝼蛄　6. 成虫　7. 为害麦苗状

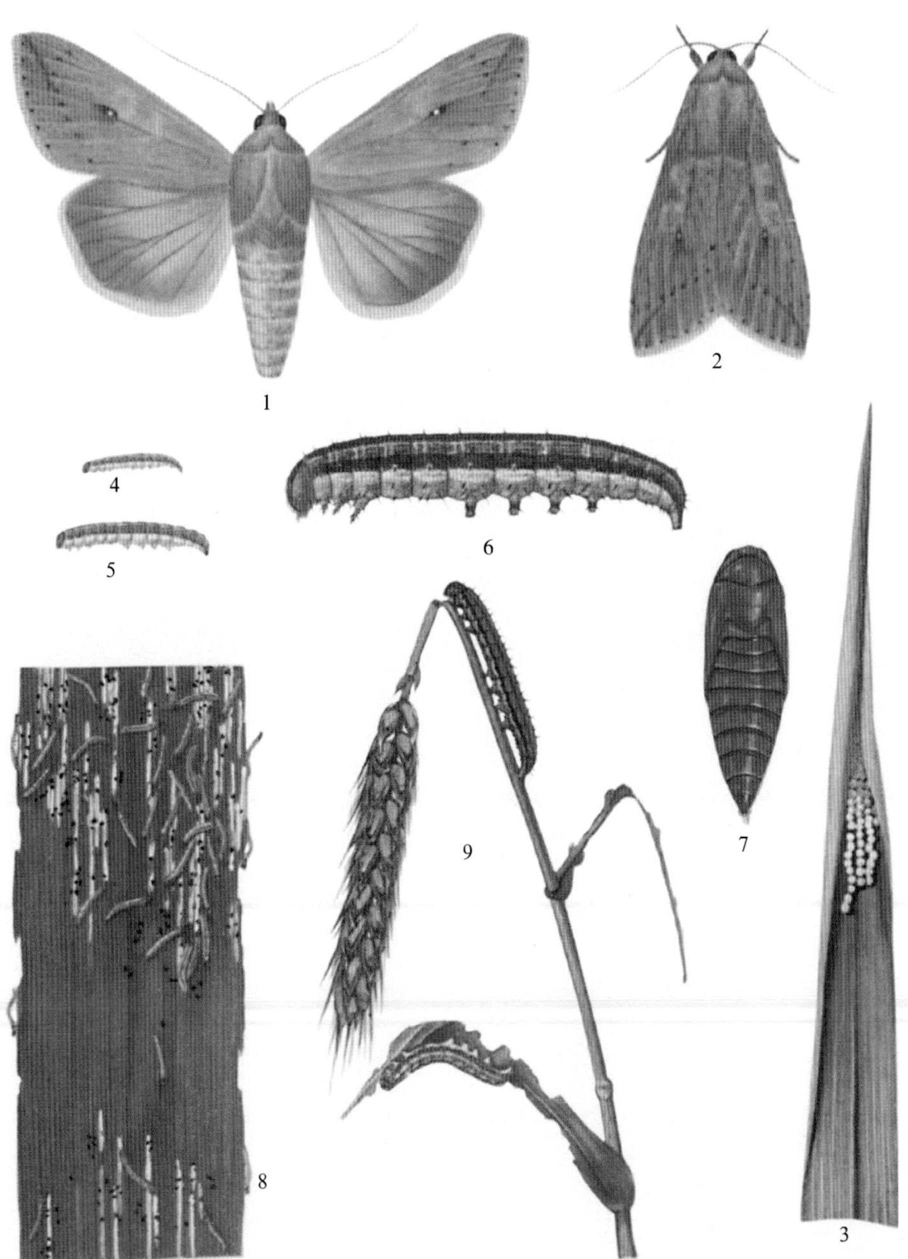

图15　黏虫（为害小麦状）

1. 雌成虫　2. 雄成虫　3. 卵块　4. 二龄幼虫　5. 三龄幼虫　6. 老熟幼虫　7. 蛹　8. 初孵幼虫为害状　9. 麦株被害状

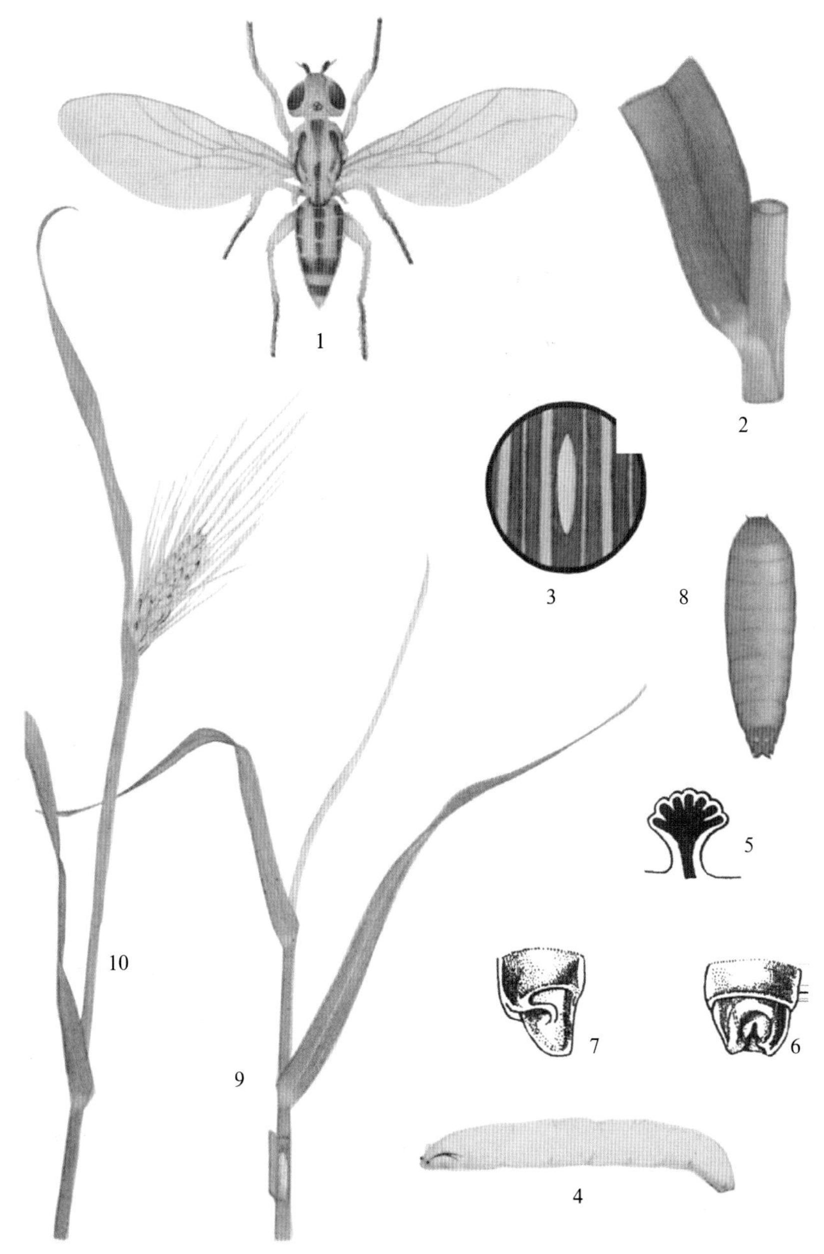

图14　麦秆蝇

1.成虫　2. 卵产于叶上　3.卵粒放大　4.幼虫　5.幼虫前气门突　6.幼虫腹部末端背面　7.幼虫腹部末端侧面　8.蛹　9.麦苗被害枯心状　10.麦株被害成白穗状

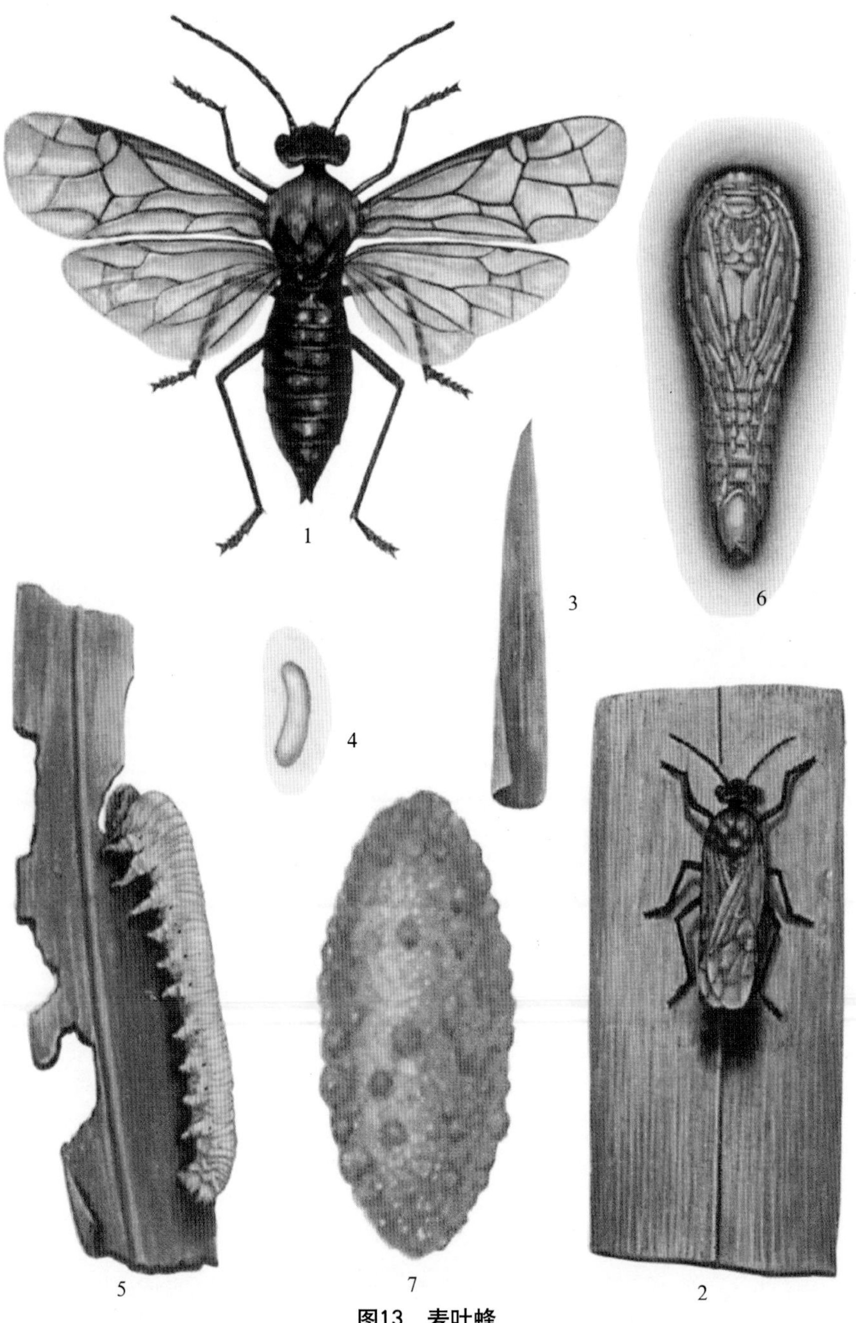

图13　麦叶蜂

1～2.成虫　3～4.卵　5.幼虫和麦叶被害状　6.蛹　7.土茧

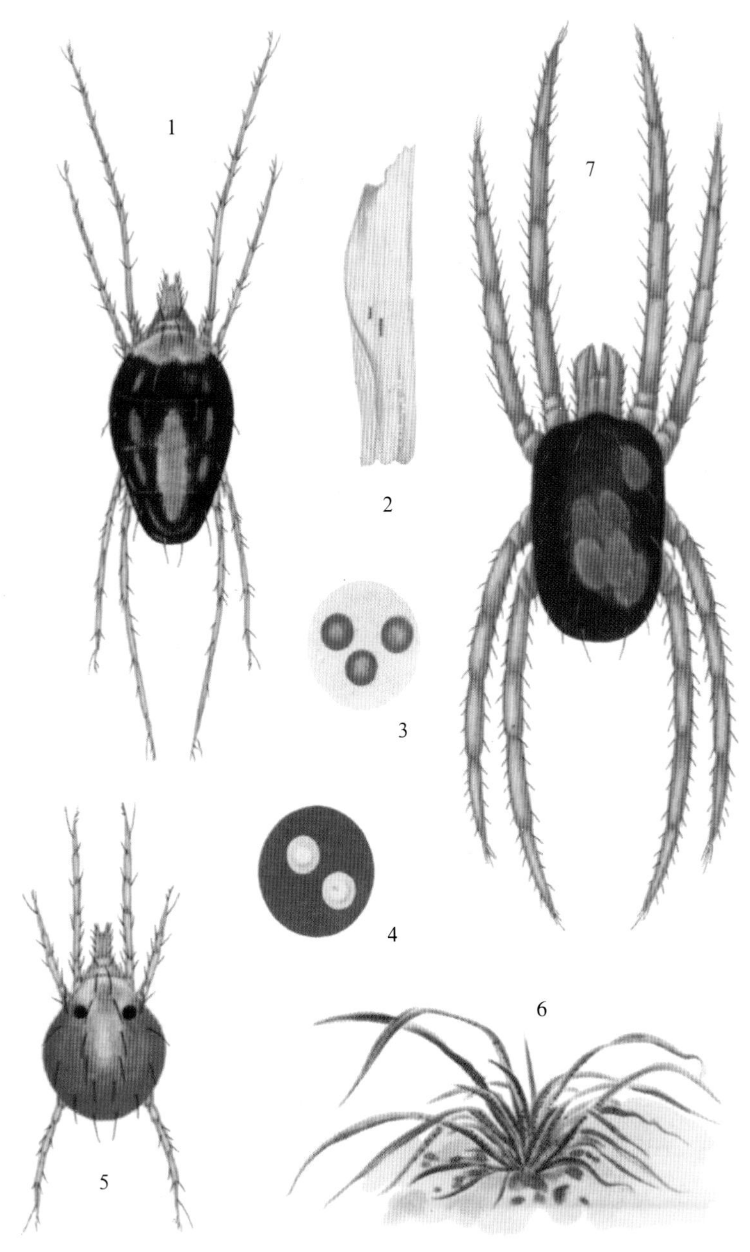

图12　麦蜘蛛

长腿蜘蛛　1. 成虫　2. 枯叶上的卵　3. 春、秋所产的卵　4. 越夏的卵　5. 若虫　6. 为害麦苗状
麦圆蜘蛛　7. 成虫

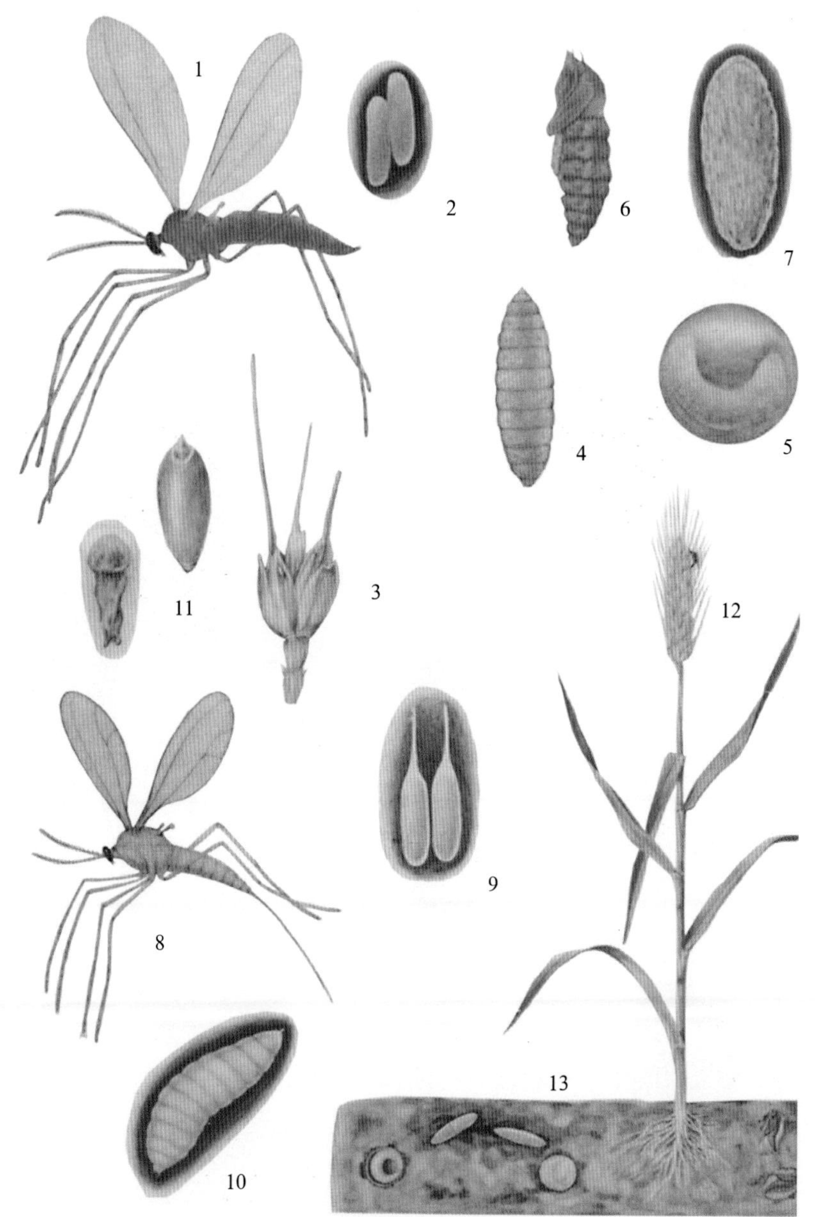

图11　小麦吸浆虫

麦红吸浆虫　1. 成虫　2. 卵　3. 卵产于护颖内外颖背面　4. 幼虫　5. 休眠幼虫　6. 蛹　7. 茧蛹

麦黄吸浆虫　8. 成虫　9. 卵　10. 幼虫　11. 吸浆虫为害后麦粒与健粒比较　12. 吸浆虫在麦穗上产卵状　13. 土内的幼虫、休眠幼虫、蛹、茧蛹

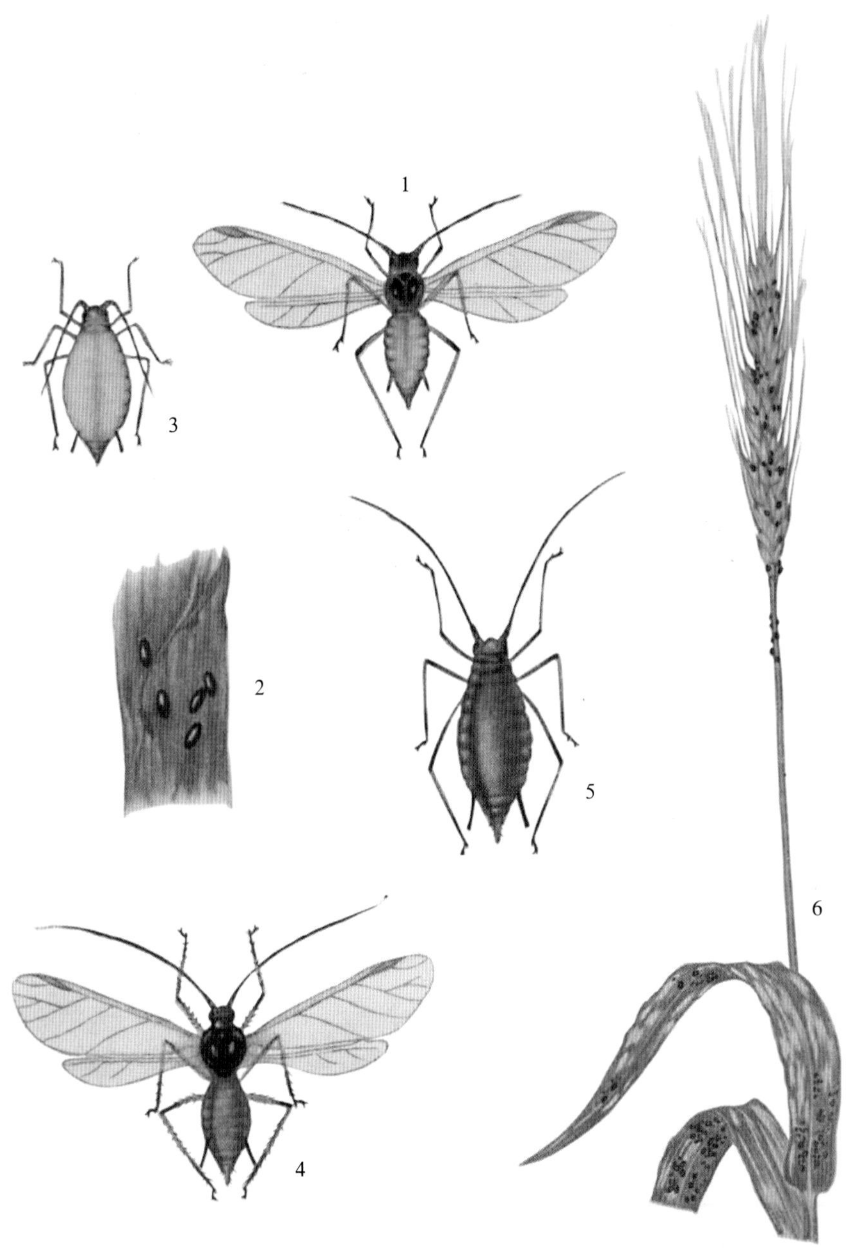

图10　麦　蚜

麦二叉蚜　1.成虫　2.卵在枯叶上　3.若虫

麦长管蚜　4.成虫　5.若虫　6.二叉蚜及长管蚜为害小麦状

图9　小麦全蚀病

1.子囊壳　2.症状　3.病株（白穗）

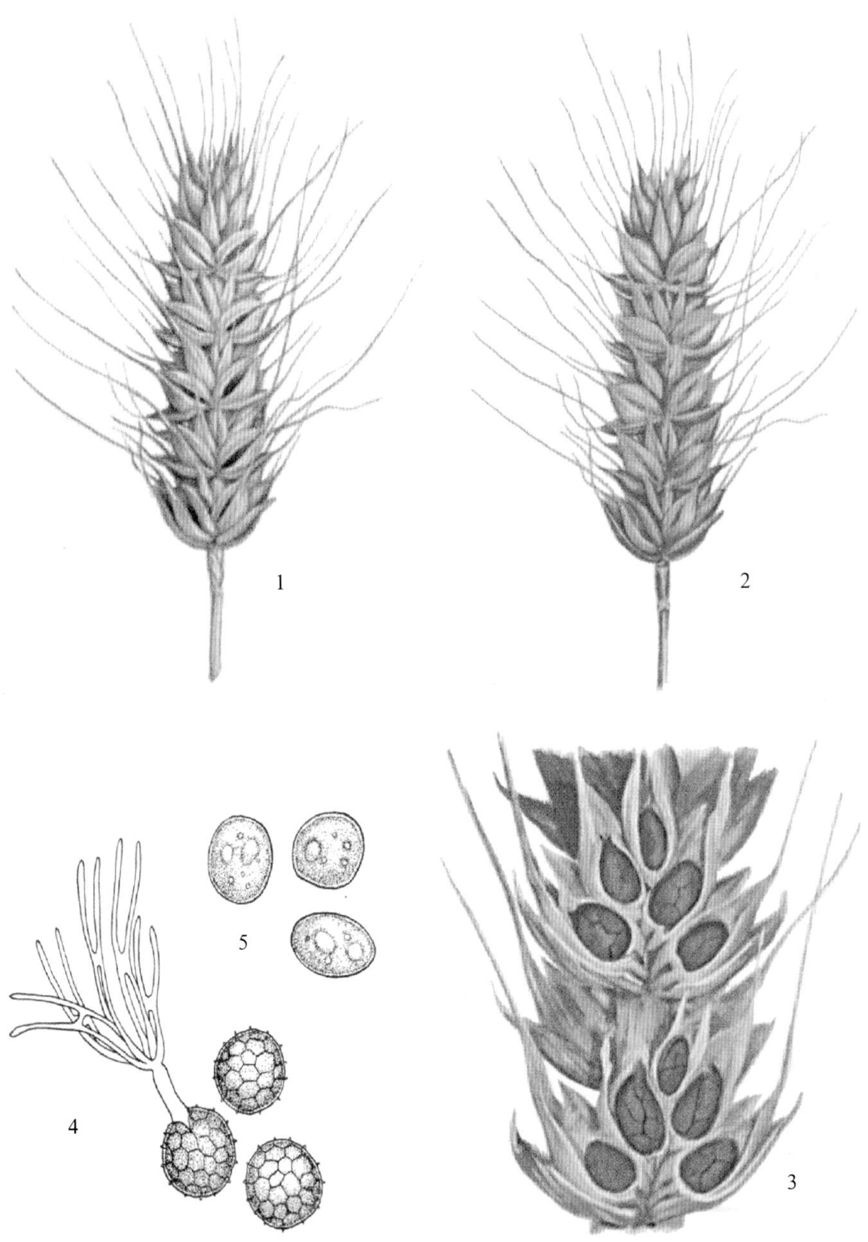

图8　小麦腥黑穗病

1.病穗前期　2.病穗后期　3.病粒剖面　4.网腥黑穗病菌的厚垣孢子及其萌发　5.光腥黑穗病菌的厚垣孢子

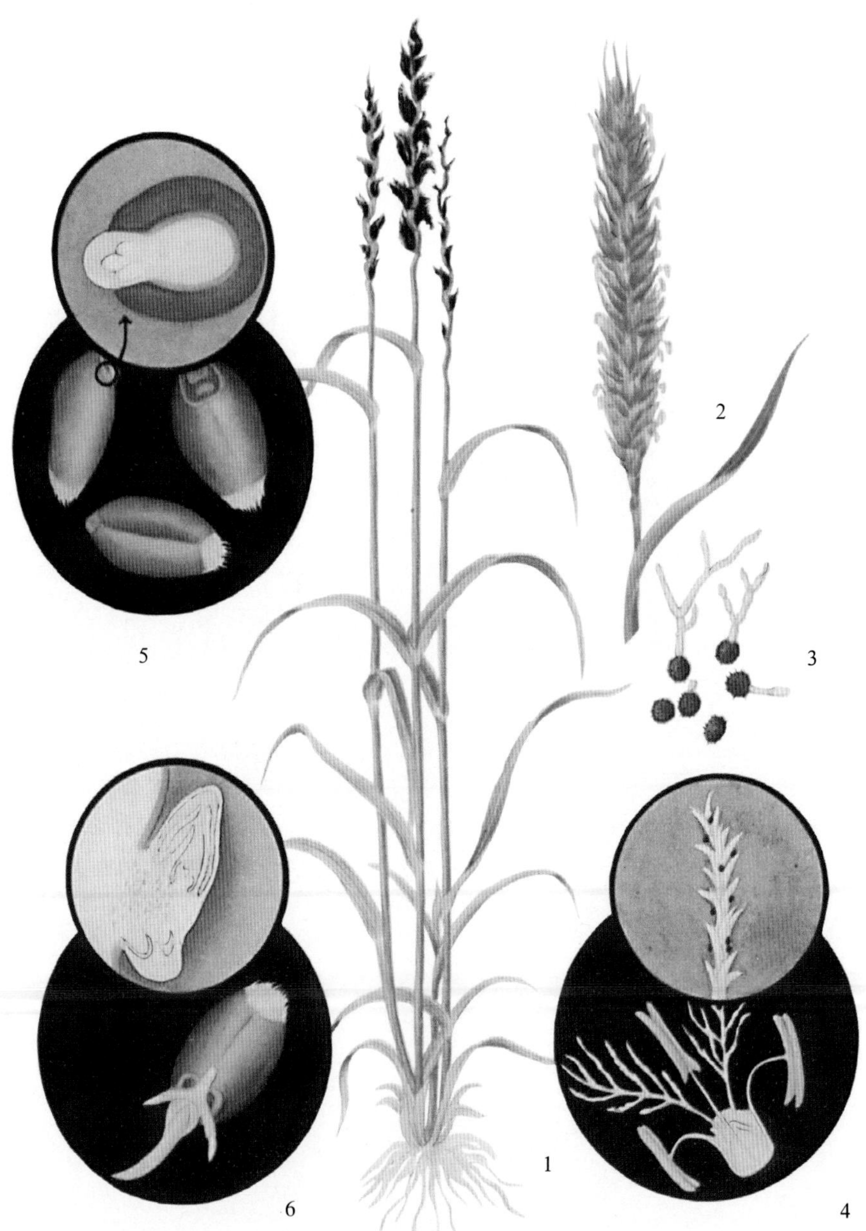

图7　小麦散黑穗病

1. 病株症状　2. 同时期的健穗　3. 病原菌的厚垣孢子及其发芽　4. 病原菌侵染花部　5. 麦粒及胚放大　6. 麦粒发芽及麦芽剖面（示向生长点扩展的菌丝）

图6　小麦病毒病（二）

小麦黑条矮缩病　1.健苗　2.病苗　3.健株　4.病株　5.病叶（示锯齿状缺裂）　6.传毒媒介（灰飞虱）

图5　小麦病毒病（一）

1. 小麦黄矮病　2. 小麦丛矮病　3. 小麦红矮病

图4　小麦赤霉病

1. 扬花期健穗（最易感病期）　2. 小麦病穗初期症状　3～5. 小麦赤霉病（穗腐和秆腐）的发展情况　6. 子囊壳、子囊和子囊孢子　7. 分生孢子梗和分生孢子

图3　小麦纹枯病

1. 小麦纹枯病引起枯株白穗　2. 病株　3. 症状及菌核

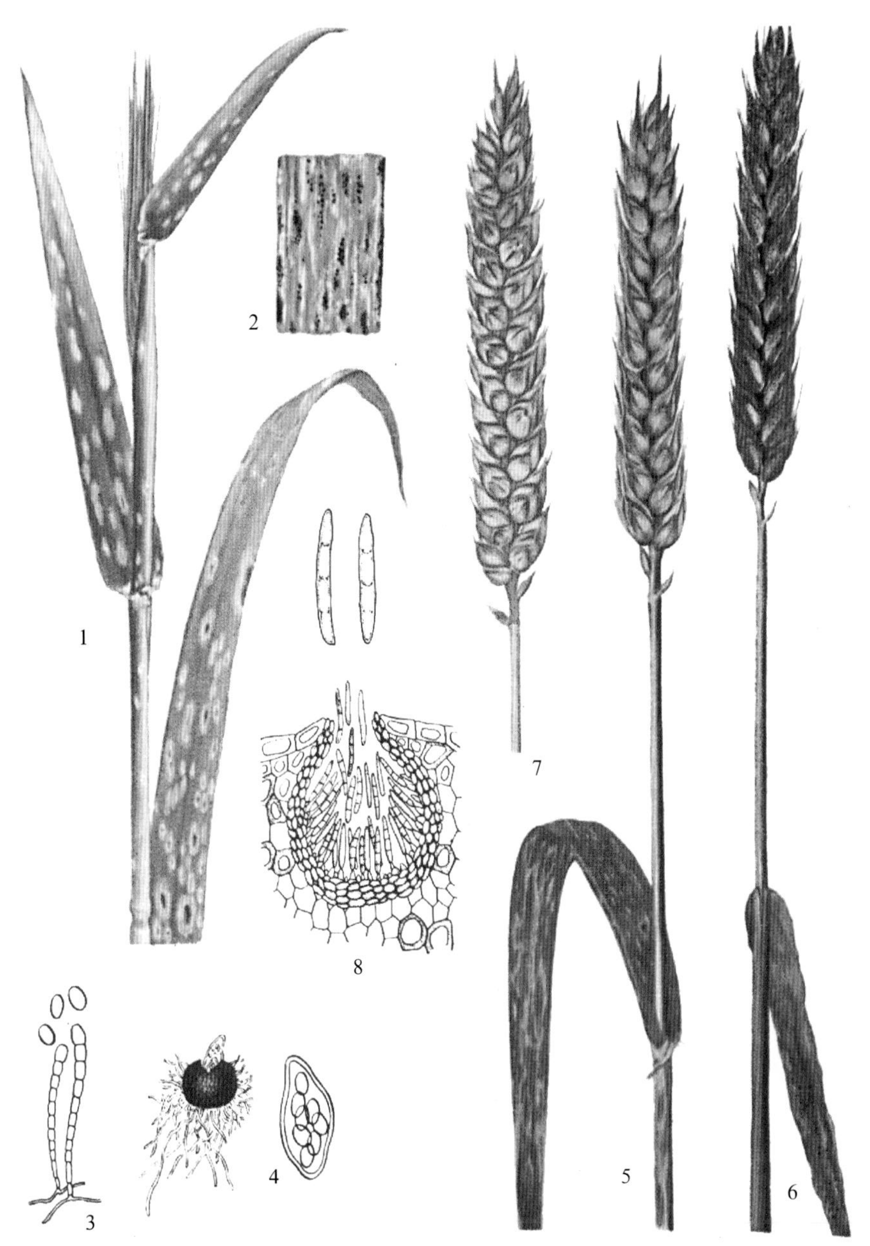

图2　小麦白粉病、小麦颖枯病

小麦白粉病　1.病株　2.叶片病斑和上面的子囊壳　3.分生孢子梗和分生孢子
4.子囊壳、子囊和子囊孢子

小麦颖枯病　5.病株前期　6.病株后期和上面的分生孢子器　7.成熟健穗　8.分生孢子器和器孢子

常见小麦病虫草害图谱

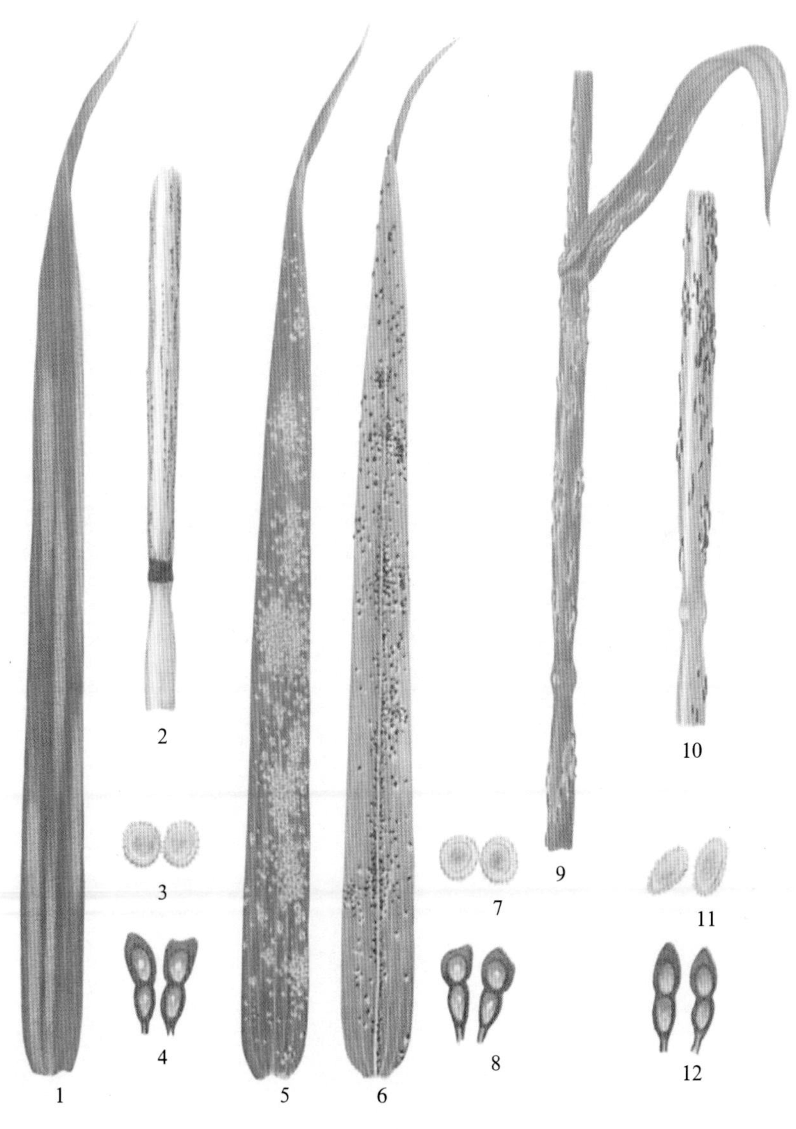

图1　小麦锈病

小麦条锈病　1. 病叶前期（示夏孢子堆）　2. 病秆后期（示冬孢子堆）　3. 夏孢子　4. 冬孢子

小麦叶锈病　5. 病叶前期（示夏孢子堆）　6. 病叶后期（示冬孢子堆）　7. 夏孢子　8. 冬孢子

小麦秆锈病　9. 病秆前期（示夏孢子堆）　10. 病秆后期（示冬孢子堆）　11. 夏孢子　12. 冬孢子

主　编　赵广才

副主编　吕修涛　张　凯　常旭虹

编　者　（以姓氏笔画为序）

于广军　于亚雄　马永安　王　伟　王小兵
王红光　王俊英　王瑞霞　王德梅　冯　斌
冯国华　吕修涛　朱展望　刘伟民　刘保华
李　俊　李长辉　李伯群　何庆才　李振华
李雁鸣　李辉利　杨玉双　杨武云　杨春玲
沈强云　张　凯　张伯桥　张定一　张锁旺
陈兴武　陈秀敏　陈荣振　邵立刚　周凤云
周吉红　孟范玉　赵广才　赵宗武　柴守玺
高　翔　高春保　高德荣　党建友　钱兆国
崔国惠　盛　坤　常旭虹　董　剑　韩　勇
程加省　程宏波　雷钧杰　魏亦勤　魏建伟

前言

小麦在我国有悠久的栽培历史，目前是仅次于玉米和水稻的第三大粮食作物，也是我国最主要的口粮作物。小麦生产对我国国民经济发展有重要意义，在我国粮食安全战略中有举足轻重的地位。在国家一系列重大支农惠农政策激励下，依靠科技进步及广大科技人员和农民的共同努力，我国小麦生产有了很大发展。小麦高产创建在农业生产中起到重要的引领和带动作用，是集成推广先进实用技术、挖掘小麦增产潜力的有效途径。自2008年小麦高产创建实施以来，已经取得了显著成效，全国的小麦高产创建工作不断提升，覆盖范围不断扩大，小麦产量逐步增加。小麦高产创建工作已经成为稳定发展农业生产、确保国家粮食安全的重要措施。在小麦高产创建实施过程中，研制和发放了适宜不同生态区实施的小麦高产创建技术规范模式图，集成示范了一批配套高产栽培技术，使一批适应不同区域增产关键技术模式得到大面积示范推广，从而加快了农业科技成果转化，使高产创建示范田成为农业专家的试验田、科研成果的展示田和引导农民使用先进技术的样板田。

为了进一步促进小麦高产创建工作的开展，针对当前小麦生产中存在的问题以及广大农业技术人员和农民的需求，在多年研究和生产实践的基础上，研究集成小麦高产创建关键技术规范，以科学实用为宗旨，编写了《小麦高产创建》。全书共5章，第一章是中国小麦种植生态区划，根据最新研究成果分析了中国小麦种植区域的生态特点，介绍了中国小麦种植生态区域的划分，以便于进一步依据不同生态区研究集成相应的小麦高产创建技术规范，为不同地区因地制宜合理安排品种布局和采用相应小麦高产栽培技术，充分发挥自然资源优势和小麦生产潜力。第二章是小麦高产创建技术，其中第一节分别介绍了不同生态区或特定小麦生产区的技术规范模式图；第二节在模式图的基础上分别介绍相应小麦高产创建技术规范，形成一图一文的高产创建技术，以便于读者应用时选择参考。第三章是优质高产小麦新品种简介，分别依据中国小麦种植生态区划介绍了适宜不同区域种植的小麦新品种特征特性、产量表现及栽培技术要点。第四章介绍麦田常见病虫草害防治技术。第五章介绍小麦常用田间调查记载、测定标准和方法。书末附有常见小麦病虫草害彩色图谱，以及各地（部分）小麦高产创建技术规范模式图。

本书可供农业科技人员、广大农民参考。

书中存在一些缺点及不足之处，敬请读者指正。

赵广才

2014年2月

目录

第一章
中国小麦种植生态区划与品质生态区划

第一节　中国小麦种植区域的生态特点

一、中国小麦种植区域分布

中国小麦分布地域辽阔，南界海南岛，北止漠河，西起新疆，东至海滨，遍及全国各地。从盆地到丘陵，从海拔 10 米以下低平原至海拔 4 000 米以上西藏高原地区，从北纬 53°的严寒地带，到北纬 18°的热带范围，都有小麦种植。由于各地自然条件、种植制度、品种类型和生产水平的差异，形成了明显的种植区域。我国幅员辽阔，既能种植冬小麦又能种植春小麦。由于各地自然条件的差异，小麦的播种期和成熟期不尽相同。生育期最短 100 天左右，最长的达到 350 天以上。春（播）小麦多在 3 月上旬至 4 月中旬播种。冬（秋播）小麦播种最早的在 8 月中下旬，最晚可迟至 12 月下旬。广东、云南等地小麦成熟最早，有的 3 月初收获，随之由南向北陆续收获到 7、8 月，但主产麦区冬小麦多数在 5 月至 6 月成熟，西藏高原可延迟至 9 月下旬或 10 月上旬，是中国小麦成熟最晚的地区，其秋播小麦从种到收有近一年时间。因此，一年之中每个季节都有小麦在不同地区播种或收获。中国栽培的小麦以冬小麦（秋、冬播）为主，目前种植面积和总产量均占全国常年小麦总面积和总产的 90%以上，其余为春（播）小麦，冬小麦平均单产高于春小麦。中国小麦主产区主要种植冬小麦，种植面积依次为河南、山东、安徽、河北、江苏、四川、陕西、湖北、新疆、山西等 10 个省、自治区，约占全国冬小麦总面积的 92.13%（2012 年）。栽培春小麦的主要有内蒙古、新疆、甘肃、黑龙江、宁夏、青海、西藏、四川、天津、辽宁等 10 个省、自治区，以内蒙古面积最大，西藏单产最高，其次为新疆，每公顷产量均在5 000千克以上（2012年）。

二、中国小麦种植区域的气候特点

中国小麦种植区域广阔，涉及的气候因素复杂，各地气候条件差异很大。最北部黑龙江省的漠河地处寒温带，向南逐步过渡到温带、亚热带，直至广东、台湾省南部及海南省热带地区。气候特征表现为从东南沿海的海洋性季风气候，逐步过渡到内陆地区大陆性干旱或半干旱气候。年均气温从漠河的0℃左右，逐步过渡到海南省的23.8℃。由北向南从1月的平均气温－20℃以下，绝对最低气温达到－40℃以下，过渡到年平均气温20℃以上，1月平均气温16℃以上。

冬小麦播种至成熟＞0℃积温1 800～2 600℃，华南地区最少，新疆最多。春小麦播种至成熟＞0℃积温1 200～2 400℃，辽宁最少，新疆最多。冬小麦播种到成熟日照时数为400～2 800小时，春小麦播种至成熟日照时数为800～1 600小时，均以西藏最多。

无霜期从青藏高原部分地区全年有霜过渡到海南省终年无霜。东北地区平均初霜见于9月中旬，终霜见于4月下旬，无霜期不到150天；华北地区初霜见于10月中旬，终霜见于4月上旬，无霜期约200天；长江流域从4月到11月，无霜期约250天；华南地区无霜期300天以上，有的年份全年无霜。

南北、东西降水差异均很大，年降水量从内陆地区的100毫米左右（个别地区终年无降水）到东南沿海2 500毫米以上，降水分布极为不均，多集中6、7、8月3个月，约占全年降水量的60%以上。冬小麦生育期间降水最多的可达900毫米，降水少的仅在20毫米以下。春小麦生育期间降水量从20毫米以下至300毫米不等。

三、中国小麦种植区域的土壤特点

中国小麦种植区域覆盖全国陆地和主要海岛，各地土壤类型复杂。东北地区多为肥沃的黑钙土，其次为草甸土、沼泽土和盐渍土；河北省境内主要农业区多为褐土和潮土，山西、陕西、甘肃等境内的黄土高原多为栗钙土和黑垆土，沿太行山东坡及辽东半岛南部为棕壤，沿渤海湾有大片的盐碱土；内蒙古、宁夏等地主要是栗钙土、黄土和河套灌淤土。

华北平原农业区的土壤类型主要是褐土、潮土，部分是黄土与棕壤，还有小部分为砂姜黑土和水稻土；长江流域土壤类型比较复杂，汉水流域上游为褐土及棕壤，云贵高原为红壤、黄壤，淮南丘陵为黄壤、黄褐土，长江中下游平原为黄棕壤、潮土、水稻土，江西有大面积红壤；四川盆地主要是冲积土、紫棕壤和水稻土；华南地区主要是红壤和黄壤；新疆南部地区多为灰钙土、灌淤土、棕漠土，北部地区多为灰钙土、灰漠土和灌淤土。西藏的农业区多在河流两岸，土壤类型主要是石灰性冲积土，土层薄，砂性重。青海高原农业区主要是灰钙土和栗钙土，还有部分灰棕漠土、棕钙土和淡栗钙土。

我国主要类型土壤的颗粒组成表现为自西向东、从北向南，即从干旱区向湿润区、由低温带向高温带，土壤粗颗粒递减而细颗粒渐增，土壤质地相应呈现砾质沙土、沙土、壤土到黏土的变化趋势。如新疆、青海、内蒙古等地的土壤，沙土较多；东北、西北、华北及长江中下游地区的土壤主要为壤土；南方地区以红壤为主的土壤主要为黏土。全国小麦种植区域的土壤质地多为壤土，次为沙壤土和粉土，少有黏土和沙土。

土壤酸碱度是影响小麦生长的重要因素之一，我国土壤 pH 值表现为从南向北，从东向西逐渐增高的趋势。全国小麦种植区域的土壤酸碱度多为中性至偏碱性，pH 值多在 6.5～8.5。

土壤有机质表现为东北地区含量最高，其次为西南昌都周围地区，华南地区高于华北地区，内蒙古西部和新疆、西藏东部地区含量最低。我国小麦种植区域的土壤有机质含量多在 0.8%～2%，近年来由于保护性耕作的发展和秸秆还田量的增加，土壤有机质含量有增加的趋势。

四、中国小麦种植区域的种植制度

中国小麦种植区域遍及全国，各地种植制度有明显不同。从北向南逐渐演变，熟制依次增加，但海拔不同，种植制度也有很大变化。

东北地区种植制度多为一年一熟，春小麦与大豆、玉米等倒茬。河北省中北部长城以南地区、山西省中南部、陕西省北部、甘肃省陇东地区、宁夏南部地区种植制度多为一年一熟或两年三熟，与小麦轮作的主要作物有谷子、玉米、高粱、大豆、棉花等，北部还有荞麦、糜子和马铃薯等。两年三熟的主要轮作方式为：冬小麦—夏玉米—春谷，冬小麦—夏玉米—大豆等。由于全球气候变暖及品种改良，这一地区出现了一年两熟的种植方式，主要是小麦—夏玉米，次为小麦—夏大豆的种植方式。

河北省中南部、河南省、山东省、江苏省和安徽省北部、山西省南部、陕西省关中地区和甘肃省天水地区等广大华北平原有灌溉的地区多为一年两熟，夏玉米是小麦的主要前茬作物，此外还有大豆、谷子、甘薯等；旱地小麦以两年三熟为主，以春玉米（或谷子、高粱）—冬小麦—夏玉米（或甘薯、谷子、花生、大豆），或高粱—冬小麦—甘薯（或绿豆、大豆）的种植方式为主；极少数旱地一年一熟，冬小麦播种在夏季休闲地上。

长江流域种植制度多为一年两熟，水稻区盛行稻麦两熟，旱地多为棉、麦或杂粮、小麦两熟。华南地区多为一年两熟或三熟，小麦与连作稻或杂粮轮作。

新疆北疆地区主要为一年一熟，小麦与马铃薯、油菜、燕麦、亚麻、糜子、瓜类作物换茬；南疆以一年二熟为主，部分地区实行二年三熟。青藏高原主要为一年一熟，小麦与青稞、豌豆、蚕豆、荞麦等作物换茬，但西藏高原南部峡谷低地可实行一年两熟或两年三熟。

五、中国小麦种植区域的小麦品种类型

中国小麦种植区域南北纬度跨度大，海拔高低变化多，土壤类型复杂，气候条件多变，因此各地种植的小麦品种类型有明显不同。

从小麦分类学的角度分析，中国小麦种植区域内主要种植的是普通小麦，占99%以上，其余为圆锥小麦、硬粒小麦和密穗小麦。目前生产中普遍应用的品种都是经过国家或地方审定的普通小麦的育成品种。

根据小麦春化特性分析，生产中种植的普通小麦品种又可分为春性小麦，冬性小麦、半冬性小麦三大类型，也有人进一步把春性小麦分为强春性小麦、春性小麦，把冬性小麦分为强冬性小麦和冬性小麦，把半冬性小麦分为弱冬性小麦、半冬性小麦和弱春性小麦，但尚缺乏统一的标准。

按播性分析，又可分为冬（秋播或晚秋播）小麦和春（播）小麦。目前在东北地区和内蒙古等地主要是春播春性小麦，华北平原地区主要是秋播冬性小麦和半冬性小麦，长江流域主要是秋播半冬性和春性小麦，华南地区主要是晚秋播半冬性和春性小麦。青藏高原和新疆既有秋播冬性小麦又有春播春性小麦种植。

第二节　中国小麦种植生态区划

一、中国小麦种植区划的沿革

中国小麦分布地区极为广泛，由于各地气候条件不一、土壤类型各异、种植制度不同、品种类型有别、生产水平和管理技术存在差异，因而形成了明显的自然种植区域。我国不同时期的学者依据当时的情况多次对全国小麦的种植区域进行了划分。早在1936年就有学者依照气候特点、土壤条件和小麦生产状况将全国划分为6个冬麦区和1个春麦区；1943年有学者根据小麦的冬春习性、籽粒色泽及质地软硬，将部分省份的小麦种植区域划分为红皮春麦、硬质冬、春混合和软质红皮冬麦3个种植区；1961年出版的《中国小麦栽培学》，根据我国的气候特点，特别是年均气温、冬季气温、降水量和分布以及耕作栽培制度、小麦品种类型、适宜播期与成熟期等因素，将小麦种植区域划分为3个主区，10个亚区；1979年出版的《小麦栽培理论与技术》，根据当时小麦生产发展变化情况，将我国小麦种植区域划分为9个主区，5个副区；1983出版的《中国小麦品种及其系谱》，将全国小麦种植区域划分为10个麦区，有的麦区内又划分若干副区；1996年出版的《中国小麦学》，将全国小麦种植区域划分为3个主区，10个亚区，29个副区。本书在前人研究的基础上，根据对上述区划的应用情况以及生产发展需要，在种植面积、种植方式、栽培技术以及病虫草害发生发展趋势等方面采用最新数据和资料进行了分析研究，为预防气象灾害、保障小麦正常生育，根据全球气候变化，提出根据气温变化调整小麦播种期，实行保护性耕作、测土配方施肥、优质高产栽培等技术内容，以增强区划对我国小麦生产的指导作用。充分考虑区划的简洁和实用性，将全国小麦种植区域划分为4个主区，10个亚区，以便于各地因地制宜合理安排小麦种植和品种布局，充分发挥自然资源优势和小麦生产潜力，为我国小麦科学研究和生产实践提供参考。

二、小麦种植区域划分的依据

小麦种植区域的划分，根据地理环境、自然条件、气候因素、耕作制度、品种类型、生产水平、栽培特点以及病虫害情况等对小麦生产发展的综合影响而进行。影响小麦种植区域形成的诸多因素中，以气候、土壤条件与品种特性为主。在气候条件中，温度与降水量是最为重要的依据。

本区划的制定，是在前人小麦区划的基础上对主区的划分和亚区的分界及其内容进行适当调整。主区仍以播性（春、秋播）而定，但由原来的3个增加到4个，即把冬麦区划分为北方冬（秋播）麦区和南方冬（秋播）麦区。春（播）麦区和冬春兼播麦区沿用原来名称不变。小麦播性是自然温光变化梯度和品种感温、感光特性的集中体现，也是综合反映不同麦区栽培生态特性的基本特征。秋播后经越冬阶段的为冬（秋播）麦区，春播的为春（播）麦区。由于自然生态条件的交叉和重叠（如低纬度高海拔或高纬度低海拔等），春播区中有部分地区可以秋播，如新疆积雪较多的地区可以种植冬麦，西藏高原属低纬度地区，可以兼种春麦，因此设1个冬春麦兼播区。亚区是在播性相同的范围内，基本生态条件、品种类型和主要栽培特点大体一致，在小麦生育进程和生产管理上具有较大共性的种植区。亚区基本沿用1996年出版《中国小麦学》中的划分，个别地区进行了调整，原副区内容在亚区中体现，不再列为副区，从而使小麦区划更加简明扼要、可行实用。

三、中国小麦种植区域划分

参照上述小麦种植区域划分依据，将全国小麦自然区域划分为4个主区，10个亚区（图1），即：北方冬（秋播）麦区，包括北部冬（秋播）麦区和黄淮冬（秋播）麦区2个亚区；南方冬（秋播）麦区，包括长江中下游冬（秋播）麦区、西南冬（秋播）麦区和华南冬（晚秋播）麦区3个亚区；春（播）麦区，包括东北春（播）麦区、北部春（播）麦区和西北春（播）麦区3个亚区；冬春兼播麦区，包括新疆冬春兼播麦区和青藏春冬兼播麦区2个亚区。

（一）北方冬（秋播）麦区

（1）区域范围：位于长城以南，岷山以东，秦岭、淮河以北，为我国主要麦区，包括山东省全部、河南、河北、山西、陕西省大部，甘肃省东部和南部以及苏北、皖北。小麦面积及总产占全国60％以上。除沿海地区外，均属大陆性气候。全年≥10℃的积温4 050℃左右，变幅2 750～4 900℃。年均气温9～15℃，最冷月平均气温－10.7～－0.7℃，极端最低气温－30.0～－13.2℃。偏北地区冬季寒冷，低温年份易受不同程度冻害。

（2）气候特征：年降水量440～980毫米，小麦生育期间降水150～340毫米，多数地区200毫米左右。西北部地区降水量较少，东部地区降水量较多，降水季节间分布不匀，多集中于7、8两个月，春季常遇干旱，有些年份秋季干旱严重，但以春旱为主，有时秋、冬、春连旱，成为小麦生产中的主要问题。黄河至淮河之间，气候温暖，降水适度，是我国生态环境最适宜种植冬小麦的地区，面积大，产量高。

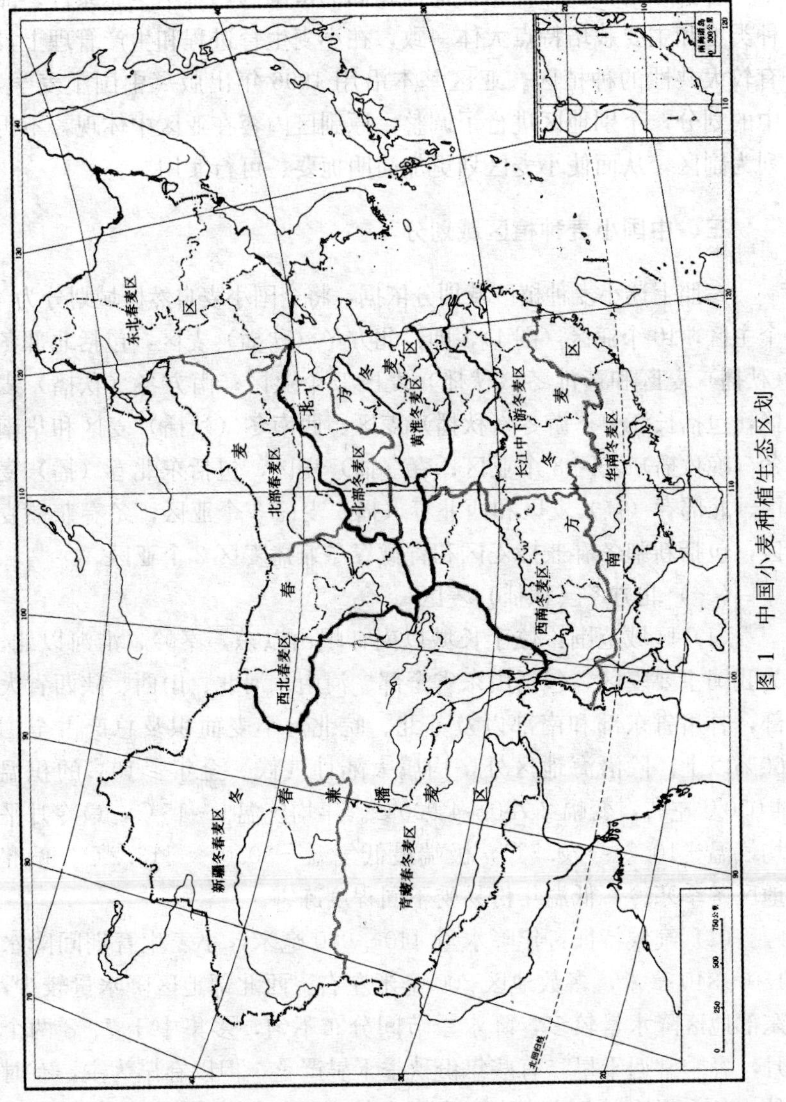

图1 中国小麦种植生态区划

(3) 种植制度：冬小麦为主要种植作物，其他还有玉米、谷子、豆类、甘薯以及棉花等粮食和经济作物。种植制度主要为一年二熟，北部地区多二年三熟，旱地多一年一熟。

依据纬度高低，地形差异、温度和降水量不同，又分为北部冬麦、黄淮冬麦 2 个亚区。

1. 北部冬（秋播）麦区

(1) 区域范围：东起辽东半岛南部旅大地区，沿燕山南麓进入河北省长城以南冀东平原，向西跨越太行山，经黄土高原山西省中部与东南部及陕西省北部渭北高原和延安地区，进入甘肃省陇东地区。本区自东北向西南，横跨辽宁、河北、天津、北京、山西、陕西和甘肃 5 省 2 市，形成一条狭长地带，陕西境内一段基本沿长城与其北的春麦区为界。包括辽宁南端营口、大连 2 市，河北境内长城以南廊坊、保定、沧州、唐山、秦皇岛市全部，京津 2 市全部，山西朔州以南阳泉、太原、晋中、长治、吕梁等全部和临汾市北部地区，陕西延安市全部，榆林长城以南大部，咸阳、宝鸡和铜川市部分县，甘肃省陇东庆阳全部和平凉部分县。全境地势复杂，东部为沿海低丘，中部是华北平原，西部为沟壑纵横、峁梁交错的黄土高原。其中陕西和山西部分有山区、塬地，还有晋中、上党和陕北盆地。海拔约 500 米，高原地区 1 200～1 300 米，近海地区4～30 米。本区位于我国冬（秋播）小麦北界，生态环境与生产水平和中、东部有一定差异。

(2) 气候特征：地处中纬度暖温带季风区，除沿海地区比较温暖湿润外，其余主要属大陆性半干旱气候。冬季严寒，降水稀少，春季干旱多风，降水不足，蒸发旺盛，越向内陆气候条件越为严酷。干旱、严寒是本区小麦生产中的主要问题。全年≥10℃的积温 3 500℃左右，变幅 2 750～4 350℃。最冷月平均气温 －10.7～－4.1℃，绝对最低气温通常 －24℃，以山西省西部黄河沿岸、陕北和甘肃陇东地区气温最低。小麦生育期太阳总辐射量 276～293 千焦/厘米^2，日照时数 2 000～2 200 小时，播种至成熟＞0℃积温为 2 200℃左右。冬季小麦地上部分干枯，基本停止生长，有明显越冬期，春季有明显返青期。全年无霜期 135～210 天。终霜期一般在 4 月初，正常年份一般地区小麦均可安全越冬，但低温年份或偏北地区，在栽培不当或品种抗寒性较差时则易受冻害。甘肃陇东和陕西延安地区因地势高峻，冬春寒旱，早春气温变化不定，常有晚霜冻害发生，绝对晚霜可能发生在 5 月初，对小麦生长带来不利影响。麦收期间绝对最高气温 33.9～40.3℃，小麦生育后期常有干热风危害，影响籽粒灌浆和正常成熟。全年降水量 440～710 毫米，沿海辽东半岛，河北平原及京、津 2 市降水量稍多，降水季节分布不均，主要集中在 7、8、9 月 3 个月，小麦生育期降水 100～210 毫米，年度间变动较大，以致常年都有不同程度干旱发生，主要为春旱，个别年份秋、冬、春连旱。随着全球气候变暖，我国冬季气温有逐渐升高的趋势，伴随栽培技术改进和抗逆新品种推广，低温冻害已有所减轻，而干旱仍为全区小麦生产中的最主要问题。

（3）土壤类型：本区土壤类型主要有褐土、潮土、黄绵土和盐渍土等。褐土多分布在华北平原、黄土高原东南部以及山西省中部等地，土壤表层多为壤土，质地适中，通透性和耕性良好，有较深厚的熟化层，疏松肥沃，保墒耐旱。潮土主要分布在华北平原京广线以东、京山线以南冲击平原。黄绵土主要分布在晋西、陕北及陇东黄土高原地区，盐渍土多在沿海地带。黄绵土质地疏松，易受侵蚀，抗旱力弱；盐渍土耕性及透性均很差。

（4）种植制度：作物种类繁多，以小麦和杂粮为主，主要有小麦、玉米、高粱、谷子、糜子、黍子、豆类、马铃薯、油菜以及绿肥作物等，棉花、水稻在局部平原或盆地区也有种植。冬小麦占粮食作物面积 30%～40%，在轮作中起纽带作用，是各种主要作物的前茬作物。与小麦轮作的主要有玉米、谷子、高粱、大豆等，北部还有荞麦、糜子和马铃薯等。通过对冬小麦茬口的不同安排，既可改变种植方式和提高复种指数，也可影响各种作物面积分配，对增加总产和培养地力均起重要作用。旱地轮作以一年一熟为主，冬小麦是主要作物。两年三熟面积较大，主要方式是冬小麦—夏玉米、夏谷、糜、黍、豆类、荞麦—春种玉米、高粱、谷子、豆类、糜子、荞麦、薯类等，春播作物收获后秋播小麦，小麦收获后夏种早熟作物。也有一些地区实行小麦与其他作物套种。一年两熟则主要在肥水条件较好地区，麦收后复种夏玉米、豆类、谷子、糜子、荞麦等，以夏玉米为主。由于气候变暖、品种改良和栽培技术进步，一年两熟面积迅速扩大，全年产量大幅增加。

（5）生产特点：小麦播期一般在9月中旬至10月上旬，但多数集中在9月下旬至10月上旬，有的延迟到10月中旬。由于气候逐渐变暖，播期较传统普遍推迟5～7天。成熟期多为6月中、下旬，少数地区晚至7月上旬，播期和收获期均表现为从南向北逐渐推迟。全生育期一般250～280天，有些地区晚播小麦生育期在250天以下。由于冬前苗期营养生长时间较短，应培育冬前壮苗，选择抗寒性能好、分蘖能力强的品种。为使小麦安全越冬，一般应控制小麦生长锥处在初生期时进入越冬期，最迟不能越过单棱期。在黄土高原旱塬地区或山区，为适应当地终霜期变化不定的情况，避免或减少晚霜冻害的威胁，生产上选用的品种应具备较好的抗寒、耐旱性能，还要求对早春温度反应较迟钝，对光长敏感，返青快，后期发育和灌浆进度较快的品种类型。

（6）病虫情况：条锈病偶发，一般年份发生不重，但偶遇春季降水较多，气候适宜，而南部麦区病源多时，在麦苗生长繁茂、田间郁闭的麦田，易发锈病，防治不及时，可能流行成灾。近年小麦纹枯病有向本区蔓延的趋势，在小麦起身期，水肥充足、群体偏大的麦田常有发病。随着生产发展和氮肥施用量增加，白粉病在水浇地高产麦田也常有发生。秆锈、叶锈、全蚀病、黄矮病、叶枯病、根腐病分别在不同地区局部发生，造成小麦生产不同程度的危害。散黑穗病、腥黑穗病、秆黑粉病、线虫病近年也有回升趋势。常见地下害虫有蝼蛄、蛴螬、地老虎和金针虫等，在小麦播种至出苗期常造成麦田缺苗断垄，影响产量，近年来金针虫有发展趋势，应特别引起注意。红蜘蛛在干旱地区常有发生，蚜虫、黏虫在密植高产麦田每年均有不同程度发生，有时会造成严重危害。麦叶蜂、吸浆虫近年也有回升发展趋势，局部地区发生严重。生产上要选用适当抗（耐）病虫品种，加强栽培管理，创造不利于病虫害发生的条件，同时加强病虫害预测预报，及时防治，减轻危害。

（7）发展建议：全区地势复杂，平原地区地势平坦、土壤较肥沃，黄土高原地区土壤质地疏松、水土流失严重、沟深坡陡、地形破碎、土壤瘠薄、耕作粗放，土石山区地势高寒、土层浅薄，冬春寒冷干旱，对小麦生长不利。针对本区特点，应因地制宜，加强农田基本建设和水土保持；发展保护性耕作，实行秸秆还田，改良土壤，培肥地力；选用抗寒耐旱高产优质品种，增施有机肥料，合理平衡施用化肥，实行抗逆节水优质高产综合栽培，提高单产，改善品质，大力发展优质专用小麦生产。

2. 黄淮冬（秋播）**麦区**

（1）区域范围：位于黄河中、下游，北部和西北部与北部冬麦区相连，南以淮河、秦岭为界，与西南冬麦区、长江中下游冬麦区接壤，西沿渭河河谷直抵西北春麦区边界，东临海滨。包括山东省全部，河南省除信阳地区以外大部，河北省中、南部（石家庄、衡水市以南），江苏及安徽两省淮河以北地区，陕西关中平原（西安和渭南全部，咸阳和宝鸡市大部）及山西省南部（临汾和晋城南部、运城市全部），甘肃省天水市全部和平凉及定西地区部分县。除山东省中部及胶东半岛，河南省西部有局部丘陵山地，山西渭河下游有晋南盆地外，大部分地区属黄淮平原，地势低平，坦荡辽阔。海拔平均200米左右，西高东低，其中西部丘陵海拔200～800米，大部分通常400～600米，河南全境100米左右，苏北、皖北在50米以下，东部沿海20米以下。本区气候适宜，是我国生态条件最适宜于小麦生长的地区。面积和总产量在各麦区中均居第一，历年产量比较稳定。冬小麦在各省所占耕地面积的比例为49%～60%，为本区的主要作物。

（2）气候特征：地处暖温带，气候比较温和。沿淮河北侧一带为亚热带北部边缘，为暖温带最南端，属半湿润性气候区，此线以南则降水量增多，气候湿润。全区大陆性气候明显，尤其北部一带，春旱多风，夏秋高温多雨，冬季寒冷干燥，南部则情况较好。

全年≥10℃的积温 4 100℃左右，变幅 3 350～4 900℃。年均气温 9～15℃，年日照时数 2 420 小时，变幅 1 829～2 770 小时，最冷月平均气温－4.6～－0.7℃，绝对最低气温－27.0～－13.0℃。小麦生育期太阳总辐射量 192～276 千焦/厘米^2，日照时数 1 400～2 000小时，播种至成熟期≥0℃积温 2 000～2 200℃。

北部地区属华北平原，在低温年份仍有遭受寒害或霜冻的可能。除华北平原北部地带越冬时小麦地上部分有枯死叶片外，大部分地区冬季小麦地上部分仍保持绿色，虽生长缓慢，但基本不停止生长，相比北部冬麦区，没有明显的越冬期，春季也没有明显的返青期。无霜期 180～230 天，从北向南逐步增加。终霜期一般在 3 月下旬至 4 月上旬，个别年份 4 月中旬仍可能有寒流袭击，造成晚霜冻害。年降水 520～980 毫米，以东部沿海较多，向西逐步减少，降水季节分布不均，多集中在 6、7、8 三个月，占全年降水量的 60％左右。小麦生育期降水 150～300 毫米，北部降水量少于南部，年际间时有旱害发生，需及时灌溉。小麦灌浆、成熟期高温低湿，干热风时有发生，引起小麦“青枯逼熟”，造成不同程度的危害。

（3）土壤类型：本区土壤类型主要有潮土、褐土、棕壤、砂姜黑土、盐渍土、水稻土等。其中潮土主要分布在黄淮海平原，一般地势平坦，土层深厚，适宜小麦生产。褐土主要分布在黄土高原与黄淮海平原结合部、山麓平原、海拔 700～1 000 米及以下低山丘陵地带，适宜发展种植业。棕壤主要分布在海拔 700～1 000 米及以下低山丘陵地带，已开垦的棕壤地区，一般土层深厚，保水保肥能力较强，适宜种植粮食作物及经济作物。砂姜黑土主要分布在低洼地区，土壤结构性差，适耕期较短。水稻土主要分布在黄河两岸、低洼地及滨海地区。盐渍土主要分布在低洼地及滨海地带。

（4）种植制度：以冬小麦为中心的轮作方式，以一年二熟为主，即冬小麦—夏作物。丘陵、旱地以及水肥条件较差的地区多实行二年三熟，即春作物—冬小麦—夏作物的轮换方式，间有少数地块实行一年一熟，与小麦倒茬的作物有玉米、谷子、豆类、棉花等。全区作物种类主要有冬小麦、玉米、棉花、大豆、甘薯、花生、烟草和油菜等，高粱、谷子和水稻也有一定种植面积。近年随着国家对农业投入增加和生产条件改善，一年两熟面积逐渐扩大，特别是苏北徐淮地区，在灌溉水利设施以及生产条件改善后，种植制度由旱作逐渐向水田过渡，稻麦两熟已成为当地的重要种植方式。河南、山东及河北省南部地区主要是冬小麦—夏玉米复种的一年两熟制，间有小麦—夏大豆等复种方式。

（5）生产特点：小麦播期参差不齐，西部丘陵、旱塬地区多在9月中、下旬播种，华北平原地区则以9月下旬至10月上、中旬播种。淮北平原一般在10月上、中旬播种。成熟期由南向北逐渐推迟，淮北平原5月底至6月初成熟，全生育期220～240天，其他地区多在6月上旬成熟。由于播期不一致，全生育期230～250天。本区南部应用的品种兼有半冬性和春性品种，北部以冬性或半冬性品种为主，春性品种越冬不安全。冬性或半冬性品种在淮北平原以单棱期越冬，西部丘陵和华北平原地区以生长锥伸长至单棱期越冬，春性品种以二棱期越冬。冬前发育越过二棱期的麦苗，冬春易受冻害或冷害威胁。

（6）病虫情况：条锈是主要病害，以关中地区发生较为普遍，叶锈、秆锈间有发生。早春纹枯病常有发生，且有向北蔓延趋势。白粉病近年呈上升趋势，水肥条件好，植株密度大，田间郁闭的麦田发生较重。全蚀、叶枯及赤霉病在局部地区时有发生，尤其赤霉病近年有发展趋势。黄矮病、散黑穗病、腥黑穗病、秆黑粉病有局部发生，以西部丘陵地区较重。小麦前期害虫主要为地下害虫，有蝼蛄、蛴螬、金针虫等，近年金针虫有发展趋势。中后期害虫主要为麦蚜、麦蜘蛛、黏虫、吸浆虫和麦叶蜂等，其中吸浆虫呈上升态势。

（7）发展建议：本区是我国小麦主产区，在全国农业生产中占有及其重要的地位。针对本区特点，应充分合理利用水资源，加强农田水利建设，实行科学节水灌溉。因地制宜选用不同类型的优质高产品种，测土配方施肥。后期注意防止青枯早衰，避免或减轻干热风危害。加强病虫测报，及时防病治虫除草。应用优质高产综合配套栽培技术，实行秸秆还田，保护和培肥地力。在注重产量的同时发展优质专用小麦。利用全球气候变暖的条件，适度扩大一年二熟，合理调节上下茬热量分配，实现全年粮食均衡增产。

（二）南方冬（秋播）麦区

（1）区域范围：位于秦岭、淮河以南，折多山以东，包括福建、江西、广东、海南、台湾、广西、湖南、湖北、贵州等省、自治区全部，云南、四川、江苏、安徽省大部以及河南南部。

（2）气候特征：全区主要属亚热带气候，但海南省以及台湾、广东、广西等省南部和云南省个旧市以南地区已由亚热带过渡为热带。受季风气候影响，气候温暖，全年≥10℃的积温 5 750℃左右，变幅 3 150～9 300℃。最冷月平均气温 5℃左右，华南地区可达 10℃以上，年均气温 16～24℃，全年适宜作物生长。年降水量多在 1 000 毫米以上，湖南、江西、浙江及安徽南部和广东等地区降水量可达 1 600～2 000 毫米，其中台湾降水量最多可达 5 000 毫米以上。受雨量偏多影响，湿涝灾害及赤霉病连年发生，对小麦生产不利。

（3）种植制度：作物以水稻为主，水田面积占耕地面积 30％左右，小麦虽不是本区主要作物，但在轮作复种中仍处于十分重要地位，多与水稻进行轮种，主要方式有稻、麦两熟或稻、稻、麦等三熟制。

根据气候条件、种植制度和小麦生育特点，又可分为长江中下游、西南及华南冬麦 3 个亚区。

1. 长江中下游冬（秋播）麦区

（1）区域范围：地处长江中下游，北以淮河、秦岭与黄淮冬麦区为界，南以南岭、武夷山脉与华南冬麦区相邻，西抵鄂西及湘西山地与西南冬麦区接壤，东至东海海滨。包括浙江、江西、湖北、湖南及上海市全部，河南省信阳地区以及江苏、安徽 2 省淮河以南地区。自然条件比较优越，光、热、水资源良好，大部分地区适宜小麦生长，苏、皖中部及湖北襄樊等江淮平原地区为集中产区。由于降水量等条件不均衡，各地小麦生产水平差异悬殊。

本区地形复杂，西南高而东北低，大体分为沿海、沿江、沿湖平原和丘陵山地两大类。前者西起江汉平原，经洞庭、鄱阳两湖平原、安徽沿江平原，东至江浙太湖平原和沿海平原。土地肥沃，水网密布，河湖众多，是本区小麦的主要种植地带，种植面积约占全区的3/4。全区集平原、丘陵、湖泊、山地兼有，而以丘陵为主体，大多位于平原区的西面或南面，包括湘赣谷地，江淮丘陵，以及大别山地、皖南赣北山地、赣南山地、武夷山地、湘西、鄂西山地和秦巴山地一部分。丘陵山地小麦面积较小，约占全区小麦面积的1/4，生产水平也低于平原地区。平原地区海拔多在50米以下，山地丘陵多在500～1 000米。

（2）气候特征：属北亚热带季风区，全年气候温暖湿润，热量资源丰富，分布趋势为南部多于北部，内陆多于沿海，中游多于下游。年均气温15.2～17.7℃，全年≥10℃的积温5 300℃左右，变幅4 800～6 900℃，年均日照时数1 910小时，变幅1 521～2 374小时。小麦生育期间太阳总辐射量193～226千焦/厘米^2，日照时数600～1 200小时，从南向北逐渐增多。播种至成熟期>0℃积温2 000～2 200℃。1月份平均气温2～6℃，最低平均温度3.9～-3℃，小于0℃平均日数11.6～62.7天，无霜期215～278天。长江以南小麦冬季基本不停止生长，无明显越冬期和返青期。

水资源丰富，自然降水充沛。年降水830～1 870毫米，小麦生育期间降水340～960毫米；但分布极不均衡，降水量南部明显高于北部，沿海多于内陆，自东南向西北方向递减。本区常受湿渍危害，且越往南降水量越大，渍害也越严重。北部地区偶有春旱发生，但后期降水偏多。江西省贵溪、玉山、广昌以及湖南衡阳等地区，降水量过多，年降水1 600～1 800毫米，为我国气候生态条件对小麦生长最不适宜的地区，近年麦田面积锐减。

（3）土壤类型：土壤类型较多，汉水上游地区为褐土或棕壤，丘陵地区为黄壤和黄褐土，沿江沿湖地区为水稻土，江西、湖南部分地区有红壤。红、黄壤偏酸性，肥力较差，不利于小麦生长。长江中下游冲积平原水稻土，有机质含量较高，肥力较好，有利于小麦高产。

（4）种植制度：多为一年二熟以至三熟。二熟制以稻—麦或麦—棉为主，间有小麦—杂粮的种植方式；三熟制主要为稻—稻—麦（油菜）或稻—稻—绿肥。丘陵旱地区以一年二熟为主，麦收之后复种玉米、花生、芝麻、甘薯、豆类、杂粮、麻类、油菜等。

（5）生产特点：全区小麦适播期为10月下旬至11月中旬，播种方式多样，旱茬麦多为播种机条播，播期偏早，稻茬麦播种方式根据水稻收获期不同而异，水稻收获早的有板茬机器撒播或条播，水稻收获偏晚的则在水稻收获前人工撒种套播，目前推广机条播。成熟期北部5月底前后，南部地区略早，生育期多为200～225天。品种多为春性。

（6）病虫情况：自然环境、生态条件和耕作栽培制度决定了本区主要病害的发生情况，早春纹枯病有加重发生趋势，中后期以赤霉病、锈病、白粉病较为流行，开花灌浆期降水过多，极易引起赤霉病盛发流行。植株密度偏大的麦田白粉病发生较重，条锈、秆锈和叶锈在不同地区分别或兼有发生。小麦害虫主要有麦蜘蛛、黏虫、蚜虫和吸浆虫等，不同年份发生轻重程度有差异。渍害是普遍存在的问题，也是制约小麦生产的重要障碍因素。

（7）发展建议：本区是我国小麦主产区之一，应针对本区的特点加强管理。排水降渍是小麦田间管理的重要任务，需三沟配套，排灌分开，控制地下水位，防涝降渍，治理湿害。针对不同时期病虫害发生流行情况，及时测报，综合防治，减轻危害，杂草危害亦不容忽视，应适时防除。针对全球气候变暖的情况，在传统播期基础上，适当推迟播期，防止冬前麦苗旺长；增施有机肥，推广秸秆还田，增加土壤有机质含量；适当种植绿肥作物，改良土壤，培肥地力；测土配方施肥，选用优质专用高产品种，实现综合优质高产栽培技术，改善品质，提高产量，增加效益。

2. 西南冬（秋播）麦区

（1）区域范围：位于长江上游我国西南部，地处秦岭以南，川西高原以东，南以贵州省界以及云南南盘江和景东、保山、腾冲一线与华南冬麦区为界，东抵湖南、湖北省界。包括贵州、重庆全部，四川、云南大部（四川省阿坝、甘孜州南部部分县除外；云南省泸西、新平至保山以北，迪庆、怒江州以东）、陕西南部（商洛、安康、汉中）和甘肃陇南地区。全区地形、地势复杂，北有大巴山脉，西有邛崃山及大雪山，西南有横断山脉，长江自西南向东北穿越其间。山地、高原、丘陵、盆地相间分布，以山地为主，约占总土地面积70%。地势西北高东南低，海拔由6 000米以上下降到100米以下。耕地主要分布在200～2 500米，丘陵多，盆地面积较小，且多为面积碎小而零散分布的河谷平原和山间盆地，其中以成都平原最大。平坝少，丘陵旱坡地多，海拔差异大，构成不同的小气候带，影响小麦分布、生产及品种使用。云南地势最高，小麦主要分布在海拔1 000～2 400米地区，土壤类型多为红壤，质地黏重，酸性较强，地力较差。贵州地势稍低，小麦主产区主要分布在海拔800～1 400米地区。四川盆地地势最低，小麦主要分布在海拔300～700米地区。

（2）气候特征：属亚热带湿润季风气候区。冬季气候温和。高原山地夏季温度不高，雨多雾大晴天少，日照不足。多数农业区夏无酷暑，冬无积雪。季节间温度变化较小，昼夜温差较大，为春性小麦秋冬播和形成大穗创造了有利条件。全年≥10℃的积温4 850℃左右，变幅3 100～6 500℃，最冷月平均气温4.9℃，绝对最低气温－6.3℃。其中四川盆地温度较高，甚至比同纬度长江流域高2～4℃，冬暖有利于小麦、油菜、蚕豆等作物越冬生长。无霜期较长，在各麦区中仅次于华南冬麦区，全区平均260余天，其中四川盆地南充、内江地区超过300天。日照不足是本区自然条件中对小麦生长的主要不利因素，年日照1 620余小时，日均只有4.4小时，为全国日照最少地区。小麦播种至成熟期太阳辐射总量108～292千焦/厘米^2，日照多为400～1 000小时，以重庆地区日照时数最短。川、黔两地常年云雾阴雨，日照不足，直接影响小麦后期灌浆结实。小麦生育期＞0℃积温为1 800～2 200℃。年降水1 100毫米左右，比较充沛，除北部甘肃武都地区不足500毫米外，其余均在 1 000 毫米左右。小麦播种至成熟期降水 100～400 毫米，基本可以满足小麦生育期需水，但部分地区由于季节间降水量分布不均，冬、春降水偏少，干旱时有发生。

（3）土壤类型：本区土壤类型繁多，分布错综。主要有黄壤、红壤、棕壤、潮土、赤红壤、黄红壤、红棕壤、红褐土、黄褐土、草甸土、褐色土、紫色土、石灰土、水稻土等。其中黄壤和红壤是湿润亚热带生物条件下发育的富铝化土壤类型，黄壤多具黏、酸、薄等不良特性，红壤多具黏、板（结）、贫（瘠）等自然特点，但经过合理改良，可以有效提高土壤肥力。

（4）种植制度：水稻为主要作物，其次是小麦、玉米、甘薯、棉花、油菜、蚕豆以及豌豆等，作物种类丰富。农业区域内海拔差异较大，热量分布不均，种植制度多样。有一年一熟、一年二熟、一年三熟等多种方式。在云贵高原，海拔 2 400 米以上的高寒地区，气温低，霜期长，≥10℃积温 3 000℃左右，以一年一熟为主，主要作物有小麦、马铃薯、玉米、荞麦等，小麦可与其他作物轮作。小麦既可秋种，也可春播，但产量均低而不稳。海拔 1 400～2 400米的中暖层地带，≥10℃积温一般 4 000～5 000℃，年降水 800～1 000 毫米，熟制为一年二熟或二年三熟，主要作物有水稻、小麦、油菜、玉米、蚕豆等，轮作方式以小麦—水稻或小麦—玉米二熟制为主。气温较低的旱山区，玉米和小麦多行套种。海拔 1 400米以下低热地区，≥10℃积温一般可达 6 000℃以上，主要作物有水稻、小麦、玉米、甘薯、油菜、烟草等，熟制可一年三熟。如在河谷地带气候温暖湿润地区，可稻—稻—麦三熟。在四川盆地西部平原地区，以水稻—小麦或油菜一年二熟为主。四川盆地浅丘岭地区，以小麦、玉米、甘薯三熟套作最为普遍。陕南地区以一年二熟为主，主要种植方式有小麦（油菜）—水稻，小麦（油菜）—玉米（豆类）。甘肃陇南地区多一年二熟，间有二年三熟，极少一年三熟。其中一年二熟主要为小麦—玉米，小麦—马铃薯，主要作物小麦、玉米、马铃薯、豆类、油菜、胡麻、中药材等。

（5）生产特点：品种多为春性。适播期因地势复杂而差异很大。高寒山区为 8 月下旬至 9 月上旬；浅山区 9 月下旬至 10 月上旬；丘陵区多为 10 月中旬至 10 月下旬，少数在 11 月上旬，如四川盆地丘陵旱地小麦，春性品种最佳播期为 10 月底至 11 月上旬，海拔较高的地区提前 3～5 天；平川地区一般 10 月下旬至 11 月上旬，最晚不过 11 月 20 日，全区播期前后延伸近 3 个月。成熟期在平原、丘陵区分别为 5 月上、中、下旬，山区较晚，在 6 月 20 日至 7 月上、中旬。小麦生育期一般 175～250 天，以内江、南充、达县等地生育期最短，武都地区较长。高寒山区面积极少，但生育期可达 300 天左右。

（6）病虫情况：条锈病是威胁本区小麦生产的第一大病害，尤其在丘陵旱地麦区流行频率较高。在四川盆地内，一般 12 月中下旬始现，感病后逐渐发展为发病中心，3 月下旬进入流行期，4 月上中旬遇适宜条件则迅速蔓延。赤霉病在多雨年份局部地区间有发生，如四川以气温较高、春雨较早的川东南地区发生较重，盆地西北部属中等发病区。白粉病时有发生，尤其在小麦拔节前后降水较多时，高产麦田容易发病，如四川盆地浅丘麦区就是白粉病发生较重的区域之一。其他病害发生较轻。蚜虫是本区小麦的主要害虫。

（7）发展建议：实施小麦优质高产栽培，合理选用优质高产品种，高肥水地选用具有耐肥、耐湿、丰产、抗倒、抗病品种，丘陵山旱地推广抗逆、稳产品种。精细整地，做好排灌系统，减少湿害和早春干旱威胁。推广小窝疏苗密植种植和免耕播种技术，减少粗放撒播面积。合理控制基本苗，培育壮苗。管理中促控结合，防止倒伏，适当采用化控降秆防倒技术。加强测土配方施肥和平衡施肥技术普及应用。加强病虫害测报，重点防治条锈病、白粉病、赤霉病和蚜虫。丘陵山旱地区加强水土保持和农田基本建设，增施有机肥，提高土壤肥力，改进耕作制度，合理轮作。平原水地稻茬麦，实行水稻秸秆还田，培肥地力，为小麦高产创造条件，确保小麦稳产增收。

3. 华南冬（晚秋播）麦区

（1）区域范围：位于我国南部，西与缅甸接壤，东抵东海之滨及台湾省，南至海南省，西南与越南和老挝交界，北以武夷山、南岭为界，横跨闽、粤、桂以及云南省南盘江、新平、景东、保山、腾冲一线，与长江中下游及西南 2 个冬麦区相邻。包括福建、广东、广西、台湾、海南 5 省、自治区全部及云南省南部德宏、西双版纳、红河等州部分县。大陆部分地势自西北向东南倾斜，台湾省东部地势较高，向西南倾斜，海南省中南部地势高，周边地势低。本区地形复杂，有山地、丘陵、平原、盆地，以山地和丘陵为主，约占总土地面积 90%，海拔 500 米以下丘陵最为普遍。广东省珠江、赣江三角洲为两个较大的平原，沿海一带还有一些小平原，台湾省有台南平原，海南省除中部有五指山、黎母岭山地及台地外，四周有宽窄不等的小平原。耕地集中分布在平原、盆地和台地上，面积约占总土地面积的 10%，一般土地比较肥沃。水稻是主要作物，小麦占比重较小。

（2）气候特征：本区主要为亚热带，属湿润季风气候区，只有海南省全部以及台湾、广东、广西、云南省北回归线以南地区为热带。由于北部武夷山、南岭山脉阻隔了南下的冷空气，东南有海洋暖气流调节，气候终年温暖湿润，水热资源在全国最为丰富。无霜期 290～365 天，其中西双版纳等热带地区全年基本无霜冻。全年≥10℃积温 7 200℃左右，变幅 5 100～9 300℃。平均气温 16～24℃，由北向南逐渐增高。最冷月份平均气温 6～24℃，以海南省温度最高。年均日照时数 1 700～2 400 小时。小麦生育期间日照时数 400～1 000 小时，云南西南部地区最多，广西中部最少；小麦生育期间太阳总辐射量 108～250 千焦/厘米^2，＞0℃积温 2 000～2 400℃，以云南省南部最多。年均降水量 1 500 毫米以上，其中台湾是我国降水量最多的地区，年均降水 2 500 毫米以上。小麦生育期间降水 200～500 毫米，由南向北逐渐增多。季节间分布不均，4～10月为雨季，占全年降水量的 70%～80%，小麦生育期间正值旱季，降水相对较少。

（3）土壤类型：有红壤、砖红壤、赤红壤、红棕壤、黄壤、黄棕壤、紫色土、水稻土等多种类型。其中以红壤和黄壤为主。红、黄壤酸性较强，质地黏重，排水不良，湿害时有发生。丘陵坡地多为砂质土，保水保肥能力较差。

（4）种植制度：主要作物为水稻，小麦面积较小，其他作物还有油菜、甘薯、花生、木薯、芋头、玉米、高粱、谷子、豆类等，经济作物主要有甘蔗、麻类、花生、芝麻、茶等。种植制度以一年三熟为主，多数为稻—稻—麦（油菜），部分地区水稻—小麦，玉米—小麦一年二熟，少有二年三熟。小麦除主要作为水稻的后作外，部分为甘薯、花生的后作。

（5）生产特点：小麦品种主要为春性秋播品种，苗期对低温要求不严格，光照反应迟钝。山区有少数半冬性品种，分蘖力较弱，籽粒红色，休眠期较长，不易穗发芽。小麦播期通常在 11 月上、中旬，少数在 10 月下旬。成熟期一般在 3 月初至 4 月中旬，从南向北逐渐推迟，生育期多为 125～150 天，由南向北逐渐延长。云南西南部有少数春性春播小麦品种种植，所占比重极小。进入 21 世纪以后，本区小麦面积急剧减少，其中福建、广东和广西 3 省、自治区分别从历史上最高记录的 154 千公顷（1978 年）、508 千公顷（1978 年）、306 千公顷（1956 年），减少到 2009 年的 3.8 千公顷、0.8 千公顷、4.0 千公顷，但是单产均有大幅度提高。台湾省历史上小麦种植面积最大的是 1960 年，达到 25 208 公顷，到 2000 年下降到仅有 36 公顷，但是单产增长了 1 倍。目前，台湾省小麦面积稳定在 100 公顷左右。海南省 20 世纪 70 年代期间小麦尚有一定面积，80 年代面积锐减，1982 年仅崖县一带尚有小麦 6.7 公顷，进入 21 世纪以来小麦已无统计面积。

（6）病虫情况：由于温度高、湿度大，小麦条锈、叶锈、秆锈、白粉病及赤霉病经常发生。小麦蚜虫是危害本区小麦的主要害虫之一，历年均有不同程度的发生。

（7）发展建议：由于经济发展的需要，本区近年小麦面积锐减，单产虽有大幅度增加，但仍在全国平均水平之下。提高小麦生产的主要措施：因地制宜选用抗逆、耐湿、抗穗发芽、耐（抗）病、抗倒品种；提高并改进栽培技术，结合当地种植制度适当安排小麦播期，使小麦各生育阶段得以避开或减轻各种自然灾害的危害；做好麦田渠系配套，及时排水，减轻渍害；实行测土配方施肥，提高施肥管理水平，借鉴高产地区经验，结合当地情况实施高产栽培技术，增施有机肥，实行秸秆还田，改善土壤结构，培肥地力；及时收获，避免或减轻穗发芽；做好病虫测报，及时防治病虫害，减少损失，提高效益。

（三）春播麦区

（1）区域范围：春麦主要分布在长城以北，岷山、大雪山以西。大多地处寒冷、干旱或高原地带。新疆、西藏以及四川西部冬春麦兼种，将单独划区，本区划春麦区仅包括黑龙江、吉林、内蒙古、宁夏全部，辽宁、甘肃省大部以及河北、山西、陕西各省北部地区。春麦区主要分布在我国北部狭长地带。东北与俄罗斯、朝鲜交界，西北与蒙古接壤，南以长城为界与北部冬麦区相邻，西至新疆冬春兼播麦区和青藏春冬兼播麦区东界。

（2）气候特征：全年≥10℃的积温 2 750℃左右，变幅 1 650～3 620℃。冬季严寒，其最冷月（1 月）平均气温及年极端最低气温分别为－10℃左右及－30℃左右。太阳总辐射量和日照时数由东向西逐渐增加。降水量分布差异较大，总趋势由东向西逐渐减少。物候期出现日期表现为由南向北逐渐推迟。

（3）种植制度：秋播小麦不能安全越冬，故种植春小麦。以一年一熟制为主。种植方式有轮作和套作，轮作方式如小麦—大豆—玉米轮作，小麦—大豆—马铃薯轮作，小麦—油菜—小麦轮作等；套作方式如小麦套种玉米的粮粮套作，小麦套种向日葵的粮油套作，小麦套种甜菜的粮糖套作等。

根据降水量、温度及地势可将春麦区分为东北春麦、北部春麦及西北春麦 3 个亚区。

1. 东北春（播）麦区

（1）区域范围：位于我国东北部，北部和东部与俄罗斯交界，东南部和朝鲜接壤，西部与蒙古和北方春麦区毗邻，南部与北部冬麦区相连。包括黑龙江、吉林 2 省全部，辽宁省除南部大连、营口

2 市以外的大部，内蒙古自治区东北部呼伦贝尔市、兴安盟、通辽市及赤峰市。地形地势复杂，境内东、西、北部地势较高，中、南部属东北平原，地势平缓。海拔一般 50～400 米，山地最高 1 000 米左右。土地资源丰富，土层深厚，适于大型机具作业，尤以黑龙江省为最。

（2）气候特征：本区为中温带向寒温带过渡的大陆性季风气候，冬季漫长而寒冷，夏季短促而温暖。日照充足，温度由北向南递增，差异较大。黑龙江省年均气温－6～4℃，吉林省 3～5℃，辽宁省 7～10℃。最冷月平均气温北部漠河－30℃以下，绝对最低温度曾达－50℃以下。本区是我国气温最低的一个麦区，热量及无霜期南北差异很大。全年≥10℃的积温 2 730℃左右，变幅 1 640～3 550℃。小麦生育期间＞0℃积温 1 200～2 000℃，日照时数 800～1 200小时，太阳总辐射量 192～242 千焦/厘米^2，均表现为由东向西逐步增加的趋势。无霜期 90～200 天，其中黑龙江省 90～120天，吉林省 120～160 天，辽宁省 130～200 天，呈现由北向南逐渐增加的趋势，无霜期短和热量不足是本区的最大特点。降水量通常 600 毫米以上，最多在辽宁省东部山地丘陵地区，年降水量可达1 100毫米，平原地区降水多在 600 毫米左右。小麦生育期降水200～300毫米，为我国春麦区降水最多的地区。季节间降水分布不均，全年降水 60%以上集中在 6～8 月，3～5 月降水很少，且常有大风，以致部分地区小麦播种时常遇干旱，成熟时常因降水多而不能及时收获。本区大体呈现北部高寒，东部湿润，西部干旱的气候特征。

（3）土壤类型：本区土地肥沃，有机质含量较高。土壤类型主要为黑钙土、草甸土、沼泽土和盐渍土。黑钙土分布面积最广，主要在松辽、松嫩和三江平原，腐殖层厚，矿质营养丰富，土壤结构良好，自然肥力较高。草甸土分布在各平原低洼地区和沿江两岸，肥力较高，透水性较差。盐渍土主要分布在西部地区，湿时泥泞，干时板结，耕性和透气性均很差。

（4）种植制度：主要作物有玉米、春小麦、大豆、水稻、马铃薯、高粱、谷子等。种植制度主要为一年一熟，春小麦多与大豆、玉米、谷子、马铃薯、高粱等轮作倒茬。

（5）生产特点：小麦播种期3月中旬至4月下旬，拔节期4月下旬至6月初，抽穗期6月初至7月中旬，成熟期从7月初至8月下旬，各物候期总的变化趋势均表现为从南向北、从东向西逐渐推迟。小麦生育期100～120天，从南向北逐渐延长。

（6）病虫情况：生长后期降水较多，赤霉病常有发生，是本区小麦的重要病害之一。早春播种时干旱，后期高温多雨，为根腐病发生创造了条件，主要表现为苗腐、叶枯和穗腐。叶锈病、白粉病、散黑穗病、黄矮病、丛矮病等在各地也间有不同程度发生。地下害虫有金针虫、蝼蛄、蛴螬等，小麦生长中后期常有黏虫、蚜虫危害，麦田杂草以燕麦草危害较重。

（7）发展建议：小麦生产应注意选用早熟高产优质品种。推广保护性耕作，提倡少耕、免耕、深松，实行秸秆覆盖，留茬覆盖，防风保墒，积雪增墒，减少风沙扬尘，防止表土流失。东部湿润地区还应注意挖沟排渍，防止湿害。注意增施有机肥料，保护地力，适当种植绿肥作物，用地养地结合，防止土壤肥力退化。加强病虫害预测预报，及时防病治虫，特别注意赤霉病、根腐病和蚜虫防治，减轻危害。及时防除麦田杂草。及时收获、晾晒和入库，避免或减轻收获时遇雨造成的损失。实行测土配方平衡施肥，应用高产高效栽培技术，提高产量，改善品质，增加效益。

2. 北部春（播）麦区

（1）区域范围：位于大兴安岭以西，长城以北，西至内蒙古巴彦淖尔市、鄂尔多斯市和乌海市。全区以内蒙古自治区为主，包括内蒙古锡林郭勒、乌兰察布、呼和浩特、包头、巴彦淖尔、鄂尔多斯以及乌海等1盟6市，河北省张家口、承德市全部，山西省大同市、朔州市、忻州市全部，陕西省榆林长城以北部分县。

（2）气候特征：本区地处内陆，东南季风影响微弱，为典型大陆性气候，冬寒夏暑，春秋多风，气候干燥，日照充足。地形地势复杂，包括海拔3～2 100米的平原、盆地、丘陵、高原、山地。

全区主要属蒙古高原，阴山位于内蒙古中部，北部比较开阔平展，其南则为连绵起伏的高原、丘陵和盆地等，主要有河套和土默川平原、丰镇丘陵、大同盆地、张北高原等。年日照时数2 700～3 200小时，年均气温1.4～13.0℃，全年≥10℃的积温2 600℃左右，变幅1 880～3 600℃。年降水量200～600毫米，降水季节分布不均，多集中在7～9月。一般年份降水350毫米左右，不少地区低于250毫米，属半干旱及干旱地区。小麦生育期太阳总辐射量242～276千焦/厘米^2，日照时数1 000～1 200小时，播种至成熟期>0℃积温1 800～2 000℃，生育期降水50～200毫米，由东向西逐渐减少。各地无霜期差异很大，变幅80～178天，其中忻州市无霜期110～178天，为最长，锡林郭勒盟90～120天，为最短，张家口市80～150天，变幅最大。

（3）土壤类型：本区有栗钙土、黄土、河套冲积土，以栗钙土为主，腐殖层薄，易受干旱，在植被受破坏后且易沙化。土壤质地多为壤土，耕性较好，适宜种植小麦或其他农作物，坡梁地一般为砂质土或砂石土，有机质含量很低，土壤瘠薄，无灌溉条件，保水保肥能力差，遇冬春多风季节，表土风蚀严重。川滩地多为冲积土，土层较厚，有机质含量较高，土壤较肥，保水保肥能力较强。

（4）种植制度：主要作物有小麦、玉米、马铃薯、糜子、谷子、燕麦、豆类、甜菜等。种植制度以一年一熟为主，间有两年三熟。小麦在旱地主要与豌豆、燕麦、谷子、马铃薯等轮作，在灌溉地区多与玉米、蚕豆、马铃薯等轮作，少数在麦收之后复种糜子、谷子等短日期作物或蔬菜，间有小麦套种玉米或与其他作物。

（5）生产特点：小麦播种期自3月中旬始至4月中旬，拔节期在5月下旬至6月初，抽穗6月中旬至7月初，成熟期7月下旬至8月下旬，各物候期总变化趋势均表现为从南向北逐渐推迟，但内蒙古锡林郭勒盟多伦地区成熟期最晚。小麦生育期110～120天，从南向北逐渐延长。

（6）病虫情况：主要病害有黄矮、丛矮、根腐、条锈、叶锈及秆锈病，各地时有不同程度发生，白粉病、纹枯病、赤霉病偶有发生。地下害虫有金针虫、蝼蛄、蛴螬等，常在播种出苗期危害；小麦生长中后期麦秆蝇危害较为严重，此外，还常有黏虫、蚜虫、吸浆虫危害。

(7) 发展建议：本区水资源比较贫乏，降水量不足，保证率低，不能满足小麦生长需要，缺水干旱问题十分严重，是小麦生产最主要的限制因素。其特点为干旱范围广，干旱及半干旱面积大，干旱机率高，干旱持续时间长。干旱少雨加剧了土壤盐碱和风蚀沙化。常遇早春干旱，后期高温逼熟及干热风危害，青枯早衰，不利于籽粒灌浆。

针对本区生态特点和小麦生产的限制因素，因地制宜采用合理增产措施。选用适宜的早熟、抗旱、抗干热风、抗病、稳产品种。早熟品种前期发育快，可以避开或减轻麦秆蝇危害，在本区有重要应用价值。旱地麦区实行轮作休闲，以恢复和培肥地力；灌区实行畦灌、沟灌或管道灌水，作好渠系配套，改进灌溉制度，合理节约用水，防止土壤盐渍化并适时浇好开花灌浆水，防止或减轻干热风危害。提倡保护性耕作，实行免耕、少耕、深松、秸秆还田、秸秆覆盖、留茬越冬等综合技术，防止或减轻土壤风蚀沙化和农田扬尘。有条件的地区可实行小麦机械覆膜播种及配套栽培技术。增施有机肥料，适当种植绿肥作物，增加土壤有机质含量，培肥地力。丘陵山地注意水土保持，防止水土流失。加强病虫预报，及时防病治虫，特别要注意黄矮病、麦秆蝇和蚜虫防治，减轻危害。及时防除麦田杂草。实行测土配方施肥，应用综合高产高效栽培技术，提高产量，增加效益。

3. 西北春（播）麦区

(1) 区域范围：位于黄淮上游三大高原（黄土高原、蒙古高原和青藏高原）交汇地带，北接蒙古，西邻新疆，西南以青海省西宁和海东地区为界，东部与内蒙古巴彦淖尔市、鄂尔多斯市和乌海市相邻，南至甘肃南部。包括内蒙古阿拉善盟，宁夏全部，甘肃兰州、临夏、张掖、武威、酒泉区全部以及定西、天水和甘南州部分县，青海省西宁市和海东地区全部以及黄南、海南州个别县。本区处于中温带内陆地区，属大陆性气候。冬季寒冷，夏季炎热，春秋多风，气候干燥，日照充足，昼夜温差大。主要由黄土高原和蒙古高原组成，海拔1 000～2 500米，多1 500米左右。北部及东北部为蒙古高原，地势缓平；东部为宁夏平原，黄河流经其间，地势平坦，水利发达；南及西南部为属于黄土高原的宁南山地、陇中高原以及青海省东部，梁岭起伏，沟壑纵横，地势复杂。

（2）气候特征：全区≥10℃年积温3 150℃左右，变幅2 056～3 615℃。年均气温5～10℃，最冷月气温－9℃。无霜期90～195天，其中宁夏127～195天，甘肃河西灌区90～180天，中部地区120～180天，西南部高寒地区120～140天。年均降水量200～400毫米，一般年份不足300毫米，最少地区在50毫米以下。其中宁夏年降水量183～677毫米，由南向北递减；甘肃河西灌区35～350毫米，中部地区200～550毫米，西南部高寒地区400～650毫米；内蒙古阿拉善盟年均降水200毫米左右。自东向西温度渐增、降水量递减。小麦生育期太阳辐射总量276～309千焦/厘米^2，日照时数1 000～1 300小时，＞0℃积温1 400～1 800℃。春小麦播种至成熟期降水量50～300毫米，由北向南逐渐增加。

（3）土壤类型：主要有棕钙土、栗钙土、风沙土、灰钙土、黑垆土、灰漠土、棕色荒漠土等多种类型，多数土壤结构疏松，易风蚀沙化，地力贫瘠，水土流失严重。

（4）种植制度：主要作物为春小麦，其次为玉米、高粱、糜子、谷子、大麦、豆类、马铃薯、油菜、青稞、燕麦、荞麦等，经济作物有甜菜、胡麻、棉花等，宁夏灌区还有水稻种植。种植制度主要为一年一熟，轮作方式主要是豌豆、扁豆、糜子、谷子等与小麦轮种。低海拔灌溉地区间有其他作物与小麦间、套、复种的种植方式。

（5）生产特点：春小麦播种期通常在3月中旬至4月上旬，5月中旬至6月初拔节，6月中旬至6月下旬抽穗，7月下旬至8月中旬成熟。全生育期120～150天，西宁地区生育期最长。

（6）病虫情况：主要病害有红矮、黄矮、条锈、黑穗病、白粉病、根腐病、全蚀病等，各地时有发生，以红矮病、黄矮病发生危害较重。常在播种出苗期进行危害的地下害虫有金针虫、蝼蛄、蛴螬等，苗期有蚜虫、灰飞虱、叶蝉等危害幼苗并传播病毒病，红蜘蛛也多在苗期危害，小麦生长中后期以蚜虫危害最重。田间鼠害时有发生，以鼢鼠活动危害较重。

(7) 发展建议：本区水资源比较贫乏，降水不足，缺水干旱是小麦生产最主要的限制因素。部分地区土壤盐碱和风蚀沙化，不利于小麦生产。后期常有干热风危害，造成小麦青枯，籽粒灌浆不足。部分地区麦田中野燕麦、野大麦等杂草时有发生，影响小麦生长。

结合本区生态条件和小麦生产的限制因素，制定保护耕地、合理用地、稳产增产的技术措施。针对干旱、多风的特点，做好防风固沙，减少水土流失和风蚀沙化。灌区要加强农田基本建设，做好渠系配套，搞好节水工程，防止渗漏，采用节水灌溉技术，防止土壤盐渍化，控制盐碱危害。适时灌好开花灌浆水，防止或减轻干热风危害。山坡丘陵修筑梯田，实行粮草轮作，增种绿肥作物，培肥地力。提倡保护性耕作，实行免、少耕和深松技术，推广秸秆还田、秸秆覆盖、留茬越冬等综合技术，保护农田和生态环境。因地制宜选择抗逆、抗病、稳产品种，推广小麦机械覆膜播种和配套栽培技术。加强病虫预报，及时防病治虫，特别要注意黄矮病、红矮病、条锈病和蚜虫的防治，减轻危害。及时防除麦田杂草。实行测土配方施肥，增施有机肥，合理利用化肥，应用综合高产高效栽培技术，提高产量，改善品质，增加效益。

(四) 冬春麦兼播区

(1) 区域范围：位于我国最西部地区，东部与冬、春麦区相连，北部与俄罗斯、蒙古、哈萨克斯坦毗邻，西部分别与吉尔吉斯斯坦、哈萨克斯坦、阿富汗、巴基斯坦接壤，西南部与印度、尼泊尔、不丹、缅甸交界。包括新疆、西藏全部，青海大部和四川、云南、甘肃部分地区。全区以高原为主体，间有高山、盆地、平原和沙漠，地势复杂，气候多变。海拔除新疆农业区在 1 000 米左右外，其余各地农业区通常在 3 000 米左右。

(2) 气候特征：全区≥10℃年积温 2 050℃左右，变幅 84～4 610℃。最冷月平均气温多在－10.0℃左右，其中雅鲁藏布江河谷平原 0℃左右。降水量除川西和藏南谷地外，一般均不足，但有较丰富的冰山雪水、地表径流和地下水资源可供利用。

(3) 种植制度：除青海省全部种植春小麦外，其余均为冬、春麦兼种。其中北疆、川西以及云南和甘肃部分地区以春小麦为主，冬、春小麦兼有；南疆和西藏自治区则以冬小麦为主，春、冬小麦兼种。种植制度以一年一熟为主，兼有一年二熟。

依据地形、地势、气候特点和小麦种植情况，本区分为新疆冬春（播）麦和青藏春冬（播）麦 2 个亚区。

1. 新疆冬春（播）麦区

(1) 区域范围：位于我国西北边疆，处在亚欧大陆中心。周边与俄罗斯、哈萨克斯坦、吉尔吉斯斯坦、塔吉克斯坦、巴基斯坦、蒙古、印度、阿富汗等国交界，南部和西藏自治区相连，东部分别与青海省和甘肃省接壤。全区只有新疆维吾尔自治区是全国唯一的以单个省（区）划为小麦亚区的区域。北面有阿尔泰山，南面有喀喇昆仑山和阿尔金山，中部横贯天山山脉，分全区为南疆和北疆。边境多山，内有丘陵、山间谷地和盆地，农业区主要分布在盆地中部冲积平原、低山丘陵和山间谷地。北疆位于天山和阿尔泰山之间，中有准噶尔盆地。南疆位于天山以南，七角井、罗布泊以西的新疆南部。

(2) 气候特征：四周高山环绕，海洋湿气受到阻隔，属典型温带大陆性气候。冬季严寒，夏季酷热，降水量少，日照充足。年日照时数达 2 500～3 600 小时，为我国日照最长的地区。全区≥10℃年积温 3 550℃左右，变幅 2 340～5 370℃。气温随纬度变化从南向北逐渐降低，但温度的垂直变化比水平变化更为显著，昼夜温差变化大，平均日较差 10℃以上，最多可达 20～30℃。从南疆暖温带向北疆中温带过度，南北疆各地无霜期差异很大。喀什、和田等地无霜期 210～240 天，阿克苏地区 186～241 天，伊犁、阿勒泰、塔城、博尔塔拉等地 90～170 天，昌吉 110～180 天；南疆多于北疆，平原区多于山区。年降水量 145 毫米，变幅 15～500 毫米，南少北多。

北疆在天山以北，气温较低，≥10℃年积温 3 500℃左右，最冷月平均气温－14.6℃，年绝对最低气温通常－36.0℃，阿勒泰地区富蕴县曾出现过－51.5℃的低温。常年降水量 195 毫米左右。变幅 150～500 毫米。降水特点为历年各月分布比较均衡，11 月至翌年 2 月冬季期间降水量一般 30～80 毫米，月降水 10～20 毫米，与其他各月基本相同。虽然冬季严寒、温度偏低，由于麦田可以保持一定厚度的长期积雪覆盖层，有利于冬小麦安全越冬。乌鲁木齐、塔城和伊犁地区一般冬季约有 120～140 天稳定积雪期，雪层厚度可达 20 厘米左右，对冬小麦安全越冬有利。无霜期 120～180 天，平原地区多在 150 天以下。

南疆在天山以南，属典型大陆性气候，从海洋过来的水汽北有天山阻隔，南被喜马拉雅山屏蔽，气候异常干燥，冬季严寒，夏季酷暑，气温变化剧烈，年较差、日较差均极大。各地年降水量一般在 50 毫米以下，最多不超过 120 毫米，最低只有 10 毫米左右，小麦生育期间降水量 6.3～39.3 毫米，个别地区甚至终年无降水，如若羌、且末等县，是我国降水量最少的地区。年平均相对湿度 40%～58%，哈密、吐鲁番地区最为干燥，相对湿度只有 34%～40%。无灌溉就无农业是南疆的最大特点，农田灌溉的主要水源来自山峰积雪融化。南疆属暖温带，≥10℃年积温 4 000℃以上，年均气温 10℃左右，1 月份平均气温－7～－10℃，绝对最低气温可达－20～－28℃。7 月份平均气温大部分地区 26℃以上，极端最高气温吐鲁番曾达 48.9℃。平原无霜期一般 200～220 天，终霜期一般在 4 月下旬，有时延迟到 5 月中旬。大部分地区适宜冬性小麦种植，一般适期播种，在秋季气温逐渐降低的条件下，可以安全越冬。日照极为充足，全年日照时数可达 3 000 小时以上，居全国之首，对小麦生长发育极为有利，但春季温度上升快，风力强，土壤水分蒸发剧烈，容易发生返碱现象，对小麦生长不利。

(3) 土壤类型：农业地带主要有灰漠土、棕漠土和草甸土，河流下游主要为潮土、盐土和沼泽土，雨量较多。山间盆地主要有棕钙土、栗钙土和黑钙土，久经耕种的农田有灌淤土。北疆土壤多为棕钙土、栗钙土、灰漠土、草甸土和灌淤土，南疆多为棕漠土、灰钙土、草甸土和灌淤土。

(4) 种植制度：北疆种植制度以一年一熟为主，主要作物有小麦、玉米、棉花、甜菜、油菜等，小麦与其他作物轮作。个别冷凉山区种植作物单一，小麦连年重茬种植。南疆热量条件较好，种植制度以一年二熟为主，以小麦套种玉米或复播玉米为主，或冬小麦之后复种豆类、糜子、水稻及蔬菜作物。少数实行二年三熟制，冬小麦后复种夏玉米，翌春再种棉花。

(5) 生产特点：南北自然条件差异大，小麦品种类型多，春性、半冬性和冬性品种均有种植。北疆曾以春小麦为主，但目前冬小麦和春小麦播种面积接近。北疆各地均有小麦分布，从沙漠边缘到高山农业区都有小麦种植，其中海拔－154 米的吐鲁番盆地艾丁湖乡为我国小麦栽培的最低点。冬春小麦分布主要受气温和冬季有无稳定积雪的影响。如阿勒泰地区和博尔塔拉州是纯春麦种植区，其他地区如伊犁、塔城、石河子、昌吉等地均为冬春麦兼种区。春小麦播种期 4 月上旬至中旬，拔节期 5 月中旬初至下旬初，抽穗期 6 月中旬初至下旬初，成熟期 7 月下旬至 8 月中旬初，各物候期均表现由南向北逐渐推迟，全生育期多为 90～100 天。在海拔 1 000～1 200米比较凉爽的地区，全生育期 105～110 天，在海拔 1 600米以上的冷凉地区，全生育期可达 120～130 天。春小麦生育期太阳辐射总量 259～275 千焦/厘米^2，日照时数 1 100～1 300 小时，＞0℃积温 1 600～2 400℃，降水 50～100 毫米。冬小麦在 9 月中旬至下旬播种，4 月下旬至 5 月上旬拔节，5 月下旬抽穗，7 月上旬成熟。全生育期 290 天左右。冬小麦生育期间太阳辐射总量 309～326千焦/厘米^2，日照时数 2 100 小时左右，＞0℃积温约 2 300℃，降水 100～200 毫米。

南疆北有天山，南有昆仑山，天山博格达主峰高达 5 600 米，喀拉昆仑山的乔戈里峰高达 8 611 米，一般山峰海拔 3 500 米以上；中部为塔里木盆地，塔克拉玛干沙漠在盆地中部，为我国面积最大而气候最干燥的沙漠地带。盆地边缘、山麓附近，由于季节性雪山融化，雪水下流，形成大片土质肥沃、水源丰富的冲积扇沃洲，农业区域主要分布在盆地周围冲积平原上，是南疆小麦生产的主要地区。包括天山以南吐鲁番、阿克苏、喀什及和田地区，巴音郭楞州、克孜勒苏州以及哈密地区天山以南部分县，海拔 500～1 000 米。南疆以冬小麦为主，种植冬、春小麦均属普通小麦，以长芒、白壳、白粒为主，过去以红粒为主，现已少见。南疆阿克苏、喀什及和田地区主要种植冬小麦，吐鲁番、哈密地区主要种植春小麦。生产中应用的冬小麦品种多为冬性或半冬性，耐寒、抗旱、耐碱、早熟品种。冬小麦播种期一般在 9 月下旬至 10 月上旬，拔节期 3 月底至 4 月初，抽穗期 4 月底至 5 月初，成熟期 6 月中旬至下旬，全生育期 245～265 天；生育期间太阳辐射总量 326～343 千焦/厘米^2，日照时数 2 100～2 300 小时，>0℃积温 2 400～2 600℃。春小麦播种期一般 3 月初至 4 月初，但开春早的吐鲁番地区 2 月底即可播种，冷凉山区可延迟到 4 月中旬，拔节期一般在 5 月上旬，最晚至 5 月中旬初，抽穗在 6 月初至中旬，成熟一般在 7 月上旬至下旬，个别地区（伊犁地区的昭苏等地）在 8 月下旬成熟；生育期多为 110～120 天，生育期间太阳辐射总量 225～242 千焦/厘米^2，日照时数 900～1 100 小时，>0℃积温 1 600～2 400℃。

（6）病虫情况：北疆主要病害有白粉病、锈病，个别地区有小麦雪腐病、雪霉病和黑穗病。播种至出苗期地下害虫主要有蛴螬、蝼蛄和金针虫，中后期主要害虫有小麦皮蓟马和麦蚜。南疆小麦白粉病和腥黑穗病时有发生；锈病以条锈为主，叶锈次之，秆锈甚少。小麦播种至出苗期时有蛴螬、蝼蛄和金针虫等地下害虫危害，小麦皮蓟马和麦蚜历年均有不同程度发生。

（7）发展建议：小麦生产中常遇冬季和早春低温冻害和后期干热风危害。干旱、盐碱和病害也是小麦生长的不利因素。依靠河水灌溉的地区，春季枯水期长，冬小麦返青期或春小麦播种期易受干旱。抽穗以后常有干热风危害，吐鲁番、哈密等地区尤为严重。次生盐渍化现象在灌区发生普遍，河流下游盐碱危害较重。一些地区常有麦田杂草危害，造成损失。

针对新疆冬春麦区生态条件和小麦生产限制因素，因地制宜采用稳产增产技术措施。选用早熟、抗寒、抗旱、抗病、高产、优质冬小麦品种，或早熟、抗旱、抗病、抗（耐）干热风高产春小麦品种。灌区要加强农田基本建设，做好渠系配套，采用节水灌溉措施，发展麦田滴灌和微喷灌技术，防止土壤盐渍化。适时灌好开花灌浆水，防止或减轻干热风危害。提倡保护性耕作，实行免、少耕和深松技术。推广小麦机械沟播、集中施肥及配套栽培技术。加强病虫预报，及时防病，特别要注意雪腐病、雪霉病、小麦皮蓟马和麦蚜的防治，减轻危害。及时防除麦田杂草。实行测土配方，增施有机肥，保护和培肥地力。针对冬、春小麦不同生育特点应用相应的高产高效栽培技术，提高产量，改善品质，增加效益。

2. 青藏春冬（播）麦区

（1）区域范围：位于我国西南部，西南边境与印度、尼泊尔、不丹、缅甸交界，北部与新疆、甘肃相连，东部与西北春麦区和西南冬麦区毗邻。包括西藏自治区全部，青海省除西宁市及海东地区以外大部，甘肃省西南部甘南州大部，四川省西部阿坝、甘孜州以及云南省西北迪庆州和怒江州部分县。

本区以山丘状起伏的辽阔高原为主，还有部分台地、湖盆、谷地。地势西高东北、东南部略低，青南、藏北是高原主体，海拔4 000米以上。东南部地区岭谷相间，偏东的阿坝、甘孜是高原较低部分，但海拔也在3 300米以上。小麦主要分布地区青海省一般海拔2 600～3 200米，西藏则大部分在海拔2 600～3 800米的河谷地，少数在海拔4 100米处仍有小麦种植，是世界种植小麦最高的地区。

（2）气候特征：全区属青藏高原，是全世界面积最大和海拔最高的高原，高海拔、强日照、气温日较差大是本区的主要特点。气温偏低，无霜期短，热量严重不足，全区≥10℃年积温1 290℃左右，变幅 84～4 610℃。不同地区间受地势地形影响，温度差异极大，最冷月平均气温－18.0～4℃，无霜期 0～197 天，有的地区全年没有绝对无霜期。青海境内年平均气温－5.7～8.5℃，各地最热月平均气温 5.3～20℃；最冷月平均气温－17～5℃。西藏年均气温 5～10℃，最冷月气温－3.8～0.2℃，最热月气温 13.0～16.3℃。日照时数常年在 3 000 小时以上，其中青海柴达木盆地和西藏日喀则地区最高可达 3 500 小时以上，西藏东南边缘地区 1 500小时以下，差异很大。

降水量分布很不平衡，高原的东南两面边沿地带受强烈季风影响，迎风坡降水量可达 1 000 毫米以上，柴达木盆地四周环山、地形闭塞，越山后气流下沉作用明显，降水量大都在 50 毫米以下，盆地西北少于 20 毫米，冷湖只有 16.9 毫米，是青海省年降水量最少的地方，也是中国最干燥的地区之一。青海多数地区降水量 300～500毫米。云南省迪庆维西县年降水达 950 毫米以上，西藏雅鲁藏布江流域一带年降水通常在 400～500 毫米。降水季节分配不均，多集中在 7、8 月，其他各月干旱，冬季降水很少，春小麦一般需要造墒播种。

（3）土壤类型：农耕区土壤类型主要有灌淤土、灰钙土、栗钙土、黑钙土、灰棕漠土、棕钙土、潮土、高山草甸土、亚高山草原土等，西藏东南部墨脱县、察隅县还有水稻土分布。

（4）种植制度：本区种植的作物有春小麦、冬小麦、青稞、豌豆、蚕豆、荞麦、水稻、玉米、油菜、马铃薯等，以春、冬小麦为主，青稞一般分布在海拔 3 300～4 500 米地带，其次为豌豆、油菜、蚕豆等，藏南河谷地带海拔 2 300 米以下地区可种植水稻和玉米。主要为一年一熟，小麦多与青稞、豆类、荞麦换茬。西藏高原南部峡谷低地可一年两熟或两年三熟。

（5）生产特点：本区小麦面积常年在 146 千公顷左右，是全国小麦面积最小的麦区。其中春小麦面积为全部麦田面积的 66%以上。除青海省全部种植春小麦外，四川省阿坝、甘孜州及甘肃省甘南州也以春小麦为主；西藏自治区冬小麦面积大于春小麦面积，

2010 年冬小麦面积占全部麦田面积的 75%以上，1974 年以前春小麦面积均超过冬小麦，从 1975 年开始至 2010 年，除 1985 年外，其余各年冬小麦面积均达 70%左右。

本区太阳辐射多，日照时间长，气温日较差大，小麦光合作用强，净光合效率高，易形成大穗、大粒。一般春小麦播期在 3 月下旬至 4 月中旬，拔节期在 6 月上旬至中旬，抽穗期在 7 月上旬至中旬，成熟期在 9 月初至 9 月底，全生育期 130～190 天；生育期间太阳辐射总量 276～460 千焦/厘米^2，日照时数 1 300～1 600 小时，>0℃积温 1 600～1 800℃。冬小麦一般 9 月下旬至 10 月上旬播种，翌年 5 月上旬至中旬拔节，5 月下旬至 6 月中旬抽穗，8 月中旬至 9 月上旬成熟，生育期达 320～350 天，为全国冬小麦生育期最长的地区。

(6) 病虫情况：病害主要有白秆病、根腐病、锈病、散黑穗病、腥黑穗病、赤霉病、黄条花叶病等。播种至出苗期主要有地老虎、蛴螬等危害，中后期主要是蚜虫危害。

(7) 发展建议：本区制约小麦生产的主要因素为温度偏低，热量不足，无霜期短，气候干旱，降水量少，蒸发量大，盐碱及风沙危害等自然因素。

针对本区生态条件和小麦生产限制因素，因地制宜采用稳产增产技术措施。适当选用早熟、抗寒、抗旱、抗病、高产、优质小麦品种。灌区加强渠系配套工程，采用节水灌溉技术，防止土壤盐渍化。适时灌好开花灌浆水，防止或减轻干热风危害。推广保护性耕作，秸秆还田、秸秆覆盖等措施，保护农田和生态环境。加强病虫预报，及时防病治虫，特别要注意白秆病、根腐病、锈病和蚜虫防治，减轻危害。及时防除麦田杂草。实行测土配方施肥，增施有机肥，培肥地力。针对春、冬小麦不同生育特点应用相应的高产高效栽培技术，进一步提高产量。

第二章
小麦高产创建技术

小麦高产创建是近年来农业部重点开展的工作内容之一，经过多年的生产实践，取得了长足进展，获得了很多有益经验。严格的小麦高产创建规范化生产，为小麦丰产丰收提供了技术保障。以下分别介绍我国小麦主产区、各地小麦高产创建技术规范模式图及相应的技术规范模式。

第一节　小麦高产创建技术规范模式图

在集成多年的小麦高产高效栽培技术研究成果和总结生产实践的基础上，实现小麦高产创建科学化、规范化，依据中国小麦种植生态区划研究成果，针对小麦不同生态区生产实际，研制了科学规范、简明实用的一套小麦高产创建技术规范模式图，2010 年已分别发布于农业部网站和全国农业技术推广服务中心网站，并由农业部种植业司印制纸质图发放至小麦主产区农业技术行政管理部门，用以指导各地小麦高产创建工作。

1. 北部冬麦区亩①产500千克小麦高产创建技术规范模式图

<table>
<tr><td>月</td><td>9月</td><td colspan="3">10月</td><td colspan="3">11月</td><td colspan="3">12月</td><td colspan="3">1月</td><td colspan="3">2月</td><td colspan="3">3月</td><td colspan="3">4月</td><td colspan="3">5月</td><td colspan="2">6月</td></tr>
<tr><td>旬</td><td>下</td><td>上</td><td>中</td><td>下</td><td>上</td><td>中</td><td>下</td><td>上</td><td>中</td><td>下</td><td>上</td><td>中</td><td>下</td><td>上</td><td>中</td><td>下</td><td>上</td><td>中</td><td>下</td><td>上</td><td>中</td><td>下</td><td>上</td><td>中</td><td>下</td><td>上</td><td>中</td></tr>
<tr><td>节气</td><td>秋分</td><td>寒露</td><td></td><td>霜降</td><td>立冬</td><td></td><td>小雪</td><td>大雪</td><td></td><td>冬至</td><td>小寒</td><td></td><td>大寒</td><td>立春</td><td></td><td>雨水</td><td>惊蛰</td><td></td><td>春分</td><td>清明</td><td></td><td>谷雨</td><td>立夏</td><td></td><td>小满</td><td>芒种</td><td></td></tr>
<tr><td>生育期</td><td colspan="2">播种期</td><td colspan="2">出苗至三叶期</td><td colspan="3">冬前分蘖期</td><td colspan="9">越冬期</td><td>返青期</td><td>起身期</td><td colspan="3">拔节期</td><td colspan="2">抽穗至开花期</td><td colspan="3">灌浆期</td><td>成熟期</td></tr>
<tr><td>主攻目标</td><td colspan="4">苗全、苗匀
苗齐、苗壮</td><td colspan="3">促根增蘖
培育壮苗</td><td colspan="9">保苗安全越冬</td><td>促苗早
发稳长</td><td>蹲苗
壮蘖</td><td colspan="3">促大
蘖成穗</td><td colspan="2">保花
增粒</td><td colspan="3">养根护叶
增粒增重</td><td>丰产
丰收</td></tr>
<tr><td>关键技术</td><td colspan="4">精选种子
药剂拌种
适期播种
播后镇压</td><td colspan="3">防治病虫
适时灌好冻水</td><td colspan="9">适时镇压
麦田严禁放牧</td><td>中耕松
土镇压
保墒</td><td>蹲苗
控节
除草</td><td colspan="3">重施肥水
防治病虫</td><td colspan="5">浇开花灌浆水
防治病虫
一喷三防</td><td>适时
收获</td></tr>
<tr><td>操作规程</td><td colspan="27">1. 播前精选种子，做好发芽试验，药剂拌种或种子包衣，防治地下害虫；每亩底施磷酸二铵20千克左右，尿素8千克，硫酸钾或氯化钾10千克，硫酸锌1.5千克。
2. 在日平均气温17℃左右播种，一般控制在9月28日至10月10日，播深3～5厘米，每亩基本苗20万～25万，播后镇压；出苗后及时查苗，发现缺苗断垄应及时补种，确保全苗，田边地头要种满种严。
3. 冬前苗期注意观察灰飞虱、叶蝉等害虫发生情况，及时防治，以防传播病毒病；冬前土壤相对含水量低于80%时灌冻水，一般要求在昼消夜冻时灌溉，时间在11月15～25日。
4. 冬季适时镇压，弥实地表裂缝，防止寒风飕根，保墒防冻。
5. 返青期中耕松土，提高地温，镇压保墒。一般不浇返青水，不施肥。
6. 起身期不浇水，不追肥，蹲苗控节。注意观察纹枯病发生情况，发现病情及时防治；注意化学除草。
7. 拔节期重施肥水，促大蘖成穗。每亩追施尿素18千克。灌水追肥时间在4月15～20日；注意观察白粉病、锈病发生情况，发现病情及时防治。
8. 浇好开花灌浆水，强筋品种或有脱肥迹象的麦田，可随灌水每亩施2～3千克尿素，时间在5月10日左右；及时防治蚜虫、吸浆虫和白粉病，做好一喷三防。
9. 适时收获，防止穗发芽，避开烂场雨，确保丰产丰收，颗粒归仓。</td></tr>
</table>

中国农业科学院作物科学研究所

① 亩为非法定计量单位，15亩=1公顷。——编者注

2. 黄淮冬麦区北片亩产600千克小麦高产创建技术规范模式图

月	10月			11月			12月			1月			2月			3月			4月			5月			6月	
旬	上	中	下	上	中	下	上	中	下	上	中	下	上	中	下	上	中	下	上	中	下	上	中	下	上	中
节气	寒露		霜降	立冬		小雪	大雪		冬至	小寒		大寒	立春		雨水	惊蛰		春分	清明		谷雨	立夏		小满	芒种	
生育期	播种期	出苗至三叶期		冬前分蘖期					越冬期							返青期	起身期		拔节期			抽穗至开花期	灌浆期			成熟期
主攻目标	苗全、苗匀 苗齐、苗壮			促根增蘖 培育壮苗					保苗安全越冬							促苗早发稳长	蹲苗壮蘖		促大蘖成穗			保花增粒	养根护叶 增粒增重			丰产丰收
关键技术	精选种子 药剂拌种 适期播种 播后镇压			防治病虫 适时灌好冻水 冬前化学除草					适时镇压 麦田严禁放牧							中耕松土镇压保墒	蹲苗控节除草		重施肥水 防治病虫			浇开花灌浆水 防治病虫 一喷三防				适时收获

操作规程

1. 播前精选种子，做好发芽试验，药剂拌种或种子包衣，防治地下害虫；每亩底施磷酸二铵20千克，尿素10千克，硫酸钾或氯化钾10千克，硫酸锌1.5千克。

2. 在日平均温度17℃左右播种，一般控制在10月2～12日，播深3～5厘米，每亩基本苗14万～22万，播后及时镇压；出苗后及时查苗，发现缺苗断垄应及时补种，确保全苗；田边地头要种满种严。

3. 冬前苗期注意观察灰飞虱、叶蝉等害虫发生情况，及时防治，以防传播病毒病；冬前土壤相对含水量低于80%时灌冻水，一般要求在昼消夜冻时灌溉，时间在11月20～30日；冬前进行化学除草。

4. 冬季适时镇压，弥实地表裂缝，防止寒风飕根，保墒防冻。

5. 返青期中耕松土，提高地温，镇压保墒；一般不浇返青水，不施肥。

6. 起身期不浇水，蹲苗控节；注意观察纹枯病发生情况，发现病情及时防治；注意化学除草。

7. 拔节期重施肥水，促大蘖成穗；每亩追施尿素18千克，灌水追肥时间在4月10～15日；注意观察白粉病、锈病发生情况，发现病情及时防治。

8. 浇好开花灌浆水，强筋品种或有脱肥迹象的麦田，可随灌水每亩施2～3千克尿素，时间在5月5～10日；及时防治蚜虫、吸浆虫和白粉病；做好一喷三防。

9. 适时收获，防止穗发芽，避开烂场雨，确保丰产丰收，颗粒归仓。

中国农业科学院作物科学研究所

3. 黄淮冬麦区南片亩产 600 千克小麦高产创建技术规范模式图

月	10月			11月			12月			1月			2月			3月			4月			5月			6月
旬	上	中	下	上	中	下	上	中	下	上	中	下	上	中	下	上	中	下	上	中	下	上	中	下	上
节气	寒露		霜降	立冬		小雪	大雪		冬至	小寒		大寒	立春		雨水	惊蛰		春分	清明		谷雨	立夏		小满	芒种
生育期	播种期	出苗至三叶期		冬前分蘖期						越冬期					返青至起身期			拔节期		抽穗至开花期		灌浆期			成熟期
主攻目标	苗全、苗匀 苗齐、苗壮			促根增蘖 培育壮苗						保苗安全越冬					促苗早发稳长蹲苗壮蘖，促弱控旺，构建丰产群体			促大蘖成穗		保花增粒		养根护叶 增粒增重			丰产丰收
关键技术	精选种子 药剂拌种 适期播种 及时镇压			防治病虫 适时灌好冻水 冬前化学除草						适时镇压 麦田严禁放牧					中耕松土 蹲苗控节			重施肥水 防治病虫		浇孕穗灌浆水 防治病虫 一喷三防					适时收获

操作规程

1. 播前精细整地，实施秸秆还田和测土配方施肥，做好种子与土壤处理，防治地下害虫和苗期病害，精选种子。一般每亩底施磷酸二铵 20～25 千克，尿素 8 千克，硫酸钾或氯化钾 10 千克［或三元复合肥（N：P：K=15：15：15）25～30 千克，尿素 8 千克］，硫酸锌 1.5 千克。

2. 在日平均温度 17℃左右播种，一般控制在 10 月 5～15 日，播深 3～5 厘米，并做到足墒匀播，每亩基本苗 12 万～15 万，播前或播后及时镇压；出苗后及时查苗，发现缺苗断垄应及时补种，确保全苗。

3. 冬前应重点做好麦田化学除草，同时加强对地下害虫、麦黑潜叶蝇和胞囊线虫病的查治，注意防治灰飞虱、叶蝉等害虫；冬前土壤相对含水量低于 80%时需灌冻水，一般要求在昼消夜冻时灌溉，时间在 11 月 25 日至 12 月 5 日；暖冬年注意防止麦田旺长。

4. 冬季适时镇压，弥实地表裂缝，保墒防冻。

5. 返青期中耕松土，提高地温，镇压保墒；群、个体生长正常麦田一般不灌返青水，不施肥；起身期一般不浇水，蹲苗控节，注意防治纹枯病。

6. 拔节期重施肥水，促大蘖成穗和穗花发育。一般在 4 月 5～10 日结合浇水每亩追施尿素 18 千克，可分 2 次追肥，每次各 9 千克，第一次在 3 月 15～20 日，第二次在 4 月 5 日左右；注意防治白粉病、锈病，防治麦蚜、麦蜘蛛。

7. 适时浇好孕穗灌浆水，4 月 25 日至 5 月 5 日可结合灌水每亩追施 2～3 千克尿素；早控条锈病、白粉病，科学预防赤霉病；重点防治麦蜘蛛、蚜虫、吸浆虫，做好一喷三防。

8. 适时收获，防止穗发芽，避开烂场雨，确保丰产丰收，颗粒归仓。

中国农业科学院作物科学研究所

4. 长江中下游冬麦区亩产500千克小麦高产创建技术规范模式图

<table>
<tr><td>月</td><td>10月</td><td colspan="3">11月</td><td colspan="3">12月</td><td colspan="3">1月</td><td colspan="3">2月</td><td colspan="3">3月</td><td colspan="3">4月</td><td colspan="3">5月</td><td>6月</td></tr>
<tr><td>旬</td><td>下</td><td>上</td><td>中</td><td>下</td><td>上</td><td>中</td><td>下</td><td>上</td><td>中</td><td>下</td><td>上</td><td>中</td><td>下</td><td>上</td><td>中</td><td>下</td><td>上</td><td>中</td><td>下</td><td>上</td><td>中</td><td>下</td><td>上</td></tr>
<tr><td>节气</td><td>霜降</td><td>立冬</td><td></td><td>小雪</td><td>大雪</td><td></td><td>冬至</td><td>小寒</td><td></td><td>大寒</td><td>立春</td><td></td><td>雨水</td><td>惊蛰</td><td></td><td>春分</td><td>清明</td><td></td><td>谷雨</td><td>立夏</td><td></td><td>小满</td><td>芒种</td></tr>
<tr><td>生育期</td><td>播种期</td><td colspan="2">出苗至三叶期</td><td colspan="3">冬前分蘖期</td><td colspan="4">越冬期</td><td colspan="3">返青起身期</td><td colspan="5">拔节期</td><td>抽穗开花</td><td colspan="3">灌浆期</td><td>成熟期</td></tr>
<tr><td>主攻目标</td><td colspan="3">苗全、苗匀
苗齐、苗壮</td><td colspan="3">促根增蘖
培育壮苗</td><td colspan="4">保苗安全越冬</td><td colspan="3">促苗早发稳长
蹲苗壮蘖</td><td colspan="5">促大蘖成穗</td><td>保花
增粒</td><td colspan="3">养根护叶
增粒增重</td><td>丰产
丰收</td></tr>
<tr><td>关键技术</td><td colspan="3">精选种子
药剂拌种
适期播种
播后镇压</td><td colspan="10">蹲苗控节
防治病虫草害
麦田严禁放牧</td><td colspan="5">重施拔节孕穗肥
防治病虫草害</td><td colspan="4">防治病虫
一喷三防</td><td>适时
收获</td></tr>
<tr><td>操作规程</td><td colspan="23">1. 播前精选种子，做好发芽试验，进行药剂拌种或种子包衣，预防苗期病害；每亩底施磷酸二铵20～25千克，尿素8千克，硫酸钾或氯化钾10～15千克［或三元复合肥（N：P：K=15：15：15）25～30千克，尿素8千克］，硫酸锌1.5千克。
2. 在日平均温度16℃左右播种，一般控制在10月25日至11月5日，播深2～3厘米，每亩基本苗10万～14万，播后及时镇压；出苗后及时查苗，发现缺苗断垄应及时补种，确保全苗；田边地头要种满种严。
3. 幼苗期注意观察灰飞虱、叶蝉等害虫发生情况，及时防治；注意秋季杂草防除。
4. 起身期注意观察纹枯病和杂草发生情况，及时防治。
5. 拔节孕穗期重施肥，促大蘖成穗。3月上中旬和4月初各施尿素9千克；注意观察白粉病、锈病发生情况，及时防治。
6. 开花灌浆期注意观察蚜虫和白粉病、锈病和赤霉病发生情况，及时彻底防治，做好一喷三防。
7. 适时收获，防止穗发芽，避开烂场雨，确保丰产丰收，颗粒归仓。</td></tr>
</table>

中国农业科学院作物科学研究

5. 西南冬麦区亩产 500 千克小麦高产创建技术规范模式图

<table>
<tr><td>月</td><td>10月</td><td colspan="3">11月</td><td colspan="3">12月</td><td colspan="3">1月</td><td colspan="3">2月</td><td colspan="3">3月</td><td colspan="3">4月</td><td colspan="3">5月</td></tr>
<tr><td>旬</td><td>下</td><td>上</td><td>中</td><td>下</td><td>上</td><td>中</td><td>下</td><td>上</td><td>中</td><td>下</td><td>上</td><td>中</td><td>下</td><td>上</td><td>中</td><td>下</td><td>上</td><td>中</td><td>下</td><td>上</td><td>中</td><td>下</td></tr>
<tr><td>节气</td><td>霜降</td><td>立冬</td><td></td><td>小雪</td><td>大雪</td><td></td><td>冬至</td><td>小寒</td><td></td><td>大寒</td><td>立春</td><td></td><td>雨水</td><td>惊蛰</td><td></td><td>春分</td><td>清明</td><td></td><td>谷雨</td><td>立夏</td><td></td><td>小满</td></tr>
<tr><td>生育期</td><td>播种期</td><td colspan="2">出苗至三叶期</td><td colspan="6">幼苗至起身期（无明显越冬期）</td><td colspan="7">拔节期</td><td>抽穗至开花期</td><td colspan="3">灌浆期</td><td colspan="2">成熟期</td></tr>
<tr><td>主攻目标</td><td colspan="3">苗全、苗匀
苗齐、苗壮</td><td colspan="6">促根增蘖培育壮苗
促苗早发稳长
蹲苗壮蘖</td><td colspan="7">促大蘖成穗</td><td>保花增粒</td><td colspan="3">养根护叶
增粒增重</td><td colspan="2">丰产丰收</td></tr>
<tr><td>关键技术</td><td colspan="3">精选种子
药剂拌种
适期播种</td><td colspan="6">防治病虫草害
麦田严禁放牧
蹲苗控节</td><td colspan="7">重施拔节肥
防治病虫草害</td><td colspan="4">防治病虫
一喷三防</td><td colspan="2">适时收获</td></tr>
<tr><td>操作规程</td><td colspan="22">1. 播前精选种子，做好发芽试验，进行药剂拌种或种子包衣，防治地下害虫；每亩底施 30 千克复合肥（含氮量 20%），硫酸锌 1.5 千克。
2. 在日平均温度 16℃左右播种，一般控制在 10 月 26 日至 11 月 6 日，播深 3～5 厘米，每亩基本苗 15 万～20 万；出苗后及时查苗，发现缺苗断垄应及时补种，确保全苗，田边地头要种满种严。
3. 苗期注意观察条锈病、红蜘蛛等病虫发生情况，及时防治；适时进行杂草防除。
4. 拔节期注意防治条锈病、白粉病；重施拔节肥，促大蘖成穗；每亩追施尿素 10 千克，时间在 1 月 10～15 日。
5. 抽穗至开花期喷药预防赤霉病，灌浆期注意观察蚜虫和白粉病、条锈病发生情况，及时进行一喷三防。
6. 适时收获，确保丰产丰收，颗粒归仓。</td></tr>
</table>

中国农业科学院作物科学研究所

6. 西北春麦区亩产 500 千克春小麦高产创建技术规范模式图

<table>
<tr><td>月</td><td colspan="3">3月</td><td colspan="3">4月</td><td colspan="3">5月</td><td colspan="3">6月</td><td colspan="3">7月</td></tr>
<tr><td>旬</td><td>上</td><td>中</td><td>下</td><td>上</td><td>中</td><td>下</td><td>上</td><td>中</td><td>下</td><td>上</td><td>中</td><td>下</td><td>上</td><td>中</td><td>下</td></tr>
<tr><td>节气</td><td>惊蛰</td><td></td><td>春分</td><td>清明</td><td></td><td>谷雨</td><td>立夏</td><td></td><td>小满</td><td>芒种</td><td></td><td>夏至</td><td>小暑</td><td></td><td>大暑</td></tr>
<tr><td>生育期</td><td colspan="2">播种期</td><td colspan="3">出苗至幼苗期</td><td colspan="4">拔节期</td><td colspan="2">抽穗至开花期</td><td colspan="2">灌浆期</td><td colspan="2">成熟期</td></tr>
<tr><td>主攻目标</td><td colspan="2">苗全、苗齐
苗壮、苗匀</td><td colspan="3">促苗早发
促根增蘖
培育壮苗</td><td colspan="4">促大蘖成穗</td><td colspan="2">保花增粒</td><td colspan="2">养根护叶
增粒增重</td><td colspan="2">丰产丰收</td></tr>
<tr><td>关键技术</td><td colspan="2">精选种子
药剂拌种
适期播种
播后镇压</td><td colspan="3">中耕除草</td><td colspan="4">灌水追肥
防治病虫
化控防倒</td><td colspan="2">灌水追肥
防治病虫</td><td colspan="2">适时浇灌浆水
一喷三防</td><td colspan="2">适时收获</td></tr>
<tr><td>操作规程</td><td colspan="15">1. 播前精选种子，做好发芽试验，进行药剂拌种或种子包衣，预防病虫害；每亩底施磷酸二铵 20 千克，尿素 6 千克。
2. 在日平均气温 6～7℃，地表解冻 4～5 厘米时开始播种，一般在 3 月上旬至中旬，播深 3～5 厘米，每亩基本苗 40 万～45 万，播后镇压；出苗后及时查苗，发现缺苗断垄应及时补种，确保全苗；田边地头要种满种严。
3. 苗期注意防治锈病、地下害虫，拔节前中耕除草，杂草严重时可化学除草。
4. 拔节初期结合灌第一次水每亩追施尿素 12～13 千克，促大蘖成穗。注意防病治虫，适当喷施植物生长延缓剂，降低株高，防止倒伏。
5. 抽穗开花期结合灌第二次水每亩追施尿素 5～6 千克；注意观察白粉病、锈病发生情况，发现病情及时防治，做好一喷三防。
6. 适时浇好灌浆水；注意观察蚜虫、白粉病、锈病发生情况，及时彻底防治。
7. 适时收获，确保丰产丰收，颗粒归仓。</td></tr>
</table>

中国农业科学院作物科学研究所

7. 新疆冬春麦区亩产 500 千克冬小麦高产创建技术规范模式图

<table>
<tr><td>月</td><td colspan="2">9月</td><td colspan="3">10月</td><td colspan="3">11月</td><td colspan="3">12月</td><td colspan="3">1月</td><td colspan="3">2月</td><td colspan="3">3月</td><td colspan="3">4月</td><td colspan="3">5月</td><td colspan="3">6月</td></tr>
<tr><td>旬</td><td>中</td><td>下</td><td>上</td><td>中</td><td>下</td><td>上</td><td>中</td><td>下</td><td>上</td><td>中</td><td>下</td><td>上</td><td>中</td><td>下</td><td>上</td><td>中</td><td>下</td><td>上</td><td>中</td><td>下</td><td>上</td><td>中</td><td>下</td><td>上</td><td>中</td><td>下</td><td>上</td><td>中</td><td>下</td></tr>
<tr><td>节气</td><td></td><td>秋分</td><td>寒露</td><td></td><td>霜降</td><td>立冬</td><td></td><td>小雪</td><td>大雪</td><td></td><td>冬至</td><td>小寒</td><td></td><td>大寒</td><td>立春</td><td></td><td>雨水</td><td>惊蛰</td><td></td><td>春分</td><td>清明</td><td></td><td>谷雨</td><td>立夏</td><td></td><td>小满</td><td>芒种</td><td></td><td>夏至</td></tr>
<tr><td>生育期</td><td colspan="2">播种期</td><td colspan="2">出苗至三叶期</td><td colspan="3">冬前分蘖期</td><td colspan="10">越冬期</td><td colspan="2">南疆 2 月下旬，北疆 3 月下旬返青</td><td>起身期</td><td colspan="2">拔节期</td><td colspan="2">抽穗至开花期</td><td colspan="3">灌浆期</td><td colspan="2">成熟期</td></tr>
<tr><td>主攻目标</td><td colspan="4">苗全、苗匀
苗齐、苗壮</td><td colspan="3">促根增蘖
培育壮苗</td><td colspan="10">保苗安全越冬</td><td colspan="2">促苗早
发稳长</td><td>蹲苗
壮蘖</td><td colspan="2">促大蘖
成穗</td><td colspan="2">保花
增粒</td><td colspan="3">养根护叶
增粒增重</td><td colspan="2">丰产
丰收</td></tr>
<tr><td>关键技术</td><td colspan="4">精选种子
药剂拌种
适期播种
播后镇压</td><td colspan="3">防治病虫
适时灌好冻水</td><td colspan="10">适时镇压
严禁放牧</td><td colspan="2">中耕松土
小水灌溉</td><td>蹲苗
控节
适当
灌水</td><td colspan="2">重施肥水
防治病虫</td><td colspan="5">浇开花灌浆水
防治病虫
一喷三防</td><td colspan="2">适时
收获</td></tr>
<tr><td>操作规程</td><td colspan="29">1. 播前精选种子，做好发芽试验，进行药剂拌种或种子包衣，预防病害，每亩底施磷酸二铵 18～21 千克，尿素 10～12 千克。
2. 在日平均气温 17℃左右时播种，一般在 9 月下旬至 10 月上旬，北疆沿天山一带为 9 月中旬至下旬；播深 3～5 厘米，带肥下种，每亩施磷酸二铵 5 千克，肥、种分箱；每亩基本苗 25 万，播后镇压；出苗后及时查苗，发现缺苗断垄应及时补种，确保全苗；田边地头要种满种严。
3. 冬前苗期注意观察病虫草害发生情况，及时防治；适时灌冻水，一般要求在昼消夜冻时灌冻水，时间在 11 月 15～25 日。
4. 冬季适时镇压，弥实地表裂缝，防止寒风飕根，保墒防冻。
5. 返青期中耕松土，提高地温，镇压保墒，小水灌溉。
6. 起身期蹲苗控节，适当灌水；注意观察病虫草害发生情况，及时防治。
7. 拔节期重施肥水，促大蘖成穗；每亩追施尿素 18 千克，灌水追肥时间在 4 月 15～20 日；注意观察白粉病、锈病发生情况，发现病情及时防治。
8. 适时浇好开花灌浆水，可结合灌水追施 2～3 千克尿素，南疆 5 月初，北疆 5 月上中旬；注意观察蚜虫、白粉病发生情况，及时彻底防治。
9. 适时收获（南疆 6 月中旬，北疆 6 月下旬），防止穗发芽，避开烂场雨，确保丰产丰收，颗粒归仓。</td></tr>
</table>

中国农业科学院作物科学研究所　新疆农业科学院

8. 新疆冬春麦区亩产 500 千克春小麦高产创建技术规范模式图

月	3月		4月			5月			6月			7月		
旬	中	下	上	中	下	上	中	下	上	中	下	上	中	下
节气		春分	清明		谷雨	立夏		小满	芒种		夏至	小暑		大暑
生育期	播种期		出苗至三叶期	分蘖期		拔节期			抽穗至开花期	灌浆期		成熟期		
主攻目标	苗全、苗齐 苗壮、苗匀		促苗早发	促根增蘖 培育壮苗		促大蘖成穗			保花增粒	养根护叶 增粒增重		丰产丰收		
关键技术	精选种子 药剂拌种 适期早播 播后镇压		2 叶 1 心时 灌水追肥	及时防治 病虫草害 化控防倒		重施肥水 防治病虫			灌水 防治病虫	灌浆水 一喷三防		适时收获		
操作规程	1. 播前精选种子，做好发芽试验，进行药剂拌种或种子包衣，预防锈病、黑穗病和白粉病；每亩底施磷酸二铵 20 千克，尿素 2～3 千克。 2. 在日平均气温 5～7℃、地表解冻 5～7 厘米开始播种，一般在 3 月中旬至下旬（部分麦田可推迟到 4 月中下旬），播深 3～5 厘米，每亩基本苗 35 万，带肥下种，种肥 4～5 千克磷酸二铵，播后镇压；出苗后及时查苗，发现缺苗断垄应及时补种，确保全苗，田边地头要种满种严。 3. 苗期注意观察病虫草害发生情况，及时防治，2 叶 1 心期灌水，随水每亩追施尿素 8～10 千克，促苗早发；及时化控防倒。 4. 拔节期重施肥水，促大蘖成穗。每亩追施尿素 10～15 千克；注意观察白粉病、锈病发生情况，及时防治。 5. 适时浇好开花灌浆水，可结合灌水追施 2～3 千克尿素；注意观察蚜虫、白粉病和锈病发生情况，及时彻底防治，做好一喷三防。 6. 适时收获（大部分在 7 月收获，部分麦田可能推迟到 8 月底），确保丰产丰收，颗粒归仓。														

中国农业科学院作物科学研究所　新疆农业科学院

9. 东北春麦区亩产500千克春小麦高产创建技术规范模式图

月	3月	4月			5月			6月			7月			8月		
旬	下	上	中	下	上	中	下	上	中	下	上	中	下	上	中	下
节气	春分	清明		谷雨	立夏		小满	芒种		夏至	小暑		大暑	立秋		处暑
生育期		播种期				出苗至分蘖期			拔节期			抽穗至灌浆期			成熟期	
主攻目标		苗全、苗齐 苗壮、苗匀				促苗早发 促根增蘖 培育壮苗			促蘖成穗 促进大穗			保花增粒 养根护叶 增粒增重			丰产丰收	
关键技术		精选种子 药剂拌种 适期播种 播后镇压				3叶期化学除草、喷矮壮素、 叶面喷肥，3叶1心镇压一次， 4叶1心镇压一次， 促壮防倒			喷矮壮素 灌拔节水 防治病虫			浇抽穗水、灌浆水 叶面喷肥 防治病虫 一喷三防			适时收获	

操作规程

1. 上秋进行秋整地、秋施肥，耙（豆）茬深松，土壤有机质含量3%～5%的地区，每亩底施纯氮4.5～5.5千克，磷肥（P_2O_5）5～6千克，钾肥（K_2O）2.5～3.5千克（以硫酸钾为宜）；土壤有机质含量5%以上的地区，每亩底施纯氮3.5～4.0千克，磷肥（P_2O_5）4.0～4.5千克，钾肥（K_2O）2～3千克（以硫酸钾为宜）；选择抗到耐密品种，播前精选种子，做好发芽试验，进行药剂拌种或种子包衣，预防病虫害。

2. 在日平均气温6～7℃、地表解冻4～5厘米开始播种，播深3厘米左右，每亩基本苗46万～50万，播后镇压；出苗后及时查苗，发现缺苗断垄应及时补种，确保全苗；田边地头要种满种严。

3. 3叶期结合化学除草每亩喷施纯氮0.25千克、20克硼酸、0.2千克磷酸二氢钾，喷矮壮素；3叶1心、4叶1心时各镇压一次，壮秆防倒。

4. 拔节期追肥灌水，促进成穗；每亩追施纯氮0.5～1.0千克；注意观察根腐、白粉病发生情况，发现病情及时防治。

5. 适时浇好抽穗水、灌浆水，可结合抽穗水每亩追施2～3千克尿素；注意观察蚜虫、根腐病和赤霉发生情况，及时彻底防治，做好一喷三防。

6. 适时收获，防止穗发芽，确保丰产丰收，颗粒归仓。

中国农业科学院作物科学研究所　黑龙江省农业科学院克山分院

10. 北部春麦区亩产500千克春小麦高产创建技术规范模式图

<table>
<tr><td>月</td><td colspan="2">3月</td><td colspan="3">4月</td><td colspan="3">5月</td><td colspan="3">6月</td><td colspan="3">7月</td></tr>
<tr><td>旬</td><td>中</td><td>下</td><td>上</td><td>中</td><td>下</td><td>上</td><td>中</td><td>下</td><td>上</td><td>中</td><td>下</td><td>上</td><td>中</td><td>下</td></tr>
<tr><td>节气</td><td></td><td>春分</td><td>清明</td><td></td><td>谷雨</td><td>立夏</td><td></td><td>小满</td><td>芒种</td><td></td><td>夏至</td><td>小暑</td><td></td><td>大暑</td></tr>
<tr><td>生育期</td><td colspan="2">播种期</td><td colspan="2">出苗至
三叶期</td><td colspan="2">分蘖期</td><td colspan="2">拔节期</td><td colspan="2">抽穗至开花期</td><td colspan="3">灌浆期</td><td>成熟期</td></tr>
<tr><td>主攻
目标</td><td colspan="2">苗全、苗齐
苗壮、苗匀</td><td colspan="2">促苗早发</td><td colspan="2">促根增蘖</td><td colspan="2">促大蘖成穗</td><td colspan="2">保花增粒</td><td colspan="3">养根护叶
增粒增重</td><td>丰产丰收</td></tr>
<tr><td>关键
技术</td><td colspan="2">精选种子
药剂拌种
适期早播
播后镇压</td><td colspan="2">三叶期
灌水追肥</td><td colspan="2">培育壮苗
中耕除草</td><td colspan="2">灌水追肥
防治病虫
化控防倒</td><td colspan="2">灌水
防治病虫</td><td colspan="3">适时浇灌浆水
一喷三防</td><td>适时收获
预防烂场雨</td></tr>
<tr><td>操作
规程</td><td colspan="14">1. 播前精选种子，做好发芽试验，进行药剂拌种或种子包衣，预防病虫害；每亩底施有机肥3 000千克，种肥磷酸二铵20千克，氯化钾2.5千克，分层施入。
2. 在日平均气温6～7℃、地表解冻4～5厘米时开始播种，一般在3月中旬至下旬；播深3～5厘米，每亩基本苗45万～50万，播后镇压；出苗后及时查苗，发现缺苗断垄应及时补种，确保全苗；田边地头要种满种严。
3. 苗期注意防治地下害虫，拔节前中耕除草，杂草严重时可化学除草；三叶期结合灌水每亩施尿素15千克。
4. 拔节初期结合灌水每亩追施尿素10千克，促大蘖成穗；注意防病治虫，适当喷施植物生长延缓剂，降低株高，防止倒伏。
5. 抽穗开花期及时灌水；注意监测蚜虫、黏虫、白粉病、锈病发生情况，发现病虫情及时防治，做好一喷三防。
6. 灌浆期适时灌水，注意防治蚜虫、黏虫，减轻危害。
7. 适时收获，预防烂场雨，确保丰产丰收，颗粒归仓。</td></tr>
</table>

中国农业科学院作物科学研究所　内蒙古农牧科学院

11. 青藏春冬麦区亩产 500 千克春小麦高产创建技术规范模式图

<table>
<tr><td>月</td><td colspan="2">3月</td><td colspan="3">4月</td><td colspan="3">5月</td><td colspan="3">6月</td><td colspan="3">7月</td><td colspan="3">8月</td></tr>
<tr><td>旬</td><td>中</td><td>下</td><td>上</td><td>中</td><td>下</td><td>上</td><td>中</td><td>下</td><td>上</td><td>中</td><td>下</td><td>上</td><td>中</td><td>下</td><td>上</td><td>中</td><td>下</td></tr>
<tr><td>节气</td><td></td><td>春分</td><td>清明</td><td></td><td>谷雨</td><td>立夏</td><td></td><td>小满</td><td>芒种</td><td></td><td>夏至</td><td>小暑</td><td></td><td>大暑</td><td>立秋</td><td></td><td>处暑</td></tr>
<tr><td>生育期</td><td colspan="2">播种期</td><td colspan="4">出苗至幼苗期</td><td colspan="2">分蘖期</td><td colspan="2">拔节期</td><td>抽穗至
开花期</td><td colspan="4">灌浆期</td><td colspan="2">成熟期</td></tr>
<tr><td>主攻
目标</td><td colspan="2">苗全、苗齐
苗壮、苗匀</td><td colspan="4">促苗早发</td><td colspan="2">促根增蘖
培育壮苗</td><td colspan="2">促大蘖成穗</td><td>保花
增粒</td><td colspan="4">养根护叶
增粒增重</td><td colspan="2">丰产丰收</td></tr>
<tr><td>关键
技术</td><td colspan="2">精选种子
药剂拌种
适期播种
播后镇压</td><td colspan="4">2 叶 1 心时
灌水追肥
中耕除草</td><td colspan="2">防治病虫
化控防倒</td><td colspan="2">灌水追肥
防治病虫</td><td>防治
病虫</td><td colspan="4">适时浇灌浆水
一喷三防</td><td colspan="2">适时收获</td></tr>
<tr><td>操作
规程</td><td colspan="17">1. 播前精选种子，做好发芽试验，进行药剂拌种或种子包衣，预防病虫害；每亩底施磷酸二铵 10 千克，尿素 20 千克。
2. 当日平均温度 1～3℃、土壤解冻 5～6 厘米时抢墒早播；播种深度 3～4 厘米，亩播种量 15～20 千克，保苗（基本苗）30 万～35 万；播后镇压；出苗后及时查苗，发现缺苗断垄应及时补种，确保全苗；田边地头要种满种严。
3. 苗期注意防治锈病、叶枯病、根腐病、地下害虫；2 叶 1 心期灌第一次水，结合灌水每亩追施尿素 8～10 千克，灌水后适时中耕松土，促苗早发；及时进行化控防倒；拔节前中耕除草，杂草严重时可化学除草。
4. 拔节期适时施用肥水，促大蘖成穗；结合灌水每亩追施尿素 5～6 千克；注意观察锈病、麦茎蜂发生情况，及时采取措施，有效防治。
5. 抽穗开花期适时灌水，注意预防锈病、赤霉病、吸浆虫，及时进行有效防治，做好一喷三防。
6. 适时浇好灌浆水；注意观察蚜虫、锈病发生情况，及时彻底防治。
7. 适时收获，预防干热风和烂场雨，确保丰产丰收，颗粒归仓。</td></tr>
</table>

中国农业科学院作物科学研究所　青海农牧科学院

12. 河北省保定市亩产500千克小麦高产创建技术规范模式图

<table>
<tr><td>月</td><td>9月</td><td colspan="3">10月</td><td colspan="3">11月</td><td colspan="3">12月</td><td colspan="3">1月</td><td colspan="3">2月</td><td colspan="3">3月</td><td colspan="3">4月</td><td colspan="3">5月</td><td colspan="2">6月</td></tr>
<tr><td>旬</td><td>下</td><td>上</td><td>中</td><td>下</td><td>上</td><td>中</td><td>下</td><td>上</td><td>中</td><td>下</td><td>上</td><td>中</td><td>下</td><td>上</td><td>中</td><td>下</td><td>上</td><td>中</td><td>下</td><td>上</td><td>中</td><td>下</td><td>上</td><td>中</td><td>下</td><td>上</td><td>中</td></tr>
<tr><td>节气</td><td>秋分</td><td>寒露</td><td></td><td>霜降</td><td>立冬</td><td></td><td>小雪</td><td>大雪</td><td></td><td>冬至</td><td>小寒</td><td></td><td>大寒</td><td>立春</td><td></td><td>雨水</td><td>惊蛰</td><td></td><td>春分</td><td>清明</td><td></td><td>谷雨</td><td>立夏</td><td></td><td>小满</td><td>芒种</td><td></td></tr>
<tr><td>生育期</td><td colspan="2">播种期</td><td colspan="2">出苗至三叶期</td><td colspan="3">冬前分蘖期</td><td colspan="9">越冬期</td><td>返青期</td><td>起身期</td><td colspan="3">拔节期</td><td colspan="2">抽穗至开花期</td><td colspan="3">灌浆期</td><td>成熟期</td></tr>
<tr><td>主攻目标</td><td colspan="4">苗全、苗匀
苗齐、苗壮</td><td colspan="3">促根增蘖
培育壮苗</td><td colspan="9">保苗安全越冬</td><td>促苗早发稳长</td><td>蹲苗壮蘖</td><td colspan="3">促大蘖成穗</td><td colspan="2">保花增粒</td><td colspan="3">养根护叶
增粒增重</td><td>丰产丰收</td></tr>
<tr><td>关键技术</td><td colspan="4">精选种子
药剂拌种
适期播种
播后镇压</td><td colspan="3">防治病虫
适时灌好冻水</td><td colspan="9">适时镇压
麦田严禁放牧</td><td>中耕松土镇压保墒</td><td>蹲苗控节除草</td><td colspan="3">重施肥水
防治病虫</td><td colspan="5">浇开花灌浆水
防治病虫
一喷三防</td><td>适时收获</td></tr>
</table>

操作规程

1. 播前精选种子，做好发芽试验，药剂拌种或种子包衣，防治地下害虫；每亩底施磷酸二铵20千克左右，尿素8千克，硫酸钾或氯化钾10千克，硫酸锌1.5千克。
2. 在日平均气温17℃左右播种，一般控制在9月28日至10月10日，播深4～5厘米，每亩基本苗20万～25万，播后镇压；出苗后及时查苗，发现缺苗断垄应及时补种，确保全苗，田边地头要种满种严。
3. 冬前苗期注意观察灰飞虱、叶蝉等害虫发生情况，及时防治，以防传播病毒病；根据冬前降水情况和土壤墒情决定是否灌冻水；需灌冻水时，一般要求在昼消夜冻时灌冻水，时间在11月20～30日。
4. 冬季适时镇压，弥实地表裂缝，防止寒风飕根，保墒防冻。
5. 返青期中耕松土，提高地温，镇压保墒；一般不浇返青水，不施肥。
6. 起身期不浇水，不追肥，蹲苗控节；注意观察纹枯病发生情况，发现病情及时防治，注意化学除草。
7. 拔节期重施肥水，促大蘖成穗；每亩追施尿素18千克；灌水追肥时间在4月10～15日；注意观察白粉病、锈病发生情况，发现病情及时防治。
8. 浇开花灌浆水，强筋品种或有脱肥迹象的麦田，随灌水亩施2～3千克尿素，时间在5月10日左右；及时防治蚜虫、吸浆虫和白粉病，做好一喷三防。
9. 适时收获，防止穗发芽，避开烂场雨，确保丰产丰收，颗粒归仓。

中国农业科学院作物科学研究所　河北农业大学

13. 河北省邯郸市亩产600千克小麦高产创建技术规范模式图

月	10月			11月			12月			1月			2月			3月			4月			5月			6月	
旬	上	中	下	上	中	下	上	中	下	上	中	下	上	中	下	上	中	下	上	中	下	上	中	下	上	中
节气	寒露		霜降	立冬		小雪	大雪		冬至	小寒		大寒	立春		雨水	惊蛰		春分	清明		谷雨	立夏		小满	芒种	
生育期	播种期	出苗至三叶期		冬前分蘖期				越冬期								返青期	起身期	拔节期			抽穗至开花期		灌浆期			成熟期
主攻目标	苗全、苗匀 苗齐、苗壮			促根增蘖 培育壮苗				保苗安全越冬								促苗早发稳长	蹲苗壮蘖	促大蘖成穗			保花增粒		养根护叶 增粒增重			丰产丰收
关键技术	精选种子 药剂拌种 适期播种 播后镇压			防治病虫 冬前化学除草 适时灌好冻水				适时镇压 麦田严禁放牧								中耕松土镇压保墒	蹲苗控节除草	重施肥水 防治病虫			浇开花灌浆水 防治病虫 喷叶面肥 一喷综防					适时收获

操作规程

1. 播前视降水情况和土壤墒情确定是否浇底墒水，保证足墒播种；实施玉米秸秆粉碎还田或增施有机肥，不断培肥地力；精耕细作，采用旋耕与深耕相结合方式整地，深翻后耙平，土壤达到上松下实。

2. 选用半冬性品种，播前精选种子，做好发芽试验，药剂拌种或种子包衣，防治地下害虫；每亩底施磷酸二铵25千克，尿素10千克，硫酸钾或氯化钾15千克，硫酸锌1.5千克；在日平均温度17℃左右播种，一般控制在10月5～12日，播深3～5厘米，每亩基本苗16万～22万，播后及时镇压；出苗后及时查苗，发现缺苗断垄应及时补种，确保全苗；田边地头要种满种严。

3. 冬前苗期注意观察灰飞虱、叶蝉等害虫发生情况，及时防治，以防传播病毒病；根据冬前降水情况和土壤墒情决定是否灌冻水；需灌冻水时，一般要求在昼消夜冻时灌冻水，时间在11月下旬至12月上旬；冬前进行化学除草。

4. 冬季适时镇压，弥实地表裂缝，防止寒风飕根，保墒防冻；返青期中耕松土，提高地温，镇压保墒；一般不浇返青水，不施肥。

5. 起身期不浇水，蹲苗控节；注意观察纹枯病发生情况，发现病情及时防治；注意化学除草。

6. 拔节期重施肥水，促大蘖成穗；每亩追施尿素18千克，灌水追肥时间4月10～15日；及时防治白粉病、锈病。

7. 浇好开花灌浆水，强筋品种或有脱肥迹象的麦田，随灌水亩施2～3千克尿素，时间在5月10～15日；及时防治蚜虫、吸浆虫和白粉病；做好一喷综防；适时收获，防止穗发芽，避开烂场雨，确保丰产丰收，颗粒归仓。

中国农业科学院作物科学研究所　邯郸市农业科学院/邯郸综合试验站

14. 河北省衡水市亩产600千克小麦高产创建技术规范模式图

<table>
<tr><td>月</td><td colspan="3">10月</td><td colspan="3">11月</td><td colspan="3">12月</td><td colspan="3">1月</td><td colspan="3">2月</td><td colspan="3">3月</td><td colspan="3">4月</td><td colspan="3">5月</td><td colspan="2">6月</td></tr>
<tr><td>旬</td><td>上</td><td>中</td><td>下</td><td>上</td><td>中</td><td>下</td><td>上</td><td>中</td><td>下</td><td>上</td><td>中</td><td>下</td><td>上</td><td>中</td><td>下</td><td>上</td><td>中</td><td>下</td><td>上</td><td>中</td><td>下</td><td>上</td><td>中</td><td>下</td><td>上</td><td>中</td></tr>
<tr><td>节气</td><td>寒露</td><td></td><td>霜降</td><td>立冬</td><td></td><td>小雪</td><td>大雪</td><td></td><td>冬至</td><td>小寒</td><td></td><td>大寒</td><td>立春</td><td></td><td>雨水</td><td>惊蛰</td><td></td><td>春分</td><td>清明</td><td></td><td>谷雨</td><td>立夏</td><td></td><td>小满</td><td>芒种</td><td></td></tr>
<tr><td>生育期</td><td>播种期</td><td colspan="2">出苗至三叶期</td><td colspan="5">冬前分蘖期</td><td colspan="7">越冬期</td><td colspan="2">返青期</td><td>起身期</td><td colspan="3">拔节期</td><td>抽穗至开花期</td><td colspan="3">灌浆期</td><td>成熟期</td></tr>
<tr><td>主攻目标</td><td colspan="3">苗全、苗匀
苗齐、苗壮</td><td colspan="5">促根增蘖
培育壮苗</td><td colspan="7">保苗安全越冬</td><td colspan="2">促苗早
发稳长</td><td>蹲苗
壮蘖</td><td colspan="3">促大蘖成穗</td><td>保花
增粒</td><td colspan="3">养根护叶
增粒增重</td><td>丰产
丰收</td></tr>
<tr><td>关键技术</td><td colspan="3">精选种子
药剂拌种
适期播种
播后镇压</td><td colspan="5">防治病虫
适时灌好冻水
冬前化学除草</td><td colspan="7">适时镇压
麦田严禁放牧</td><td colspan="2">中耕松
土镇压
保墒</td><td>蹲苗
控节
除草</td><td colspan="3">重施肥水
防治病虫</td><td colspan="4">浇开花灌浆水
防治病虫
一喷三防</td><td>适时
收获</td></tr>
<tr><td>操作规程</td><td colspan="26">1. 精选种子，做好发芽试验，药剂拌种或种子包衣，防治地下害虫；每亩底施磷酸二铵20～25千克，尿素10～15千克，硫酸钾或氯化钾10千克，硫酸锌1.5千克。
2. 在日平均温度17℃左右播种，一般控制在10月5～10日，播深3～5厘米，每亩基本苗20万～22万，播后及时镇压；出苗后及时查苗，发现缺苗断垄应及时补种，确保全苗；田边地头要种满种严。
3. 冬前苗期注意观察灰飞虱、叶蝉等害虫发生情况，及时防治，以防传播病毒病；根据冬前降水情况和土壤墒情决定是否灌冻水；需灌时，一般要求在昼消夜冻时灌冻水，时间在11月25～30日；冬前进行化学除草。
4. 冬季适时镇压，弥实地表裂缝，防止寒风飕根，保墒防冻。
5. 返青期中耕松土，提高地温，镇压保墒；一般不浇返青水，不施肥。
6. 起身期不浇水，蹲苗控节；注意观察纹枯病发生情况，发现病情及时防治；注意化学除草。
7. 拔节期重施肥水，促大蘖成穗；每亩追施尿素20千克，灌水追肥时间在4月3～8日；注意观察白粉病、锈病发生情况，发现病情及时防治。
8. 浇好开花灌浆水，强筋品种或有脱肥迹象的麦田，可随灌水亩施2～3千克尿素，时间在5月5～10日；及时防治蚜虫、吸浆虫和白粉病；做好一喷三防（开花10～15天后喷施磷酸二氢钾叶面肥2～3次，增加粒重）。
9. 适时收获，防止穗发芽，避开烂场雨，确保丰产丰收，颗粒归仓。</td></tr>
</table>

中国农业科学院作物科学研究所　衡水市农业科学院　小麦产业体系衡水试验站

15. 河南省新乡市亩产600千克小麦高产创建技术规范模式图

<table>
<tr><td>月</td><td colspan="3">10月</td><td colspan="3">11月</td><td colspan="3">12月</td><td colspan="3">1月</td><td colspan="3">2月</td><td colspan="3">3月</td><td colspan="3">4月</td><td colspan="3">5月</td><td>6月</td></tr>
<tr><td>旬</td><td>上</td><td>中</td><td>下</td><td>上</td><td>中</td><td>下</td><td>上</td><td>中</td><td>下</td><td>上</td><td>中</td><td>下</td><td>上</td><td>中</td><td>下</td><td>上</td><td>中</td><td>下</td><td>上</td><td>中</td><td>下</td><td>上</td><td>中</td><td>下</td><td>上</td></tr>
<tr><td>节气</td><td>寒露</td><td></td><td>霜降</td><td>立冬</td><td></td><td>小雪</td><td>大雪</td><td></td><td>冬至</td><td>小寒</td><td></td><td>大寒</td><td>立春</td><td></td><td>雨水</td><td>惊蛰</td><td></td><td>春分</td><td>清明</td><td></td><td>谷雨</td><td>立夏</td><td></td><td>小满</td><td>芒种</td></tr>
<tr><td>生育期</td><td>播种</td><td colspan="2">出苗至
三叶期</td><td colspan="5">冬前分蘖期</td><td colspan="5">越冬期</td><td colspan="2">返青期</td><td>起身期</td><td colspan="3">拔节
孕穗期</td><td colspan="2">抽穗
至开
花期</td><td colspan="3">灌浆期</td><td>成熟期</td></tr>
<tr><td>主攻
目标</td><td colspan="3">苗全、苗匀
苗齐、苗壮</td><td colspan="5">促根增蘖
培育壮苗</td><td colspan="5">保苗安全越冬</td><td colspan="2">促苗早
发稳长</td><td>蹲苗
壮蘖</td><td colspan="3">促大蘖成穗</td><td colspan="2">保花
增粒</td><td colspan="3">养根护叶
增粒增重</td><td>丰产
丰收</td></tr>
<tr><td>关键
技术</td><td colspan="3">精选种子
药剂拌种
适期播种
足墒下种
播后镇压
查苗补种</td><td colspan="5">防治病虫
适时灌好冻水
冬前化学除草</td><td colspan="5">适时镇压
麦田严禁放牧</td><td colspan="2">中耕松
土镇压
保墒</td><td>蹲苗
控节
除草</td><td colspan="3">重施肥水
防治病虫</td><td colspan="5">浇开花灌浆水
防治病虫
一喷三防</td><td>适时
收获</td></tr>
<tr><td>操作
规程</td><td colspan="25">1. 精选种子，做好发芽试验，药剂拌种或种子包衣；精细整地，足墒下种；每亩底施磷酸二铵20千克，尿素10千克，硫酸钾或氯化钾10千克，硫酸锌1.5千克。
2. 在日平均温度15℃左右播种，一般控制在10月8～15日，播深3～5厘米，亩基本苗16万～20万，播后及时镇压；出苗后及时查苗补种，确保全苗；田边地头要种满种严。
3. 冬前苗期注意观察灰飞虱、叶蝉等害虫发生情况，及时防治，以防传播病毒病；根据冬前降水情况和土壤墒情决定是否灌冻水；需灌时，一般要求在昼消夜冻时灌冻水，时间在12月10～20日；冬前进行化学除草。
4. 冬季适时镇压，弥实地表裂缝，保墒防冻。
5. 返青期中耕松土，提高地温，镇压保墒；一般不浇返青水，不施肥。
6. 起身期不浇水，蹲苗控节；注意观察纹枯病发生情况，发现病情及时防治；注意化学除草。
7. 拔节期重施肥水，促大蘖成穗；亩追施尿素18千克，灌水追肥时间在3月下旬；注意观察白粉病、锈病发生情况，发现病情及时防治。
8. 浇好开花灌浆水，强筋品种或有脱肥迹象的麦田，每亩施尿素2～3千克，磷酸二氢钾0.2千克，加水50千克，叶面喷施，时间在5月5～10日；及时防治蚜虫、吸浆虫和白粉病；做好一喷三防。
9. 适时收获，防止穗发芽，避开烂场雨，确保丰产丰收，颗粒归仓。</td></tr>
</table>

中国农业科学院作物科学研究所　新乡市农业科学院/新乡小麦综合试验站　新乡市农技站

16. 河南省安阳市亩产 600 千克小麦高产创建技术规范模式图

<table>
<tr><td>月</td><td colspan="3">10月</td><td colspan="3">11月</td><td colspan="3">12月</td><td colspan="3">1月</td><td colspan="3">2月</td><td colspan="3">3月</td><td colspan="3">4月</td><td colspan="3">5月</td><td colspan="2">6月</td></tr>
<tr><td>旬</td><td>上</td><td>中</td><td>下</td><td>上</td><td>中</td><td>下</td><td>上</td><td>中</td><td>下</td><td>上</td><td>中</td><td>下</td><td>上</td><td>中</td><td>下</td><td>上</td><td>中</td><td>下</td><td>上</td><td>中</td><td>下</td><td>上</td><td>中</td><td>下</td><td>上</td><td>中</td></tr>
<tr><td>节气</td><td>寒露</td><td></td><td>霜降</td><td>立冬</td><td></td><td>小雪</td><td>大雪</td><td></td><td>冬至</td><td>小寒</td><td></td><td>大寒</td><td>立春</td><td></td><td>雨水</td><td>惊蛰</td><td></td><td>春分</td><td>清明</td><td></td><td>谷雨</td><td>立夏</td><td></td><td>小满</td><td>芒种</td><td></td></tr>
<tr><td>生育期</td><td>播种期</td><td colspan="2">出苗至三叶期</td><td colspan="5">冬前分蘖期</td><td colspan="7">越冬期</td><td colspan="2">返青期</td><td>起身期</td><td colspan="3">拔节期</td><td>抽穗至开花期</td><td colspan="3">灌浆期</td><td>成熟期</td></tr>
<tr><td>主攻目标</td><td colspan="3">苗全、苗匀
苗齐、苗壮</td><td colspan="5">促根增蘖
培育壮苗</td><td colspan="7">保苗安全越冬</td><td colspan="2">促苗早
发稳长</td><td>蹲苗
壮蘖</td><td colspan="3">促大蘖成穗</td><td>保花
增粒</td><td colspan="3">养根护叶
增粒增重</td><td>丰产
丰收</td></tr>
<tr><td>关键技术</td><td colspan="3">精选种子
药剂拌种
适期播种
播后镇压</td><td colspan="5">防治病虫
适时灌好冻水
冬前化学除草</td><td colspan="7">适时镇压
麦田严禁放牧</td><td colspan="2">中耕松
土镇压
保墒</td><td>蹲苗
控节
除草</td><td colspan="3">重施肥水
防治病虫</td><td colspan="4">浇开花灌浆水
防治病虫
一喷三防</td><td>适时
收获</td></tr>
<tr><td>操作规程</td><td colspan="26">1. 播前精选种子，做好发芽试验，药剂拌种或种子包衣，防治地下害虫；每亩底施磷酸二铵 20 千克，尿素 10 千克，硫酸钾或氯化钾 10 千克，硫酸锌 1.5 千克。
2. 在日平均温度 17℃左右播种，一般控制在 10 月 2～12 日，播深 3～5 厘米，亩基本苗 14 万～22 万，播后及时镇压；出苗后及时查苗，发现缺苗断垄应及时补种，确保全苗；田边地头要种满种严。
3. 冬前苗期注意观察灰飞虱、叶蝉等害虫发生情况，及时防治，以防传播病毒病；根据冬前降水情况和土壤墒情决定是否灌冻水；需灌时，一般要求在昼消夜冻时灌冻水，时间在 11 月 25～30 日；冬前进行化学除草。
4. 冬季适时镇压，弥实地表裂缝，防止寒风飕根，保墒防冻。
5. 返青期中耕松土，提高地温，镇压保墒；一般不浇返青水，不施肥。
6. 起身期不浇水，蹲苗控节；注意观察纹枯病发生情况，发现病情及时防治；注意化学除草。
7. 拔节期重施肥水，促大蘖成穗；亩追施尿素 18 千克，灌水追肥时间在 4 月 10～15 日；注意观察白粉病、锈病发生情况，发现病情及时防治。
8. 浇好开花灌浆水，强筋品种或有脱肥迹象的麦田，可随灌水亩施 2～3 千克尿素，时间在 5 月 5～10 日；及时防治蚜虫、吸浆虫和白粉病；做好一喷三防。
9. 适时收获，防止穗发芽，避开烂场雨，确保丰产丰收，颗粒归仓。</td></tr>
</table>

中国农业科学院作物科学研究所　安阳市农业科学院

17. 山东省泰安市亩产 650 千克小麦高产创建技术规范模式图

<table>
<tr><td>月</td><td colspan="3">10月</td><td colspan="3">11月</td><td colspan="3">12月</td><td colspan="3">1月</td><td colspan="3">2月</td><td colspan="3">3月</td><td colspan="3">4月</td><td colspan="3">5月</td><td colspan="2">6月</td></tr>
<tr><td>旬</td><td>上</td><td>中</td><td>下</td><td>上</td><td>中</td><td>下</td><td>上</td><td>中</td><td>下</td><td>上</td><td>中</td><td>下</td><td>上</td><td>中</td><td>下</td><td>上</td><td>中</td><td>下</td><td>上</td><td>中</td><td>下</td><td>上</td><td>中</td><td>下</td><td>上</td><td>中</td></tr>
<tr><td>节气</td><td>寒露</td><td></td><td>霜降</td><td>立冬</td><td></td><td>小雪</td><td>大雪</td><td></td><td>冬至</td><td>小寒</td><td></td><td>大寒</td><td>立春</td><td></td><td>雨水</td><td>惊蛰</td><td></td><td>春分</td><td>清明</td><td></td><td>谷雨</td><td>立夏</td><td></td><td>小满</td><td>芒种</td><td></td></tr>
<tr><td>生育期</td><td>播种期</td><td colspan="2">出苗至三叶期</td><td colspan="4">冬前分蘖期</td><td colspan="8">越冬期</td><td>返青期</td><td colspan="2">起身期</td><td colspan="3">拔节期</td><td>抽穗至开花期</td><td colspan="3">灌浆期</td><td>成熟期</td></tr>
<tr><td>主攻目标</td><td colspan="3">苗全、苗匀
苗齐、苗壮</td><td colspan="4">促根增蘖
培育壮苗</td><td colspan="8">保苗安全越冬</td><td>促苗早
发稳长</td><td colspan="2">蹲苗
壮蘖</td><td colspan="3">促大蘖成穗</td><td>保花
增粒</td><td colspan="3">养根护叶
增粒增重</td><td>丰产
丰收</td></tr>
<tr><td>关键技术</td><td colspan="3">精选种子
药剂拌种
适期播种
播后镇压</td><td colspan="4">防治病虫
适时灌好冻水
冬前化学除草</td><td colspan="8">适时镇压
麦田严禁放牧</td><td>中耕松
土镇压
保墒</td><td colspan="2">蹲苗
控节
除草</td><td colspan="3">重施肥水
防治病虫</td><td colspan="4">浇开花灌浆水
防治病虫
一喷三防</td><td>适时
收获</td></tr>
<tr><td>操作规程</td><td colspan="26">1. 播前精选种子，做好发芽试验，药剂拌种或种子包衣，防治地下害虫；每亩底施磷酸二铵 20 千克，尿素 10 千克，硫酸钾或氯化钾 14 千克，硫酸锌 1.5 千克。
2. 在日平均温度 17℃左右播种，一般控制在 10 月 2～10 日，播深 3～5 厘米，亩基本苗 14 万～22 万，播后及时镇压；出苗后及时查苗，发现缺苗断垄应及时补种，确保全苗；田边地头要种满种严。
3. 冬前苗期注意观察金针虫、蛴螬等害虫、发生情况，及时防治，以防传播病毒病；根据冬前降水情况和土壤墒情决定是否灌冻水；需灌时，一般要求在昼消夜冻时灌冻水，时间在 12 月 1～10 日；冬前进行化学除草。
4. 冬季适时镇压，弥实地表裂缝，防止寒风飕根，保墒防冻。
5. 返青期中耕松土，提高地温，镇压保墒；一般不浇返青水，不施肥。
6. 起身期不浇水，蹲苗控节；注意观察纹枯病发生情况，发现病情及时防治；注意化学除草。
7. 拔节期重施肥水，促大蘖成穗；亩追施尿素 16 千克，灌水追肥时间在 3 月 25 日至 4 月 5 日；注意观察白粉病、锈病、纹枯病、根腐病发生情况，发现病情及时防治。
8. 浇好开花灌浆水，强筋品种或有脱肥迹象的麦田，可随灌水亩施 2～3 千克尿素，时间在 5 月 5～10 日；及时防治蚜虫、吸浆虫和白粉病、赤霉病；做好一喷三防。
9. 适时收获，防止穗发芽，避开烂场雨，确保丰产丰收，颗粒归仓。</td></tr>
</table>

中国农业科学院作物科学研究所　泰安市农业科学院

18. 江苏省淮北地区亩产600千克小麦高产创建技术规范模式图

<table>
<tr><td>月</td><td colspan="3">10月</td><td colspan="3">11月</td><td colspan="3">12月</td><td colspan="3">1月</td><td colspan="3">2月</td><td colspan="3">3月</td><td colspan="3">4月</td><td colspan="3">5月</td><td>6月</td></tr>
<tr><td>旬</td><td>上</td><td>中</td><td>下</td><td>上</td><td>中</td><td>下</td><td>上</td><td>中</td><td>下</td><td>上</td><td>中</td><td>下</td><td>上</td><td>中</td><td>下</td><td>上</td><td>中</td><td>下</td><td>上</td><td>中</td><td>下</td><td>上</td><td>中</td><td>下</td><td>上</td></tr>
<tr><td>节气</td><td>寒露</td><td></td><td>霜降</td><td>立冬</td><td></td><td>小雪</td><td>大雪</td><td></td><td>冬至</td><td>小寒</td><td></td><td>大寒</td><td>立春</td><td></td><td>雨水</td><td>惊蛰</td><td></td><td>春分</td><td>清明</td><td></td><td>谷雨</td><td>立夏</td><td></td><td>小满</td><td>芒种</td></tr>
<tr><td>生育期</td><td>播种期</td><td>出苗至三叶期</td><td colspan="6">冬前分蘖期</td><td colspan="5">越冬期</td><td colspan="4">返青至起身期</td><td colspan="3">拔节期</td><td>抽穗至开花期</td><td colspan="3">灌浆期</td><td>成熟期</td></tr>
<tr><td>主攻目标</td><td colspan="2">苗全、苗匀
苗齐、苗壮</td><td colspan="6">促根增蘖
培育壮苗</td><td colspan="5">保苗安全越冬</td><td colspan="4">促苗早发稳长蹲苗壮蘖，促弱控旺，构建丰产群体</td><td colspan="3">促大蘖成穗</td><td>保花增粒</td><td colspan="3">养根护叶
增粒增重</td><td>丰产丰收</td></tr>
<tr><td>关键技术</td><td colspan="2">精选种子
药剂拌种
适期播种
及时镇压</td><td colspan="6">防治病虫
适时灌好冻水
冬前化学除草</td><td colspan="5">适时镇压
麦田严禁放牧</td><td colspan="4">中耕松土
蹲苗控节</td><td colspan="3">重施肥水
防治病虫</td><td colspan="4">浇孕穗灌浆水
防治病虫
一喷三防</td><td>适时收获</td></tr>
<tr><td>操作规程</td><td colspan="25">1. 播前精细整地，实施秸秆还田、测土配方施肥；做好种子土壤处理，防治地下害虫和苗期病害，精选种子；一般每亩底施磷酸二铵15～20千克，尿素10～15千克，硫酸钾或氯化钾10千克［或三元复合肥（N：P：K=15：15：15）25～30千克，尿素10千克］，硫酸锌1.5千克。
2. 在日平均温度17℃左右播种，一般控制在10月5～15日，播深3～5厘米，并做到足墒匀播，亩基本苗12万～15万，播前或播后及时镇压；出苗后及时查苗，发现缺苗断垄应及时补种，确保全苗。
3. 冬前应重点做好麦田化学除草，同时加强对地下害虫、麦黑潜叶蝇和胞囊线虫病查治；注意防治灰飞虱、叶蝉等害虫；根据冬前降水和土壤墒情决定是否灌越冬水，需灌时，一般要求在昼消夜冻时灌越冬水，时间在11月25日至12月10日；暖冬年注意防止麦田旺长。
4. 冬季适时镇压，弥实地表裂缝，保墒防冻。
5. 返青期中耕松土，提高地温，镇压保墒；群、个体生长正常麦田一般不灌返青水，不施肥；起身期一般不浇水，蹲苗控节，注意防治纹枯病。
6. 拔节期重施肥水，促大蘖成穗和穗花发育。一般在3月25日至4月5日结合浇水亩追施尿素15～20千克（可分2次追肥，每次各7～10千克，第一次在3月15～20日，第二次在4月5日左右）；注意防治白粉病、锈病，防治麦蚜、麦蜘蛛。
7. 适时浇好孕穗灌浆水，4月25日至5月5日可结合灌水亩追施2～3千克尿素；早控条锈病、白粉病，科学预防赤霉病；重点防治麦蜘蛛、蚜虫、吸浆虫，做好一喷三防。
8. 适时收获，防止穗发芽，避开烂场雨，确保丰产丰收，颗粒归仓。</td></tr>
</table>

中国农业科学院作物科学研究所　徐州农业科学研究所

19. 江苏省淮南地区亩产 500 千克小麦高产创建技术规范模式图

<table>
<tr><td>月</td><td>10月</td><td colspan="3">11月</td><td colspan="3">12月</td><td colspan="3">1月</td><td colspan="3">2月</td><td colspan="3">3月</td><td colspan="3">4月</td><td colspan="3">5月</td><td>6月</td></tr>
<tr><td>旬</td><td>下</td><td>上</td><td>中</td><td>下</td><td>上</td><td>中</td><td>下</td><td>上</td><td>中</td><td>下</td><td>上</td><td>中</td><td>下</td><td>上</td><td>中</td><td>下</td><td>上</td><td>中</td><td>下</td><td>上</td><td>中</td><td>下</td><td>上</td></tr>
<tr><td>节气</td><td>霜降</td><td>立冬</td><td></td><td>小雪</td><td>大雪</td><td></td><td>冬至</td><td>小寒</td><td></td><td>大寒</td><td>立春</td><td></td><td>雨水</td><td>惊蛰</td><td></td><td>春分</td><td>清明</td><td></td><td>谷雨</td><td>立夏</td><td></td><td>小满</td><td>芒种</td></tr>
<tr><td>生育期</td><td>播种期</td><td colspan="2">出苗至三叶期</td><td colspan="3">冬前分蘖期</td><td colspan="5">越冬期</td><td colspan="3">返青起身期</td><td colspan="4">拔节期</td><td>抽穗开花</td><td colspan="3">灌浆期</td><td>成熟期</td></tr>
<tr><td>主攻目标</td><td colspan="3">苗早、苗全、苗匀
苗齐、苗壮</td><td colspan="3">促根增蘖
培育壮苗</td><td colspan="5">保苗安全越冬</td><td colspan="3">稳长
壮蘖</td><td colspan="4">培育壮秆、巩固分蘖
成穗、攻大穗</td><td>保花
增粒</td><td colspan="3">养根保叶
增粒增重</td><td>丰产丰收</td></tr>
<tr><td>关键技术</td><td colspan="3">精选种子
药剂拌种
适期播种
开好三沟</td><td colspan="3">看苗施用壮蘖肥
适墒化除</td><td colspan="5">清沟理墒</td><td colspan="3">春季化除</td><td colspan="4">重施拔节孕穗肥
防治纹枯病</td><td colspan="4">防治赤霉病、白粉病
穗蚜
一喷三防</td><td>适时收获</td></tr>
<tr><td>操作规程</td><td colspan="23">1. 精选种子，进行药剂拌种或种子包衣，预防苗期病害，做好发芽试验；每亩基施三元复合肥（N：P：K=15：15：15）25～30 千克，尿素 8～10 千克，硫酸锌 1.5 千克。
2. 在日平均温度 14～16℃播种，一般控制在 10 月 25 日至 11 月 5 日，播深 2～3 厘米，亩基本苗 10 万～12 万，播后及时洇水；出苗后及时查苗，发现缺苗断垄应及时补种，确保全苗，田边地头要种满种严。
3. 幼苗期注意防治蚜虫、灰飞虱，防除杂草；分蘖期看苗施用壮蘖肥，清理麦田三沟。
4. 返青期及时防治纹枯病和杂草。
5. 拔节孕穗期施好拔节孕穗肥，培育壮秆，巩固分蘖成穗，攻大穗；3 月中旬看苗施拔节肥，三元复合肥 20～25 千克；3 月底前施孕穗肥尿素 8 千克左右；及时防治白粉病。
6. 开花期注意防治蚜虫、白粉病和赤霉病，做好一喷三防。
7. 适时收获，确保丰产丰收，颗粒归仓。</td></tr>
</table>

中国农业科学院作物科学研究所　江苏里下河地区农业科学研究所

20. 安徽省亳州市亩产 600 千克小麦高产创建技术规范模式图

月	10月			11月			12月			1月			2月			3月			4月			5月			6月
旬	上	中	下	上	中	下	上	中	下	上	中	下	上	中	下	上	中	下	上	中	下	上	中	下	上
节气	寒露		霜降	立冬		小雪	大雪		冬至	小寒		大寒	立春		雨水	惊蛰		春分	清明		谷雨	立夏		小满	芒种
生育期	播种期	出苗至三叶期		冬前分蘖期					越冬期					返青至起身期				拔节、孕穗期			抽穗至开花期	灌浆期			成熟期
主攻目标	苗全、苗匀 苗齐、苗壮			促根增蘖 培育壮苗					保苗安全越冬					促苗早发稳长蹲苗壮蘖，促弱控旺，构建丰产群体				促大蘖成穗 促穗大粒多			保花 增粒	养根护叶 增粒增重			丰产 丰收
关键技术	精选种子 药剂拌种 适期播种 足墒下种			防治病虫 适时灌好冻水 冬前化学除草					适时镇压 麦田严禁放牧					中耕松土 蹲苗控节				重施肥水 防治病虫			防治病虫 一喷三防 叶面喷肥				适时 收获

操作规程

1. 播前精细整地，实施秸秆还田和测土配方施肥，做好种子与土壤处理，防治地下害虫和苗期病害，精选种子；一般每亩底施磷酸二铵 20～25 千克，尿素 8 千克，硫酸钾或氯化钾 10 千克［或三元复合肥（N：P：K=15：15：15）50～60 千克，尿素 8 千克］，硫酸锌 1.5 千克。

2. 在日平均温度 17℃左右播种，一般控制在 10 月 5～15 日，播深 3～5 厘米，并做到足墒匀播，亩基本苗 14 万～17 万，播前或播后及时镇压；出苗后及时查苗，发现缺苗断垄应及时补种，确保全苗。

3. 冬前应重点做好麦田化学除草，同时加强对地下害虫、麦黑潜叶蝇和胞囊线虫病的查治，注意防治红蜘蛛、蚜虫等害虫；根据冬前降水和土壤墒情决定是否灌冻水，需灌时，一般要求在昼消夜冻时灌冻水，时间在 11 月 20～30 日；暖冬年注意防止麦田旺长。

4. 冬季适时镇压，弥实地表裂缝，保墒防冻。

5. 返青期中耕松土，提高地温，镇压保墒；群、个体生长正常麦田一般不灌返青水，不施肥；起身期一般不浇水，蹲苗控节，注意防治纹枯病。

6. 拔节期重施肥水，促大蘖成穗和穗花发育；一般在 3 月 20～30 日结合浇水亩追施尿素 18 千克，也可分 2 次追肥，每次各 9 千克尿素，第一次在 3 月 15～20 日，第二次在 4 月 5 日左右；注意防治白粉病、锈病，防治麦蚜、麦蜘蛛。

7. 4 月下旬可结合降水每亩追施 2～3 千克尿素；科学预防赤霉病，兼防白粉病、锈病；重点防治蚜虫、吸浆虫，做好一喷三防和叶面喷肥。

8. 适时收获，防止穗发芽，晒干扬净，颗粒归仓，防虫防霉，确保丰产丰收。

中国农业科学院作物科学研究所　亳州农业科学研究所

21. 湖北省亩产500千克小麦高产创建技术规范模式图

月	10月	11月			12月			1月			2月			3月			4月			5月		
旬	下	上	中	下	上	中	下	上	中	下	上	中	下	上	中	下	上	中	下	上	中	下
节气	霜降	立冬		小雪	大雪		冬至	小寒		大寒	立春		雨水	惊蛰		春分	清明		谷雨	立夏		小满
生育期	播种期	出苗至三叶期	分蘖期								起身期		拔节孕穗期				抽穗开花	灌浆期				成熟期
主攻目标	苗全、苗匀 苗齐、苗壮		促根增蘖，培育壮苗，保苗安全越冬								蹲苗壮蘖		促大蘖成穗				保花增粒	养根护叶 增粒增重				丰产丰收
关键技术	精细整地 精选种子 药剂拌种 适期播种 播后镇压		化学除草， 看苗施平衡肥								看苗重施拔节孕穗肥 清沟理墒，防治病虫草害						防治病虫 一喷三防					适时收获

操作规程

1. 播前精选种子，做好发芽试验，进行药剂拌种或种子包衣，预防苗期病害；每亩底施三元复合肥（N：P：K＝15：15：15）25～30千克，尿素8千克，大粒锌200克（纯锌含量50～60克），或磷酸二铵20～25千克，尿素8千克，硫酸钾或氯化钾10～15千克。

2. 在日平均温度16℃左右播种，一般控制在10月25日至11月5日，播深2～3厘米，亩基本苗15万～18万，足墒播种，播后及时镇压；出苗后及时查苗，发现缺苗断垄应及时补种，确保全苗；田边地头要种满种严。

3. 幼苗期注意观察麦蜘蛛等害虫发生情况，及时防治；注意秋季杂草防除。

4. 起身期注意观察纹枯病和杂草发生情况，及时防治。

5. 拔节孕穗期重施肥，促大蘖成穗。3月上中旬至4月初看苗施尿素10千克左右；注意观察白粉病、锈病发生情况，及时防治。

6. 开花灌浆期注意观察蚜虫和白粉病、锈病和赤霉病发生情况，及时彻底防治，做好一喷三防。

7. 适时收获，防止穗发芽，避开烂场雨，确保丰产丰收，颗粒归仓。

中国农业科学院作物科学研究所　湖北省农业科学院粮食作物研究

22. 山西省临汾市亩产 600 千克小麦高产创建技术规范模式图

<table>
<tr><td>月</td><td colspan="3">10月</td><td colspan="3">11月</td><td colspan="3">12月</td><td colspan="3">1月</td><td colspan="3">2月</td><td colspan="3">3月</td><td colspan="3">4月</td><td colspan="3">5月</td><td colspan="2">6月</td></tr>
<tr><td>旬</td><td>上</td><td>中</td><td>下</td><td>上</td><td>中</td><td>下</td><td>上</td><td>中</td><td>下</td><td>上</td><td>中</td><td>下</td><td>上</td><td>中</td><td>下</td><td>上</td><td>中</td><td>下</td><td>上</td><td>中</td><td>下</td><td>上</td><td>中</td><td>下</td><td>上</td><td>中</td></tr>
<tr><td>节气</td><td>寒露</td><td></td><td>霜降</td><td>立冬</td><td></td><td>小雪</td><td>大雪</td><td></td><td>冬至</td><td>小寒</td><td></td><td>大寒</td><td>立春</td><td></td><td>雨水</td><td>惊蛰</td><td></td><td>春分</td><td>清明</td><td></td><td>谷雨</td><td>立夏</td><td></td><td>小满</td><td>芒种</td><td></td></tr>
<tr><td>生育期</td><td>播种期</td><td colspan="2">出苗至三叶期</td><td colspan="5">冬前分蘖期</td><td colspan="7">越冬期</td><td>返青期</td><td>起身期</td><td colspan="3">拔节期</td><td>抽穗至开花期</td><td colspan="3">灌浆期</td><td colspan="2">成熟期</td></tr>
<tr><td>主攻目标</td><td colspan="3">苗全、苗匀
苗齐、苗壮</td><td colspan="5">促根增蘖
培育壮苗</td><td colspan="7">保苗安全越冬</td><td>促苗早
发稳长</td><td>蹲苗
壮蘖</td><td colspan="3">促大蘖成穗</td><td>保花
增粒</td><td colspan="3">养根护叶
增粒增重</td><td colspan="2">丰产
丰收</td></tr>
<tr><td>关键技术</td><td colspan="3">药剂拌种
平衡施肥
适期足墒播种
播后镇压</td><td colspan="5">冬水前移
塌实土壤
化学除草
防治病虫</td><td colspan="7">适时锄划中耕耙耱
严禁放牧</td><td>中耕松
土保墒</td><td>蹲苗
控节
除草</td><td colspan="3">增量浇水追肥
防治病虫</td><td colspan="4">浇开花灌浆水
防治病虫
一喷三防</td><td colspan="2">适时
收获</td></tr>
<tr><td>操作规程</td><td colspan="26">1. 精细整地，精选良种，做好发芽试验，药剂拌种或种子包衣，防治地下害虫；每亩底施磷酸二铵 20 千克，尿素 10 千克，硫酸钾 10 千克，硫酸锌 1.5 千克。
2. 在日平均温度 15～17℃足墒播种，一般控制在 10 月 5～10 日，播深 3～5 厘米，亩基本苗 20 万～25 万，播后及时镇压；出苗后及时查苗，发现缺苗断垄应及时补种，确保全苗；田边地头种满种严。
3. 冬前苗期注意观察灰飞虱、叶蝉、麦蚜等害虫发生情况，及时防治，以防传播病毒病；适时冬灌，以塌实土壤，促根生蘖，确保安全越冬；灌水后土壤墒情适宜时进行锄划中耕或耙耱，弥实地表裂缝，防止寒风飕根，保墒防冻。在 11 月上中旬，日平均气温高于 5℃的无风晴天进行冬前化学除草。
4. 顶凌期或返青期中耕松土或轻耙轻耱，去除枯叶，保墒提温，一般不浇返青水，不施肥；起身期不浇水，蹲苗控节；注意观察白粉病和蚜虫发生情况，达到防除指标及时防治；若冬前未进行化除，应在气温稳定在 5℃以上的晴天开展化除。
5. 拔节期增量灌水，亩灌水量不低于 60 米^3，追尿素 10～15 千克，促大蘖成穗，并可预防 4 月上中旬倒春寒和低温冷害；灌水追肥时间在 3 月 25 日至 4 月 5 日；注意观察白粉病、锈病发生情况，发现病情及时防治。4 月下旬，密切注意吸浆虫和蚜虫发生情况，并及时撒毒土、抽穗期药剂防治。
6. 浇好灌浆水，强筋品种或有脱肥迹象的麦田，可随灌水亩施 2～3 千克尿素，灌水时间在 5 月 10 日左右；根据田间蚜虫和白粉病发生情况，及时防治，做好一喷三防，一般 2～3 次，防干热风和早衰，提高粒重。
7. 蜡熟时收获，防止穗发芽，确保丰产丰收，颗粒归仓。</td></tr>
</table>

中国农业科学院作物科学研究所　山西省农业科学院小麦研究所 国家小麦产业技术体系山西综合试验站

23. 陕西省关中地区亩产600千克小麦高产创建技术规范模式图

月	10月			11月			12月			1月			2月			3月			4月			5月			6月	
旬	上	中	下	上	中	下	上	中	下	上	中	下	上	中	下	上	中	下	上	中	下	上	中	下	上	中
节气	寒露		霜降	立冬		小雪	大雪		冬至	小寒		大寒	立春		雨水	惊蛰		春分	清明		谷雨	立夏		小满	芒种	
生育期	播种期	出苗至三叶期		冬前分蘖期					越冬期							返青期		起身期	拔节期		抽穗至开花期		灌浆期			成熟期
主攻目标	苗全、苗匀 苗齐、苗壮			促根增蘖 培育壮苗					保苗安全越冬							促苗早 发稳长		蹲苗 壮蘖	促大蘖成穗		保花 增粒		养根护叶 增粒增重			丰产 丰收
关键技术	精选种子 药剂拌种 适期播种 播后镇压			防治病虫 适时灌好冻水 冬前化学除草					适时镇压 麦田严禁放牧							中耕松土 镇压保墒		蹲苗 控节 除草	重施肥水 防治病虫		浇开花灌浆水 防治病虫 一喷三防					适时 收获

操作规程

1. 播前精选种子，做好发芽试验，药剂拌种或种子包衣，防治地下害虫；每亩底施磷酸二铵20千克，尿素10千克，硫酸钾或氯化钾10千克，硫酸锌1.5千克。
2. 在日平均温度17℃左右播种，一般控制在10月5～15日，播深3～5厘米，亩基本苗14万～22万，播后及时镇压；出苗后及时查苗，发现缺苗断垄应及时补种，确保全苗；田边地头要种满种严。
3. 冬前苗期注意观察灰飞虱、叶蝉等害虫发生情况，及时防治，以防传播病毒病；根据冬前降水情况和土壤墒情决定是否灌冻水；需灌时，一般要求在昼消夜冻时灌冻水，时间约在12月下旬；冬前进行化学除草。
4. 冬季适时镇压，弥实地表裂缝，防止寒风飕根，保墒防冻。
5. 返青期中耕松土，提高地温，镇压保墒；一般不浇返青水，不施肥。
6. 起身期不浇水，蹲苗控节；注意观察纹枯病发生情况，发现病情及时防治；注意化学除草。
7. 拔节期重施肥水，促大蘖成穗；亩追施尿素18千克，灌水追肥时间4月10～15日；注意观察白粉病、锈病、红蜘蛛、蚜虫发生情况，发现病虫情及时防治。
8. 抽穗开花期及时防治蚜虫、吸浆虫和白粉病；做好一喷三防。
9. 适时收获，防止穗发芽，避开烂场雨，确保丰产丰收，颗粒归仓。

中国农业科学院作物科学研究所　西北农林科技大学

24. 四川省成都市亩产500千克小麦高产创建技术规范模式图

月	10月	11月			12月			1月			2月			3月			4月			5月	
旬	下	上	中	下	上	中	下	上	中	下	上	中	下	上	中	下	上	中	下	上	中
节气	霜降	立冬		小雪	大雪		冬至	小寒		大寒	立春		雨水	惊蛰		春分	清明		谷雨	立夏	
生育期	播种期	出苗至三叶期	幼苗至起身期（无明显越冬期）							拔节期						抽穗至开花期		灌浆期		成熟期	
主攻目标	苗全、苗匀 苗齐、苗壮		促根增蘖培育壮苗促苗早发稳长蹲苗壮蘖							促大蘖成穗						保花增粒		养根护叶增粒增重		丰产丰收	
关键技术	精选种子 药剂拌种 适期播种		防治病虫草害							重施拔节肥 防治病虫害						防治病虫 一喷三防				适时收获	

操作规程

1. 播前精选种子，做好发芽试验，进行药剂拌种或种子包衣，防治地下害虫；每亩底施 30 千克复合肥（含氮量 20%），硫酸锌 1.5 千克。
2. 在日平均温度 16℃左右播种，一般控制在 10 月 26 日至 11 月 6 日，播深 3～5 厘米，亩基本苗 15 万～20 万；出苗后及时查苗，发现缺苗断垄应及时补种，确保全苗，田边地头要种满种严。
3. 苗期注意观察条锈病、红蜘蛛等病虫发生情况，及时防治；适时进行杂草防除。
4. 拔节期注意防治条锈病及白粉病；重施拔节肥，促大蘖成穗；亩追施尿素 8～10 千克，时间在 1 月 10～15 日。
5. 抽穗至开花期喷药预防赤霉病，灌浆期注意观察蚜虫和白粉病、条锈病发生情况，及时进行一喷三防。
6. 适时收获，防止穗发芽，确保丰产丰收，颗粒归仓。

中国农业科学院作物科学研究所　四川省农业科学院作物研究所/成都综合试验站

25. 甘肃省亩产500千克春小麦高产创建技术规范模式图

月	3月			4月			5月			6月			7月		
旬	上	中	下	上	中	下	上	中	下	上	中	下	上	中	下
节气	惊蛰		春分	清明		谷雨	立夏		小满	芒种		夏至	小暑		大暑
生育期	播种期		出苗至幼苗期			拔节期				抽穗至开花期		灌浆期		成熟期	
主攻目标	苗全、苗齐 苗壮、苗匀		促苗早发 促根增蘖 培育壮苗			促大蘖成穗				保花增粒		养根护叶 增粒增重		丰产 丰收	
关键技术	精选种子 药剂拌种 适期播种 播后耱平		中耕除草			灌水追肥 防治病虫 化控防倒				灌水追肥 防治病虫		适时浇灌浆水 一喷三防		适时 收获	
操作规程	1. 播前精选种子，做好发芽试验，进行药剂拌种或种子包衣，预防病虫害；每亩底施磷酸二铵 20 千克，尿素 6 千克。 2. 在日平均气温 6～7℃，地表解冻 4～5 厘米时开始播种，一般在 3 月上旬至中旬，播深 3～5 厘米，亩基本苗 40 万～45 万，播后耱平；出苗后及时查苗，发现缺苗断垄应及时补种，确保全苗；田边地头要种满种严。 3. 苗期注意防治锈病、地下害虫，拔节前中耕除草，杂草严重时可化学除草。 4. 拔节初期结合灌第一次水亩追施尿素 12～13 千克，促大蘖成穗；注意防病治虫，适当喷施植物生长延缓剂，降低株高，防止倒伏。 5. 抽穗开花期结合灌第二次水亩追施尿素 5～6 千克；注意观察白粉病、锈病发生情况，发现病情及时防治，做好一喷三防。 6. 适时浇好灌浆水；注意观察蚜虫、锈病、白粉病、干热风发生情况，及时彻底防治。 7. 适时收获，颗粒归仓。															

中国农业科学院作物科学研究所　甘肃农业大学

26. 宁夏北部灌区亩产500千克春小麦高产创建技术规范模式图

月	2月			3月			4月			5月			6月			7月	
	上	中	下	上	中	下	上	中	下	上	中	下	上	中	下	上	中
节气	立春		雨水	惊蛰		春分	清明		谷雨	立夏		小满	芒种		夏至	小暑	
生育期	播种前		播种期		出苗期		三叶期		拔节期			孕穗期	抽穗期	灌浆期			成熟期
主攻目标	保墒		苗齐、苗壮				促根增蘖 培育壮苗			蹲苗壮蘖		保花增粒		养根护叶 增粒增重			丰产 丰收
关键技术	及时打糖 增施有机肥		精选种子 药剂拌种 适期播种 应地镇压		因地破除板结		中耕 化学除草		适时早 灌头水 追肥	控二水 早防白粉病			灌好三水 防病治虫	一喷三防			适时 收获

技术规程

1. 冬前灌好冻水，要求在昼消夜冻时灌冻水，时间在11月5～20日；冬季适时打糖保墒。

2. 精细整地，提高整地质量，增施有机肥，合理施肥；每亩底施磷酸二铵10千克，尿素20千克，硫酸钾（氧化钾含量50%）6千克；种肥磷酸二铵10千克。

3. 选购合格良种并药剂处理（每1千克种子用2克粉锈宁，干拌）或2%立克秀种子包衣。

4. 2月下旬至3月上旬播种，播深3～5厘米，亩基本苗40万～45万，播后因地镇压；出苗后及时查苗，适时破除板结，确保全苗；田边地头要种满种严。

5. 拔节期重施肥水，促大蘖成穗，头水前视苗情追施尿素10～15千克；灌水追肥时间在4月25日前后；二水适当晚灌，时间在5月15日前后，控制无效分蘖，并注意观察白粉病、锈病，发现病情及时防治。

6. 及时浇好开花灌浆水，时间在5月25日至6月5日；注意观察白粉病发生情况，及时彻底防治。

7. 适时收获，确保丰产丰收，颗粒归仓。

中国农业科学院作物科学研究所　宁夏农林科学院农作物研究所

27. 云南省亩产500千克小麦高产创建技术规范模式图

月	10月	11月			12月			1月			2月			3月			4月			5月	
旬	下	上	中	下	上	中	下	上	中	下	上	中	下	上	中	下	上	中	下	上	中
节气	霜降	立冬		小雪	大雪		冬至	小寒		大寒	立春		雨水	惊蛰		春分	清明		谷雨	立夏	
生育期	播种期	出苗至三叶期		幼苗至起身期（无明显越冬期）				拔节期						抽穗至开花期			灌浆期			成熟期	
主攻目标	苗全、苗匀 苗齐、苗壮			促根增蘖培育壮苗 促苗早发稳长 蹲苗壮蘖				促大蘖成穗						保花 增粒			养根护叶 增粒增重			丰产 丰收	
关键技术	精选种子 药剂拌种 适期播种			施分蘖肥 防治病虫草害 麦田严禁放牧 蹲苗控节				重施拔节肥 防治病虫草害						防治病虫 一喷三防						适时 收获	

操作规程

1. 播前精选种子，做好发芽试验，进行药剂拌种或种子包衣，防治地下害虫；每亩底施30千克复合肥（含氮量20%），硫酸锌1.5千克。

2. 在日平均温度16℃左右播种，一般控制在10月26日至11月6日，播深3～5厘米，亩基本苗15万～20万；出苗后及时查苗，发现缺苗断垄应及时补种，确保全苗，田边地头要种满种严。

3. 苗期注意观察条锈病、红蜘蛛等病虫发生情况，及时防治；二叶一心或三叶期施分蘖肥，亩追施尿素10～15千克；适时进行杂草防除。

4. 拔节期注意防治条锈病、白粉病；重施拔节肥，促大蘖成穗；每亩追施尿素10～15千克。

5. 抽穗至开花期喷药预防赤霉病，灌浆期注意观察蚜虫和白粉病、条锈病发生情况，及时进行一喷三防。

6. 适时收获，确保丰产丰收，颗粒归仓。

中国农业科学院作物科学研究所　云南省农业科学院

28. 重庆市亩产 400 千克小麦高产创建技术规范模式图

月	10月	11月			12月			1月			2月			3月			4月			5月
旬	下	上	中	下	上	中	下	上	中	下	上	中	下	上	中	下	上	中	下	上
节气	霜降	立冬		小雪	大雪		冬至	小寒		大寒	立春		雨水	惊蛰		春分	清明		谷雨	立夏
生育期	播种期		出苗至三叶期		幼苗至起身期（无明显越冬期）					拔节期				抽穗至开花期				灌浆期		成熟期
主攻目标	苗全、苗匀 苗齐、苗壮				促根增蘖培育壮苗 促苗早发稳长 蹲苗壮蘖					促大蘖成穗				保花 增粒				养根护叶 增粒增重		丰产 丰收
关键技术	选用良种 精选种子 药剂拌种 适期播种				防治病虫草害 麦田严禁放牧					重施拔节肥 防治病虫草害				防治病虫害 一喷三防						适时 收获
操作规程	1. 播前精选种子，做好发芽试验，进行药剂拌种或种子包衣，防治地下害虫；净作每亩底施 30 千克复合肥，套作施 20 千克复合肥（含氮量 20%），硫酸锌 1.5 千克。 2. 规范开厢，适期播种，在日平均温度 16℃左右播种，一般控制在 10 月 26 日至 11 月 15 日，播深 3～5 厘米，亩基本苗 12 万～15 万，套作 9 万～12 万；播种前实行诱饵防鼠；出苗后及时查苗，发现缺苗断垄应及时补种，确保全苗，田边地头要种满种严。 3. 苗期注意观察条锈病、红蜘蛛等病虫发生情况，及时防治；适时进行杂草防除。 4. 拔节期重施拔节肥，促大蘖成穗；亩追施尿素 10 千克，时间在 1 月 10～15 日；注意观察白粉病和锈病发生情况，发现病情及时防治。 5. 抽穗至开花期喷药预防赤霉病；灌浆期注意观察蚜虫和白粉病、条锈病发生情况，及时进行一喷多防。 6. 适时收获，防止穗发芽，避开烂场雨，确保丰产丰收，颗粒归仓。																			

中国农业科学院作物科学研究所　重庆市农业科学院

29. 贵州亩产 400 千克小麦高产创建技术规范模式图

月	10月	11月			12月			1月			2月			3月			4月			5月		
旬	下	上	中	下	上	中	下	上	中	下	上	中	下	上	中	下	上	中	下	上	中	下
节气	霜降	立冬		小雪	大雪		冬至	小寒		大寒	立春		雨水	惊蛰		春分	清明		谷雨	立夏		小满
生育期	播种期	出苗至三叶期	幼苗至起身期（无明显越冬期）						拔节期						抽穗至开花期			灌浆期			成熟期	
主攻目标	苗全、苗匀 苗齐、苗壮		促根增蘖培育壮苗 促苗早发稳长 蹲苗壮蘖						促大蘖成穗						保花 增粒			养根护叶 增粒增重			丰产 丰收	
关键技术	精选种子 药剂拌种 适期播种		防治病虫草害 麦田严禁放牧 蹲苗控节						重施拔节肥 防治病虫草害						防治病虫 一喷三防						适时 收获	

操作规程

1. 播前精选种子，做好发芽试验，进行药剂拌种或种子包衣，防治地下害虫；每亩底施 20 千克复合肥（含氮量 20%）。

2. 在日平均温度 16℃左右播种，一般控制在 10 月 26 日至 11 月 6 日，播深 3～5 厘米，亩基本苗 15 万～20 万，间套作播种量减半；出苗后及时查苗，发现缺苗断垄应及时补种，确保全苗，田边地头要种满种严。

3. 苗期注意观察条锈病、红蜘蛛等病虫发生情况，及时防治；适时进行杂草防除。

4. 拔节期注意防治条锈病、白粉病、蚜虫；重施拔节肥，促大蘖成穗；亩追施尿素 10 千克，时间在 1 月 10～15 日。

5. 抽穗至开花期喷药预防赤霉病，灌浆期注意观察蚜虫和白粉病、条锈病发生情况，及时进行一喷三防。

6. 适时收获，确保丰产丰收，颗粒归仓。

中国农业科学院作物科学研究所　国家小麦产业技术体系贵阳综合试验站

30. 北京市亩产500千克小麦高产创建技术规范模式图

月	9月	10月			11月			12月			1月			2月			3月			4月			5月			6月	
旬	下	上	中	下	上	中	下	上	中	下	上	中	下	上	中	下	上	中	下	上	中	下	上	中	下	上	中
节气	秋分	寒露		霜降	立冬		小雪	大雪		冬至	小寒		大寒	立春		雨水	惊蛰		春分	清明		谷雨	立夏		小满	芒种	
生育期	播种期		出苗至三叶期		冬前分蘖期			越冬期									返青期	起身期		拔节期			抽穗至开花期	灌浆期			成熟期
主攻目标	苗全、苗匀 苗齐、苗壮				促根增蘖 培育壮苗			保苗安全越冬									促苗早发稳长	蹲苗壮蘖		促大蘖成穗			保花增粒	养根护叶 增粒增重			丰产丰收
关键技术	精选种子 药剂拌种 适期播种 播后镇压				防治病虫 适时灌好冻水			适时镇压 麦田严禁放牧									中耕松土镇压保墒	蹲苗控节 除草		重施肥水 防治病虫			浇开花灌浆水 防治病虫 一喷三防				适时收获

操作规程

1. 播前精选种子，做好发芽试验，药剂拌种或种子包衣，防治地下害虫；每亩底施磷酸二铵20千克，尿素8千克，硫酸钾或氯化钾10千克，硫酸锌1.5千克。

2. 在日平均气温17℃左右播种，一般控制在9月28日至10月10日，播深3～5厘米，每亩基本苗20万～25万，播后镇压；出苗后及时查苗，发现缺苗断垄应及时补种，确保全苗，田边地头要种满种严。

3. 冬前苗期注意观察灰飞虱、叶蝉等害虫发生情况，及时防治，以防传播病毒病；冬前土壤相对含水量低于80%灌冻水，一般要求在昼消夜冻时灌溉，时间在11月15～25日。

4. 冬季适时镇压，弥实地表裂缝，防止寒风飕根，保墒防冻。

5. 返青期中耕松土，提高地温，镇压保墒；一般不浇返青水，不施肥，特别干旱或群体偏小时可适当补灌返青水。

6. 起身期不浇水，不追肥，蹲苗控节；注意观察纹枯病发生情况，发现病情及时防治，注意化学除草。

7. 拔节期重施肥水，促大蘖成穗；每亩追施尿素18千克左右；灌水追肥时间约在4月中旬；注意观察白粉病、锈病发生情况，发现病情及时防治。

8. 浇好开花灌浆水，强筋品种或脱肥的麦田，可随灌水每亩施2～3千克尿素，时间在5月10日左右；及时防治蚜虫、吸浆虫和白粉病，做好一喷三防。

9. 适时收获，防止穗发芽，避开烂场雨，确保丰产丰收，颗粒归仓。

中国农业科学院作物科学研究所　北京市农业技术推广站

31. 河北省赵县亩产 600 千克小麦高产创建技术规范模式图

<table>
<tr><td>月</td><td colspan="3">10月</td><td colspan="3">11月</td><td colspan="3">12月</td><td colspan="3">1月</td><td colspan="3">2月</td><td colspan="3">3月</td><td colspan="3">4月</td><td colspan="3">5月</td><td colspan="2">6月</td></tr>
<tr><td>旬</td><td>上</td><td>中</td><td>下</td><td>上</td><td>中</td><td>下</td><td>上</td><td>中</td><td>下</td><td>上</td><td>中</td><td>下</td><td>上</td><td>中</td><td>下</td><td>上</td><td>中</td><td>下</td><td>上</td><td>中</td><td>下</td><td>上</td><td>中</td><td>下</td><td>上</td><td>中</td></tr>
<tr><td>节气</td><td>寒露</td><td></td><td>霜降</td><td>立冬</td><td></td><td>小雪</td><td>大雪</td><td></td><td>冬至</td><td>小寒</td><td></td><td>大寒</td><td>立春</td><td></td><td>雨水</td><td>惊蛰</td><td></td><td>春分</td><td>清明</td><td></td><td>谷雨</td><td>立夏</td><td></td><td>小满</td><td>芒种</td><td></td></tr>
<tr><td>生育期</td><td>播种期</td><td colspan="2">出苗至三叶期</td><td colspan="5">冬前分蘖期</td><td colspan="7">越冬期</td><td>返青期</td><td colspan="2">起身期</td><td colspan="2">拔节期</td><td colspan="2">抽穗至开花期</td><td colspan="3">灌浆期</td><td>成熟期</td></tr>
<tr><td>主攻目标</td><td colspan="3">苗全、苗匀
苗齐、苗壮</td><td colspan="5">促根增蘖
培育壮苗</td><td colspan="7">保苗安全越冬</td><td>促苗早
发稳长</td><td colspan="2">蹲苗
壮蘖</td><td colspan="2">促大蘖成穗</td><td colspan="2">保花
增粒</td><td colspan="3">养根护叶
增粒增重</td><td>丰产
丰收</td></tr>
<tr><td>关键技术</td><td colspan="3">精选种子
药剂拌种
适期播种
播后镇压</td><td colspan="5">防治病虫
适时灌好冻水
冬前化学除草</td><td colspan="7">适时镇压
麦田严禁放牧</td><td>中耕
松土
镇压
保墒</td><td colspan="2">蹲苗
控节
除草</td><td colspan="2">重施肥水
防治病虫</td><td colspan="5">浇开花灌浆水
防治病虫
一喷三防</td><td>适时
收获</td></tr>
<tr><td>操作规程</td><td colspan="26">1. 精选种子，做好发芽试验，药剂拌种或种子包衣，防治地下害虫；每亩底施磷酸二铵 20～25 千克，尿素 10 千克，硫酸钾或氯化钾 10 千克，硫酸锌 1.5 千克。
2. 在日平均温度 17℃左右播种，一般控制在 10 月 5～15 日，播深 3～5 厘米，每亩基本苗 18 万～20 万，播后及时镇压；出苗后及时查苗，发现缺苗断垄应及时补种，确保全苗；田边地头要种满种严。
3. 冬前苗期注意观察灰飞虱、叶蝉等害虫发生情况，及时防治，以防传播病毒病；在昼消夜冻时灌冻水，时间在 11 月 25 日至 12 月 5 日；冬前化学除草。
4. 冬季适时镇压，弥实地表裂缝，防止寒风飕根，保墒防冻。
5. 返青期中耕松土，提高地温，镇压保墒；一般不浇返青水，不施肥，特别干旱年份，返青期 0～20 厘米土层相对含水量低于 60%时可适当灌水。
6. 起身期不浇水，蹲苗控节；注意观察纹枯病发生情况，发现病情及时防治；注意化学除草。
7. 拔节期重施肥水，促大蘖成穗；每亩追施尿素 20 千克，灌水追肥时间在 4 月 3～8 日；注意观察白粉病、锈病发生情况，发现病情及时防治。
8. 浇好开花灌浆水，强筋品种或脱肥的麦田，可随灌水亩施 2～3 千克尿素，时间在 5 月 5 日左右；及时防治蚜虫、吸浆虫和白粉病；做好一喷三防。
9. 适时收获，防止穗发芽，避开烂场雨，确保丰产丰收，颗粒归仓。</td></tr>
</table>

中国农业科学院作物科学研究所　赵县农业科学研究所

32. 河北省任丘市亩产500千克小麦高产创建技术规范模式图

<table>
<tr><td>月</td><td colspan="3">10月</td><td colspan="3">11月</td><td colspan="3">12月</td><td colspan="3">1月</td><td colspan="3">2月</td><td colspan="3">3月</td><td colspan="3">4月</td><td colspan="3">5月</td><td colspan="2">6月</td></tr>
<tr><td>旬</td><td>上</td><td>中</td><td>下</td><td>上</td><td>中</td><td>下</td><td>上</td><td>中</td><td>下</td><td>上</td><td>中</td><td>下</td><td>上</td><td>中</td><td>下</td><td>上</td><td>中</td><td>下</td><td>上</td><td>中</td><td>下</td><td>上</td><td>中</td><td>下</td><td>上</td><td>中</td></tr>
<tr><td>节气</td><td>寒露</td><td></td><td>霜降</td><td>立冬</td><td></td><td>小雪</td><td>大雪</td><td></td><td>冬至</td><td>小寒</td><td></td><td>大寒</td><td>立春</td><td></td><td>雨水</td><td>惊蛰</td><td></td><td>春分</td><td>清明</td><td></td><td>谷雨</td><td>立夏</td><td></td><td>小满</td><td>芒种</td><td></td></tr>
<tr><td>生育期</td><td>播种期</td><td colspan="2">出苗至三叶期</td><td colspan="5">冬前分蘖期</td><td colspan="7">越冬期</td><td>返青期</td><td colspan="2">起身期</td><td colspan="2">拔节期</td><td colspan="2">抽穗至开花期</td><td colspan="3">灌浆期</td><td>成熟期</td></tr>
<tr><td>主攻目标</td><td colspan="3">苗全、苗匀
苗齐、苗壮</td><td colspan="5">促根增蘖
培育壮苗</td><td colspan="7">保苗安全越冬</td><td>促苗早
发稳长</td><td colspan="2">蹲苗
壮蘖</td><td colspan="2">促大蘖成穗</td><td colspan="2">保花
增粒</td><td colspan="3">养根护叶
增粒增重</td><td>丰产
丰收</td></tr>
<tr><td>关键技术</td><td colspan="3">精选种子
药剂拌种
适期播种
播后镇压</td><td colspan="5">防治病虫
适时灌好冻水
冬前化学除草</td><td colspan="7">适时镇压
麦田严禁放牧</td><td>中耕
松土
镇压
保墒</td><td colspan="2">蹲苗
控节
除草</td><td colspan="2">重施肥水
防治病虫</td><td colspan="5">浇开花灌浆水
防治病虫
一喷三防</td><td>适时
收获</td></tr>
<tr><td>操作规程</td><td colspan="26">1. 播前精选种子，做好发芽试验，药剂拌种或种子包衣，防治地下害虫；每亩底施磷酸二铵20～25千克，尿素8千克，硫酸钾或氯化钾12千克，硫酸锌1.5千克。
2. 在日平均气温17℃左右播种，最佳播期10月5～10日，播深3～5厘米，每亩基本苗20万～25万，播后镇压；出苗后及时查苗，发现缺苗断垄应及时补种，确保全苗，田边地头要种满种严。
3. 冬前苗期注意观察灰飞虱、叶蝉等害虫发生情况，及时防治，以防传播病毒病；根据冬前降水情况和土壤墒情决定是否灌冻水；需灌时，一般要求在昼消夜冻时灌冻水，时间在11月20～30日。
4. 冬季适时镇压，弥实地表裂缝，防止寒风飕根，保墒防冻。
5. 返青期中耕松土，提高地温，镇压保墒，一般不浇返青水，不施肥，特别干旱年份，返青期0～20厘米土层相对含水量低于60%时可适当灌水。
6. 起身期不浇水，不追肥，蹲苗控节；注意观察纹枯病发生情况，发现病情及时防治，注意化学除草。
7. 拔节期重施肥水，促大蘖成穗，每亩追施尿素18千克；灌水追肥时间在4月15～20日；注意观察白粉病、锈病发生情况，发现病情及时防治。
8. 浇开花灌浆水，强筋品种或有脱肥迹象的麦田，随灌水亩施2～3千克尿素，时间在5月10日左右；及时防治蚜虫、吸浆虫和白粉病，做好一喷三防。
9. 适时收获，防止穗发芽，避开烂场雨，确保丰产丰收，颗粒归仓。</td></tr>
</table>

中国农业科学院作物科学研究所　任丘市科技局、农业局

33. 河北省藁城市亩产 600 千克小麦高产创建技术规范模式图

<table>
<tr><td>月</td><td colspan="3">10 月</td><td colspan="3">11 月</td><td colspan="3">12 月</td><td colspan="3">1 月</td><td colspan="3">2 月</td><td colspan="3">3 月</td><td colspan="3">4 月</td><td colspan="3">5 月</td><td colspan="2">6 月</td></tr>
<tr><td>旬</td><td>上</td><td>中</td><td>下</td><td>上</td><td>中</td><td>下</td><td>上</td><td>中</td><td>下</td><td>上</td><td>中</td><td>下</td><td>上</td><td>中</td><td>下</td><td>上</td><td>中</td><td>下</td><td>上</td><td>中</td><td>下</td><td>上</td><td>中</td><td>下</td><td>上</td><td>中</td></tr>
<tr><td>节气</td><td>寒露</td><td></td><td>霜降</td><td>立冬</td><td></td><td>小雪</td><td>大雪</td><td></td><td>冬至</td><td>小寒</td><td></td><td>大寒</td><td>立春</td><td></td><td>雨水</td><td>惊蛰</td><td></td><td>春分</td><td>清明</td><td></td><td>谷雨</td><td>立夏</td><td></td><td>小满</td><td>芒种</td><td></td></tr>
<tr><td>生育期</td><td>播种期</td><td colspan="2">出苗至三叶期</td><td colspan="5">冬前分蘖期</td><td colspan="7">越冬期</td><td colspan="2">返青期</td><td>起身期</td><td colspan="2">拔节期</td><td colspan="2">抽穗至开花期</td><td colspan="3">灌浆期</td><td>成熟期</td></tr>
<tr><td>主攻目标</td><td colspan="3">苗全、苗匀
苗齐、苗壮</td><td colspan="5">促根增蘖
培育壮苗</td><td colspan="7">保苗安全越冬</td><td colspan="2">促苗早
发稳长</td><td>蹲苗
壮蘖</td><td colspan="2">促大蘖成穗</td><td colspan="2">保花
增粒</td><td colspan="3">养根护叶
增粒增重</td><td>丰产
丰收</td></tr>
<tr><td>关键技术</td><td colspan="3">精选种子
药剂拌种
适期播种
播后镇压</td><td colspan="5">防治病虫
适时灌好冻水
冬前化学除草</td><td colspan="7">适时镇压
麦田严禁放牧</td><td colspan="2">中耕
松土
镇压
保墒</td><td>蹲苗
控节
除草</td><td colspan="2">重施肥水
防治病虫</td><td colspan="5">浇开花灌浆水
防治病虫
一喷三防</td><td>适时
收获</td></tr>
<tr><td>操作规程</td><td colspan="26">1. 精选种子，做好发芽试验，药剂拌种或种子包衣，防治地下害虫；每亩底施磷酸二铵 20～25 千克，尿素 10 千克，硫酸钾或氯化钾 10 千克，硫酸锌 1.5 千克。
2. 在日平均温度 17℃左右播种，一般控制在 10 月 5～15 日，播深 3～5 厘米，每亩基本苗 18 万～20 万，播后及时镇压；出苗后及时查苗，发现缺苗断垄应及时补种，确保全苗；田边地头要种满种严。
3. 冬前苗期注意观察灰飞虱、叶蝉等害虫发生情况，及时防治，以防传播病毒病；在昼消夜冻时灌冻水，时间在 11 月 22 日至 12 月 2 日；冬前化学除草。
4. 冬季适时镇压，弥实地表裂缝，防止寒风飕根，保墒防冻。
5. 返青期中耕松土，提高地温，镇压保墒；一般不浇返青水，不施肥，特别干旱年份，返青期 0～20 厘米土层相对含水量低于 60%时可适当灌水。
6. 起身期不浇水，蹲苗控节；注意观察纹枯病发生情况，发现病情及时防治；注意化学除草。
7. 拔节期重施肥水，促大蘖成穗；每亩追施尿素 20 千克，灌水追肥时间在 4 月 1～8 日；注意观察白粉病、锈病发生情况，发现病情及时防治。
8. 浇好开花灌浆水，强筋品种或有脱肥迹象的麦田，可随灌水亩施 2～3 千克尿素，时间在 5 月 3 日左右；及时防治蚜虫、吸浆虫和白粉病；做好一喷三防。
9. 适时收获，防止穗发芽，避开烂场雨，确保丰产丰收，颗粒归仓。</td></tr>
</table>

中国农业科学院作物科学研究所　河北农业大学

第二节　小麦高产创建技术规范

为了更方便农民应用小麦高产创建技术，在小麦高产创建技术规范模式图的基础上，编写了与模式图配套的文字版技术规范模式，以进一步提高小麦生产水平，实现小麦高产高效，增加农民收入。

1. 北部冬麦区小麦高产创建技术规范

本区耕作模式为一年两熟或两年三熟，主要种植作物为小麦、玉米、豆类、杂粮等。播种至成熟>0℃积温为2 200℃左右。全年无霜期135～210天。全年降水量440～710毫米，小麦生育期降水100～210毫米，年度间变动较大。本区土壤类型主要有褐土、潮土、黄绵土和盐渍土等。制约本区域小麦生产的主要因素：一是小麦玉米一年两熟种植，积温不足，接茬紧张。二是小麦生育期降水严重不足。三是常遇春季干旱，影响小麦返青及正常生长。四是病虫害较多，历年均有不同程度发生。五是倒春寒发生频率高。六是后期干热风危害。

——预期目标产量

通过推广该技术模式，小麦高产创建田达到亩产500千克。

——关键技术规范

一是品种选择。选用高产稳产多抗广适冬性偏早熟品种。播前精选种子，做好发芽试验，进行药剂拌种或种子包衣，防治地下害虫。二是秸秆还田。前茬作物收获后，将秸秆粉碎还田，秸秆长度≤10厘米，均匀抛撒地表。三是深松深耕。3年深松（深耕）一次，深松机耕深30厘米以上或深耕犁耕深25厘米以上，深松或深耕后及时合墒，机械整平。四是旋耕整地。旋耕前施底肥，依据产量目标、土壤肥力等进行测土配方施肥，每亩底施磷酸二铵20千克左右，尿素8千克，硫酸钾或氯化钾10千克，硫酸锌1.5千克，并增施有机肥。旋耕机旋耕，耕深12厘米以上，并用机械镇压。五是机械条播。最适播期内机械适墒条播，播种时日均温16～18℃。按每亩基本苗20万～25万确定播量，适宜播期播种，每推迟1天，每亩增播量0.5千克。六是播后镇压。选用适合当地生产的镇压器机型，播种后镇压，压实土壤，弥实裂缝，保墒防冻。七是灌越冬水。日均气温下降至3℃左右，夜冻昼消时灌越冬水，保苗安全越冬。八是越冬或返青期机械镇压。越冬或返青期，地表出现干土层时，用表面光滑的镇压器进行麦田镇压，弥实麦田地表裂缝，保温保墒。九是重施拔节肥水。拔节期结合浇水每亩追纯氮8～9千克，适时浇好开花灌浆水，强筋品种或有脱肥迹象的麦田，可随灌水每亩施2～3千克尿素。十是机械喷防。适时用机械化学除治病虫草害，重点防治纹枯病、条锈病、白粉病、赤霉病、吸浆虫、蚜虫等病虫害及田间杂草。十一是一喷三防。生育后期选用适宜杀虫剂、杀菌剂和磷酸二氢钾，各计各量，现配现用，机械喷防，防病、防虫、防早衰（干热风）。十二是机械收获。籽粒蜡熟末期采用联合收割机及时收获，注意躲避烂场雨，防止穗发芽，确保丰产丰收，颗粒归仓。

2. 黄淮冬麦区北片小麦高产创建技术规范

本区指种植区划中黄淮冬麦区的北部地区，主要包括河北中南部、山东全省、河南安阳以北地区，耕作模式主要为一年两熟。年降水520～600毫米，小麦生育期降水150～200毫米。播种至成熟期大于0℃积温2 000～2 200℃，无霜期180～200天。一般10月上中旬播种，翌年6月上中旬收获。土壤类型有潮土、褐土、棕壤、砂姜黑土、盐渍土、水稻土等。制约本区域小麦生产的主要因素：一是降水不能满足小麦生长需要；二是常遇春季干旱，影响春季正常生长；三是病虫害较多，年年偏重发生；四是倒春寒发生频率高；五是后期干热风危害。

——预期目标产量

通过推广该技术模式，小麦高产创建田产量达到亩产600千克。

——关键技术规范

一是品种选择。选择高产稳产多抗广适半冬性品种。二是秸秆还田。前茬作物收获后，将秸秆粉碎还田，长度≤10厘米，均匀抛撒地表。三是深松深耕。3年深松（深耕）一次，深松机深松30厘米以上或深耕犁深耕25厘米以上，深松或深耕后及时合墒，机械整平。四是旋耕整地。旋耕前施底肥，依据产量目标、土壤肥力等测土配方施肥，每亩底施磷酸二铵20千克，尿素10千克，硫酸钾或氯化钾10千克，硫酸锌1.5千克，并增施有机肥。旋耕整地，深度12厘米以上。并用机械镇压。五是机械条播。最适播期内机械适墒条播，播种时日均温16～18℃。按每亩基本苗14万～22万确定播量，适宜播期后播种，每推迟1天，每亩增播量0.5千克。六是机械镇压。采用不同镇压器机型播种后和春季镇压2次，压实土壤，弥实裂缝，保墒防冻。七是灌越冬水。气温下降至0～3℃，夜冻昼消时灌水，保苗安全越冬。八是重施拔节肥水。拔节期后浇水，每亩追施尿素18千克左右，促大蘖成穗；灌水追肥时间约在4月10～15日。浇好开花灌浆水，强筋品种或有脱肥迹象的麦田，可随灌水每亩施2～3千克尿素，时间约在5月5～10日。九是机械喷防。适时机械化学除草，重点防治纹枯病、条锈病、白粉病、赤霉病、吸浆虫、蚜虫等病虫草害。十是一喷三防。生育后期选用适宜杀虫剂、杀菌剂和磷酸二氢钾，各计各量，现配现用，机械喷防，防病、防虫、防早衰（干热风）。十一是机械收获。籽粒蜡熟末期采用联合收割机及时收获。防止穗发芽，避开烂场雨，确保丰产丰收，颗粒归仓。

3. 黄淮冬麦区南片小麦高产创建技术规范

本区指种植区划中黄淮冬麦区的南部地区，主要包括河南新乡以南（除信阳地区）、江苏、安徽淮海以北地区。耕作模式主要为一年两熟。年降水600～980毫米，小麦生育期降水200～300毫米。播种至成熟期大于0℃积温2 000～2 200℃，无霜期200～220天。一般10月上中旬播种，翌年6月上旬收获。土壤类型有潮土、褐土、棕壤、砂姜黑土、盐渍土、水稻土等。制约本区域小麦生产的主要因素：一是降水不能满足小麦生长需要；二是常遇春季干旱，影响春季正常生长；三是病虫害较多，年年偏重发生；四是倒春寒发生频率高；五是后期干热风危害。

——预期目标产量

通过推广该技术模式，小麦高产创建田产量达到亩产 600 千克。

——关键技术规范

一是品种选择。选择高产稳产多抗广适半冬性或弱春性品种。二是秸秆还田。前茬作物收获后，将秸秆粉碎还田，长度≤10 厘米，均匀抛撒地表。三是深松深耕。3 年深松（深耕）一次，深松机深松 30 厘米以上或深耕犁深耕 25 厘米以上，深松或深耕后及时合墒，机械整平。四是旋耕整地。旋耕前施底肥，依据产量目标、土壤肥力等测土配方施肥，一般每亩底施磷酸二铵 20～25 千克，尿素 8 千克，硫酸钾或氯化钾 10 千克［或三元复合肥（N：P：K=15：15：15）25～30 千克，尿素 8 千克］，硫酸锌 1.5 千克，并增施有机肥。旋耕整地，深度 12 厘米以上，并用机械镇压。五是机械条播。最适播期内机械适墒条播，播种时日均温 17℃左右。按每亩基本苗 12 万～15 万确定播量，适宜播期后播种，每推迟 1 天，每亩增播量 0.5 千克。六是机械镇压。采用不同机型镇压器于播种后和春季镇压 2 次，压实土壤，弥实裂缝，保墒防冻。七是灌越冬水。气温下降至 0～3℃，夜冻昼消时灌水，保苗安全越冬。八是重施拔节肥水。一般在 4 月 5～10 日结合拔节水每亩追施尿素 18 千克左右（也可分 2 次追肥，每次各 9 千克尿素左右，第一次在 3 月 15～20 日，第二次在 4 月 5 日左右），促进大蘖抽穗；适时浇好孕穗灌浆水，4 月 25 日至 5 月 5 日可结合灌水每亩追施 2～3 千克尿素，促进籽粒灌浆。九是机械喷防。适时机械化学除草，重点防治纹枯病、条锈病、白粉病、赤霉病、吸浆虫、蚜虫等病虫害。十是一喷三防。生育后期选用适宜杀虫剂、杀菌剂和磷酸二氢钾，各计各量，现配现用，机械喷防，防病、防虫、防早衰（干热风）。十一是机械收获。籽粒蜡熟末期采用联合收割机及时收获。避开烂场雨，防止穗发芽，确保丰产丰收，颗粒归仓。

4. 长江中下游冬麦区小麦高产创建技术规范

本区主要是稻茬小麦，种植制度多为一年两熟以至三熟。年降水 830～1 870 毫米，小麦生育期降水 340～960 毫米。小麦播种至成熟≥0℃的积温 2 000～2 200℃，无霜期 215～278 天。一般在 10 月下旬播种，翌年 5 月下旬至 6 月上旬收获。土壤类型主要褐土、黄褐土、棕壤、黄壤、红壤等。制约本区域小麦生产的主要因素：一是前茬粳稻熟期偏晚，腾茬迟，影响小麦适期播种。二是稻茬土壤湿度大，土质黏重，耕整困难，翻耕后垡块大，难以细碎。三是春季易干旱，影响农艺措施采用；四是倒春寒发生频率高。五是抽穗开花期常高温多湿，易发生赤霉病和白粉病，常遇渍害威胁，后期易发生倒伏和早衰。

——预期目标产量

通过推广该技术模式，小麦高产创建田产量达到亩产 500 千克。

——关键技术规范

一是品种选择。选用高产稳产多抗广适半冬性或弱春性品种。二是稻秆全量还田。水稻成熟后及时收获，并配套还田机械，将水稻秸秆粉碎后均匀抛撒田面，秸秆粉碎长度≤10 厘米。三是适期适量机条播。先用机械旋耕灭茬一遍，确保 90%稻茬埋于 10 厘米土层下。少（免）耕条播，一次作业完成灭茬、浅旋、开槽、播种、覆土、镇压等 6 道工序。掌握日均温 16℃左右时适墒适期播种，一般在 10 月中下旬；按每亩基本苗 10 万～14 万确定播量，适播期后播种，每推迟 1 天，每亩增播量 0.5 千克。播后及时镇压；出苗后及时查苗，发现缺苗断垄应及时补种，确保全苗；田边地头要种满种严。四是三沟配套。包括外三沟和内三沟。采用机械开沟器，其中外三沟包括隔水沟、导渗沟、排水沟，内三沟包括竖沟、腰沟和田头沟。内三沟深度逐级加深，分别为 15 厘米、20 厘米、25 厘米左右，沟沟相通，排灌方便。生育过程中注意清沟理墒。五是科学施肥。每亩底施磷酸二铵 20～25 千克，尿素 8 千克，硫酸钾或氯化钾 10～15 千克［或三元复合肥（N∶P∶K＝15∶15∶15）25～30 千克，尿素 8 千克］，硫酸锌 1.5 千克。拔节孕穗期重施肥，促大蘖成穗。3 月上中旬和 4 月初各施尿素 9 千克左右；拔节孕穗肥施用需结合降雨或灌溉进行。六是机械喷防。采用自走式或机动喷雾机喷施药剂，防治病虫草害，控制旺长防倒伏。

如果冬前除草效果不好，在春季气温回升后及时补除。群体较大的麦田，抗寒、抗倒伏能力差，要在冬前叶面喷施生长调节剂防冻，或拔节前叶面喷施生长调节剂防倒。适时防治“四病”“两虫”，即赤霉病、条锈病、白粉病、纹枯病，蚜虫、麦圆蜘蛛。七是一喷三防。在小麦生长后期，选用适宜杀虫剂、杀菌剂和磷酸二氢钾，各计各量，现配现用，机械喷防，防病、防虫、防早衰（干热风）。八是机械收获。籽粒蜡熟末期采用联合收割机及时收获，防止穗发芽，避开烂场雨，确保丰产丰收，颗粒归仓。

5. 西南冬麦区小麦高产创建技术规范

本区种植制度复杂，有一年一熟、一年二熟或一年三熟。无霜期较长，全区平均 260 天以上，小麦生育期＞0℃积温 1 800～2 200℃。一般年降水 1 000 毫米左右，比较充沛，个别地区不足 500 毫米。小麦播种至成熟期降水 100～400 毫米。本区土壤类型繁多，分布错综，主要有黄壤、红壤、棕壤、潮土、赤红壤、黄红壤、红棕壤、红褐土、黄褐土、草甸土、褐色土、紫色土、石灰土、水稻土等。一般 10 月下旬～11 月上旬播种，5 月上、中、下旬均有收获。制约本区域小麦生产的主要因素：一是小麦生产季节性干旱，低温冷害和冻害等隐性灾害时有发生。二是病虫害较多，历年均有不同程度发生，尤其是抽穗开花期时有高温多湿发生，易发生赤霉病和白粉病。三是倒春寒发生频率高。四是部分丘陵地区机械化操作难度大，种植规模小，效益低。五是后期干热风危害。

——预期目标产量

通过推广该技术模式，小麦高产创建田达到亩产 500 千克。

——关键技术规范

一是品种选择。选用通过国家或省级审定的高产稳产多抗、适合当地种植的秋播春性或半冬性品种，播种前用 15％三唑酮 2 000 倍液拌种。二是耕地整地。对于稻茬麦田，无论免耕还是旋耕，都需要开好边沟、厢沟，做到沟沟相通，利于排水降湿。对于旱地套作小麦，前茬作物收获后将秸秆粉碎还田，秸秆长度≤10 厘米，均匀抛撒地表。3 年深松（深耕）一次，深松机深松 30 厘米以上，或深耕犁深耕25厘米以上，深松或深耕后及时合墒，机械整平。旋耕前施底肥，依据产量目标、土壤肥力等进行测土配方施肥，一般每亩底施30千克复合肥（含氮量20%），硫酸锌1.5千克，并增施有机肥。旋耕机旋耕，耕深12厘米以上。三是适期适量播种。在日平均温度16℃左右播种，播种深度控制在3～5厘米，每亩基本苗15万～20万。出苗后及时查苗，发现缺苗断垄应及时补种，确保全苗，田边地头要种满种严。四是病虫草害防治。适时化学除草，重点防治纹枯病、条锈病、白粉病、赤霉病、红蜘蛛、蚜虫等病虫害。五是重施拔节肥水。拔节期重施肥水，追肥浇水时间根据苗情确定，一般掌握在群体叶色褪淡，小分蘖开始死亡，分蘖高峰已过，基部第一节间定长时施用。群体偏大、苗情偏旺的延迟到拔节后期至旗叶露尖时施用，一般每亩追施尿素10千克左右。对植株较高品种或群体过大麦田应适时喷施植物生长延缓剂，以控高防倒。六是苗期机械喷防。春季做好病虫草害监测，及时防治，重点防治小麦赤霉病、锈病、白粉病、蚜虫及各种草害。七是一喷三防。抽穗至开花期喷药预防赤霉病；灌浆期选用适宜杀虫剂、杀菌剂和磷酸二氢钾，各计各量，现配现用，机械喷防，防病、防虫、防早衰。八是机械收获。蜡熟末期选晴好天气及时机械收获、防止穗发芽和烂场雨，做到颗粒归仓；及时晾晒扬净，预防霉烂，做到丰产丰收。

6. 西北春麦区小麦高产创建技术规范

本区包括内蒙古阿拉善盟，宁夏全部，甘肃兰州、临夏、张掖、武威、酒泉区全部以及定西、天水和甘南州部分县，青海西宁市和海东地区全部，以及黄南、海南州个别县。处于中温带内陆地区，属大陆性气候，冬季寒冷，夏季炎热，春秋多风，气候干燥，日照充足，昼夜温差大。种植制度主要为一年一熟。土壤类型主要有棕钙土、栗钙土、风沙土、灰钙土、黑垆土、灰漠土、棕色荒漠土等，多数土壤结构疏松，易风蚀沙化，地力贫瘠，水土流失严重。年均降水量200～400毫米，一般年份不足300毫米，最少地区50毫米以下。春小麦播种期通常在3月中旬至4月上旬，5月中旬至6月初拔节，6月中旬至6月下旬抽穗，7月下旬至8月中旬成熟。全生育期 120～150 天，以西宁地区生育期最长。制约本区域小麦生产的主要因素：一是小麦生育期间干旱少雨，影响小麦正常生长。二是土壤肥力较差。三是病虫危害，金针虫、蚜虫、红蜘蛛、吸浆虫、白粉病、锈病时有发生。四是后期干热风危害重，高温逼熟现象频发。

——预期目标产量

通过推广该技术模式，小麦高产创建田达到亩产 500 千克。

——关键技术规范

一是品种选择。选用通过国家或省级审定的高产稳产多抗、适合当地种植的春性品种，播前精选种子，做好发芽试验，进行药剂拌种或种子包衣，预防病虫害。二是耕作整地。夏茬前作收后及时深耕灭茬晒垡，熟化土壤，秋末先深耕施基肥，再旋耕碎土、整平土壤；秋茬田应随收随深耕，深耕、施基肥、旋耕、耙耱整平；秋末耕作整地要与打埂作畦结合，保证灌溉均匀；深耕达到 25 厘米以上，打破犁底层。三是秸秆还田。提倡有条件地方进行秸秆还田、培肥地力。前茬单作小麦地块若为联合收割机收获，先将收割机打碎的带状秸秆碎段铺匀，然后结合夏季耕作灭茬，连同收割留茬一起翻耕或旋耕还田；前茬为玉米单作田块或者小麦套种玉米带田，小麦和玉米机械收获后可结合秋季耕作灭茬和整地，将收割粉碎的玉米秸秆连同小麦秸秆碎段一起还田入土；若为人工收获，收获后可先将秸秆先粉碎成 5 厘米碎段，再均匀铺撒、然后结合夏季耕作灭茬或秋季耕作整地还田入土。当年秸秆量可全部就地还田。四是灌底墒水。11 月中旬土壤夜冻昼消时灌底墒水，底墒水要求灌足灌透，每亩灌溉量 70～100 $米^3$。五是耙耱镇压。入冬后耙耱弥补裂缝，早春最好顶凌耙耱保墒。秸秆还田地区若土壤虚松，早春可通过轻度镇压弥补裂缝，保墒提墒。六是科学施用底肥。亩产 500 千克以上麦田全生育期施肥量：每亩底施腐熟有机肥 3 000～5 000千克，磷酸二铵 20 千克左右，尿素 6 千克左右。全部有机肥和磷肥做基肥。七是机械条播。推广机条播，播后耱平。过分虚松的土壤，播后需要镇压。播前若墒情差，可采用深种浅盖法。播种深度以 3～5 厘米为宜，一般亩产量 400～500 千克的田块，适宜基本苗 40 万～45 万。八是中耕除草防倒伏。三叶期至拔节前结合人工除草行间划锄 1～2 次；若苗期杂草严重，可在封垄前化学除草；拔节初期喷 0.5%矮壮素，防止后期倒伏。九是合理追肥。拔节初期结合灌第一次水每亩追施尿素 12～13 千克，促大蘖成穗；抽穗开花期结合灌第二次水每亩追施尿素 5～6 千克，促进灌浆，增加粒重。十是机械喷防。春季做好病虫草害监测，及时防治，重点防治小麦赤霉病、锈病、白粉病、红蜘蛛、蚜虫及各种草害。十一是一喷三防。抽穗至开花期喷药预防赤霉病；灌浆期选用适宜杀虫剂、杀菌剂和磷酸二氢钾，各计各量，现配现用，机械喷防，防病，防虫，防早衰。十二是机械收获。蜡熟末期选晴好天气及时机械收获，防止穗发芽和烂场雨，做到颗粒归仓。及时晾晒扬净，预防霉烂，做到丰产丰收。

7. 新疆冬春麦区冬小麦高产创建技术规范

本区指新疆冬小麦种植区和冬春麦兼种区的冬小麦生产地区，包括南疆喀什地区、和田地区、阿克苏地区所有县市与伊犁河谷冬春麦兼种区、乌苏—石河子—昌吉—奇台冬春麦兼种区、轮台—库尔勒—若羌—且末冬春麦兼种区部分县市。耕作模式为一年两熟或一年一熟。主要种植作物为小麦、玉米。常年冬小麦种植面积 60 万公顷左右，约占新疆小麦种植面积的 70%。一般 9 月中下旬至 10 月上旬播种，6 月中下旬收获。小麦播种至成熟>0℃积温南疆 2 265℃左右，北疆 2 243℃左右。南疆冬小麦区全年无霜期 160～240 天，冬春麦兼种区 100～200 天。全年降水量南疆 50 毫米左右，北疆 200 毫米左右。小麦生育期（4～6 月）降水北疆 62.6～196.9 毫米，南疆 13.5～31.3 毫米。本区土壤类型主要有灌淤土、灰漠土、灌耕土等。制约本区域小麦生产的主要因素：一是小麦生育期降水严重不足，与棉花等其他作物争水矛盾突出。二是常遇春季干旱，影响小麦返青及正常生长。三是病虫害较多，尤其是雪腐雪霉病，历年均有不同程度发生。四是倒春寒发生频率高。五是后期干热风危害。

——预期目标产量

通过推广该技术模式，冬小麦高产创建田达到亩产 500 千克。

——关键技术规范

一是品种选择。选用高产稳产多抗广适冬性品种。推荐品种：南疆冬麦区：新冬 20 号、邯 5 316、新冬 22 号；北疆冬麦区：新冬 18 号、新冬 22 号、新冬 33 号、伊农 18 号。播前精选种子，做好发芽试验，进行药剂拌种或种子包衣，防治地下害虫。二是深松深耕。深松机深松 40 厘米以上或深耕犁深耕 35 厘米以上，深松或深耕后及时合墒，机械整平。三是整地。整地前施底肥，依据产量目标、土壤肥力等进行测土配方施肥，一般每亩底施磷酸二铵 18～21千克，尿素 10～12 千克，并增施有机肥。联合整地机耙地，耙深 12 厘米以上。四是机械条播。最适播期内机械适墒条播，播种时日均温 17℃左右，一般控制在 9 月中下旬～10 月上旬。按每亩基本苗 25 万确定播量，适宜播期播种，每推迟 1 天，每亩增播量 0.5 千克。出苗后及时查苗，发现缺苗断垄应及时补种，确保全苗。田边地头要种满种严。播种时带肥下种，亩施磷酸二铵 5 千克，肥、种分箱。五是机械镇压。选用适合当地生产的镇压器机型，播种后和春季镇压各 1 次，压实土壤，弥实裂缝，防止寒风飕根，保墒防冻。六是冬前管理。冬前苗期注意观察灰飞虱、叶蝉等害虫发生情况，及时防治。适时灌冻水，一般要求在昼消夜冻时灌冻水，气温下降至 0～3℃，时间约在 11 月 10～20 日，保苗安全越冬。七是返青期管理。返青期中耕松土，提高地温，镇压保墒，小水灌溉。八是起身期管理。起身期蹲苗控节，适当灌水。注意观察病虫草害发生情况，及时防治。九是拔节期管理。拔节期重施肥水，促大蘖成穗，每亩追施尿素 18 千克左右。灌水追肥时间约在 4 月 15～20 日。注意观察白粉病、锈病发生情况，发现病情及时防治。十是灌浆期管理。及时浇好开花灌浆水，可结合灌水追施 2～3千克尿素，南疆在 5 月初，北疆在 5 月上中旬。注意观察蚜虫和白粉病发生情况，及时彻底防治。十一是一喷三防。生育后期选用适宜杀虫剂、杀菌剂和磷酸二氢钾，各计各量，现配现用，机械喷防，防病，防虫，防早衰（干热风）。十二是机械收获。籽粒蜡熟末期（南疆 6 月中旬，北疆 6 月下旬）采用联合收割机及时收获，防止穗发芽，避开烂场雨，确保丰产丰收，颗粒归仓。

8. 新疆冬春麦区春小麦高产创建技术规范

本区指新疆冬春麦兼种区和焉耆盆地春麦区春小麦生产县市，包括南疆巴音郭楞蒙古自治州焉耆县、和静县、和硕县、博湖县与伊犁河谷冬春麦兼种区、乌苏—石河子—昌吉—奇台冬春麦兼种区、轮台—库尔勒—若羌—且末冬春麦兼种区部分县市。耕作模式为一年一熟或一年两熟。主要种植作物小麦、玉米。常年春小麦种植面积 20 万公顷左右，占新疆小麦种植面积的 30%左右，一般 3 月上、中、下旬播种，7 月中下旬收获。小麦播种至成熟>0℃积温南疆为 1 910℃左右，北疆 1 700℃左右。焉耆盆地春麦区全年无霜期 170 天左右；冬春麦兼种区全年无霜期 100～200 天。全年降水量南疆为 50 毫米左右，北疆为 200 毫米左右。小麦生育期（4～6 月）降水北疆 62.6～196.9 毫米，南疆 13.5～31.3 毫米。本区土壤类型主要有灌淤土、灰漠土、灌耕土、灰钙土等。制约本区域小麦生产的主要因素：一是小麦生育期降水严重不足，与棉花等其他作物争水矛盾突出。二是常遇春季干旱，影响小麦播种及出苗。三是病虫害较多，尤其是锈病，历年均有不同程度发生。四是后期干热风危害。

——预期目标产量

通过推广该技术模式，春小麦高产创建田达到亩产 500 千克。

——关键技术规范

一是品种选择。选用高产稳产多抗广适春性品种。推荐品种：新春 26 号、新春 27 号、新春 29 号、新春 30 号。播前精选种子，做好发芽试验，进行药剂拌种或种子包衣，防治地下害虫。二是深松深耕。深松机深松 40 厘米以上或深耕犁深耕 35 厘米以上，深松或深耕后及时合墒，机械整平。三是机械整地。整地前施底肥，依据产量目标、土壤肥力等进行测土配方施肥，一般每亩底施磷酸二铵 20 千克，尿素 2～3 千克，硫酸钾（氧化钾含量 50%）15 千克，并增施有机肥。联合整地机耙地，耙深 12 厘米以上。四是机械条播。最适播期内机械适墒条播，播种时日均温 7℃左右，一般控制在3月上旬至中旬。按每亩基本苗35万确定播量，带肥下种，种肥4～5千克磷酸二铵，播深3～5厘米，播后镇压。出苗后及时查苗，发现缺苗断垄应及时补种，确保全苗。田边地头要种满种严。五是播后镇压。选用适合当地生产的镇压器机型，播种后进行镇压，压实土壤，保墒保温，促进促苗齐全。六是苗期管理。苗期注意观察灰飞虱、叶蝉等害虫发生情况，及时防治；2叶1心期灌水促苗早发，随水每亩追施尿素8～10千克，促苗早发；及时进行化控防倒。七是拔节期管理。拔节期重施肥水，促大蘖成穗。每亩追施尿素10～15千克。注意观察白粉病、锈病发生情况，发现病情及时防治。八是灌浆期管理。及时浇好开花灌浆水，可结合灌水追施2～3千克尿素。注意观察蚜虫和白粉病发生情况，及时彻底防治蚜虫和白粉病。九是一喷三防。生育后期选用适宜杀虫剂、杀菌剂和磷酸二氢钾，各计各量，现配现用，机械喷防，防病，防虫，防早衰（干热风）。十是机械收获。籽粒蜡熟末期采用联合收割机及时收获，防止穗发芽，避开烂场雨，确保丰产丰收，颗粒归仓。

9. 东北春麦区小麦高产创建技术规范模式

本区主要指黑龙江省北部及内蒙古呼伦贝尔市大兴安岭沿麓强筋春小麦种植区域。耕作模式为一年一熟，主要种植作物为玉米、小麦、大豆、油菜等，常年春小麦种植面积67万公顷左右，占全国春小麦种植面积30%，一般4月上旬至5月上旬播种，8月上旬至9月中旬收获。小麦播种至成熟所需有效积温1 600～1 850℃，全年无霜期90～120天，全年降水量400～500毫米，小麦生育期降水200～300毫米，7～8月降水较多，春旱夏涝现象明显。本区土壤类型为草甸黑土及淋溶黑钙土。制约本区域小麦生产的主要因素：一是小麦生长前期干旱严重，影响小麦苗全苗壮；二是小麦生育后期雨害、湿害以及随之发生的各种病害和倒伏。

——预期目标产量

通过推广该技术模式，小麦高产创建田达到亩产500千克。

——关键技术规范

一是品种选择。选用秆强抗倒耐密品种（或优质强筋品种）。

推荐品种：克旱16号、龙麦33号。二是种子处理。种子标准要达到生命力强、发芽率高，纯度98%以上，净度98%以上，发芽率90%以上。用种子重量0.3%福镁双或多菌灵、0.03%粉锈宁拌种。有条件的可采用50%小麦干粉种衣剂麦迪安3%敌委丹悬浮种衣剂进行种子包衣。三是秋整地秋施肥。坚持伏、秋整地。要求整平耙细，达到待播状态。前茬无深松基础的地块要进行伏秋翻地或耙茬深松，翻地深度18～22厘米，深松地要达到25～30厘米。前茬有深翻、深松基础的地块可耙茬作业，耙深12～15厘米。耙茬采用对角线法，不漏耙，不拖耙，耙后地表平整，高低差不大于3厘米。除土壤含水量过大的地块外，耙后应适当镇压。根据秋涝必春涝，秋旱必春旱的规律，秋涝的年份整地应采取深松浅翻、少耙，秋旱的年份应少翻、少松、镇压和涝压结合。整地作业后，要达到上虚下实，地块平整，地表无大土块，耕层无暗坷垃，每平方米2～3厘米直径的土块不超过1～2块。三年深翻一次，提倡根茬还田。坚持平衡施肥的原则，根据土壤基础肥力，每亩施肥比例为N：P_2O_5：K_2O=（1～1.2）：1：0.4，土壤有机质含量3%～5%的地区，每亩底施纯氮4.5～5.5千克，磷肥（P_2O_5）5～6千克，钾肥（K_2O）2.5～3.5千克（以硫酸钾为宜）；土壤有机质含量5%以上的地区，每亩底施纯氮3.5～4.0千克，磷肥（P_2O_5）4.0～4.5千克，钾肥（K_2O）2～3千克（以硫酸钾为宜）。秋深施肥一般在气温降至10℃以下（10月1日以后）时进行，施肥深度8～10厘米，深施肥地块必须达到播种状态，深施肥量占总施肥量的60%～70%。四是适期播种。春季地表解冻开始进行耢地，播种前再镇压一次。以气温稳定通过5℃和土壤化冻5厘米为基本指标，适时早播，顶凌播种，播种深度以3～5厘米为宜，田边地头要种满种严。种肥在播种前或随播种一次施入，根据后期生长发育情况辅以追肥。每亩基本苗46万～50万，播后及时镇压1～2次，使种子和土壤紧密结合，利于提墒，达到早出苗、出齐苗的目的。五是压青苗。3～5叶前根据土壤墒情、苗情进行1～2遍压青苗，干旱年份尤为必要，先横压，隔3～5天再顺压。要求压严、压实，抑制地上部生长，促进地下根系发育，起到抗旱、保墒作用。注意事项：匀速作业，地头不能急转弯，严防湿压。六是化学除草。以4～5叶前为最佳时机，过早，杂草未出齐，晚于5叶，已拔节，拖拉机压地伤苗、减产。防阔叶杂草亩用10%苯磺隆10克+72% 2，4-D丁酯20～23.3毫升，对水喷雾。亦可用75%巨星（阔叶净）或75%宝收（阔叶散），每亩0.67～1克，对水喷雾（国产的应增加用量）。防单子叶杂草每亩可用6.9%40～50毫升或10%骠马30～40毫升，对水喷雾，野燕麦多的地块，加入64%野燕枯正常量（每亩120～146.7毫升）的30%，防治效果更为显著。七是化控防倒。在拔节前喷施壮丰安或不倒翁等矮壮素试剂，降低茎秆高度，防止倒伏。八是灌拔节抽穗水。拔节期灌水、追肥，延长幼穗分化期，有效增加小穗数，促进成穗。每亩追施纯氮0.5～1.0千克，结合抽穗水每亩追施2～3千克尿素。注意观察根腐病、白粉病发生情况，根据预测预报及时防治。九是叶面追肥。在麦苗3～4叶期结合化学灭草同时进行，除草每亩喷施纯氮0.25千克+硼酸20克+磷酸二氢钾（或其他微肥）0.2千克。应用飞机航空化防，在小麦开花期结合防病每亩喷洒纯氮250克，磷酸二氢钾200克，不宜过晚，防贪青迟熟。十是病虫害防治。黏虫防治：做好预测预报，1～2龄幼虫10～15头要及时采取防治措施，用菊酯杀虫剂每亩26.7～40克，采用机械或飞机进行。赤霉病防治：首先根据预测预报决定是否采取防治措施，一般在麦类抽穗到扬花期喷洒50%多菌灵每亩133.3克，用机械或飞机喷洒，防治效果可达80%以上。十一是适时收获。坚持及时抢收、龙口夺粮的原则，采取小麦割晒与联合相结合的办法，确保丰产丰收。在天气情况允许的条件下，割晒比例可占60%～70%，蜡熟初期开始打道，蜡熟中期至末期进行。机械割晒放铺要直，弯曲度不超过20厘米/千米，割茬高度一般18～22厘米为宜，放鱼鳞铺，角度45°～75°，厚度8～12厘米，宽度1.5米左右，割幅一致，不塌铺，不掉穗，不飞穗，割晒损失率不得超过1%。割晒进度按拾禾能力只能压一天的收获量（脱谷量）。严禁100%放倒，否则部分雨前拾禾不起，造成穗发芽，形成芽麦。一般割完晾晒 3～4 天即可拾禾，当割晒的麦子籽粒水分小于 18%时应及时拾禾。拾禾要求不跑粮、不漏粮、不掉穗、弹齿着地、拾净、不拉绺子，脱粒干净、分离干净。要求综合损失率小于 2%。联合收获适期在小麦蜡熟末期至完熟中期，茎秆变黄，有弹性，籽粒颜色接近本品种固有颜色，有光泽，籽粒较坚硬，含水量 22%左右；割茬不能高于 25 厘米，做到脱净，不跑粮、不漏粮、不裹粮，综合损失率小于 2%。十二是加强晒场管理。收获入场的小麦要及时晾晒，不能捂堆，在水分不高于 13%时入库，确保品质稳定和丰产丰收，颗粒归仓。

10. 北部春麦区春小麦高产创建技术规范

本区位于大兴安岭以西，长城以北。包括内蒙古锡林郭勒、乌兰察布、呼和浩特、包头、巴彦淖尔、乌海 1 盟 6 市，河北省张家口、承德 2 市，山西省大同、朔州、忻州 3 市，陕西省榆林长城以北部分县。小麦生产区以内蒙古为主。耕作模式为一年一熟制。主要种植作物为小麦、玉米、向日葵、马铃薯等。一般 3 月中下旬播种，7 月中下旬收获，小麦播种至成熟＞0℃积温 1 800～2 000℃。全年无霜期 80～178 天。全年降水量 200～600 毫米，小麦生育期降水 50～200 毫米。土壤类型有盐土、碱土、风沙土、潮土、灰土、栗钙土、棕钙土等。制约本区域小麦生产的主要因素：一是小麦比较效益低。二是常遇春季土壤潮塌，影响小麦正常播种。三是后期干热风危害。

——预期目标产量

通过推广该技术模式，小麦高产创建田实现亩产量 500 千克。

——关键技术规范

一是选用优质高产良种。选用通过国家或省级审定的优质高产春小麦良种。推荐品种：永良 4 号、农麦 2 号。要求种子纯度达到 98%，净度达到 99%，发芽率不低于 95%，种子含水量不高于 13.5%。二是推广小麦配套技术。施足底肥和种肥，每亩底施有机肥 3 000 千克，种肥磷酸二铵 20 千克，氯化钾 2.5 千克，分层施入。在日平均气温 6～7℃，地表解冻 4～5 厘米时开始播种，一般在3月中旬至下旬，播深3～5厘米，每亩基本苗45万～50万，播后镇压；出苗后及时查苗，发现缺苗断垄应及时补种，确保全苗；田边地头要种满种严。三叶期结合灌水每亩施尿素15千克，促苗生长。拔节初期结合灌水每亩追施尿素10千克，促大蘖成穗。主推种肥分层、精量播种、缩垄增行、氮肥后移、机播机收、节水栽培、病虫害综合防治和测土配方施肥等技术；全部按照绿色栽培技术规程组织生产。在关键技术上落实小麦“五优一保”栽培技术，即：保证质量，优化播期；培肥地力，优化施肥；遗传改进，优化品种；缩垄增行，优化密度；适时适量，优化灌溉。三是病虫草害综合防治。加强植物保护，防治病虫草害。据虫情测报对于蚜虫、麦秆蝇、黏虫发生较严重的麦田，在6月中下旬每亩用50%辟蚜雾（即抗蚜威）可湿性粉剂10～20克，对水30千克喷雾，也可选用0.6%苦参碱植物农药60～80毫升对水30千克喷雾。禁用氧化乐果等高毒、高残留农药。四是一喷三防。生育后期选用适宜杀虫剂、杀菌剂和磷酸二氢钾，各计各量，现配现用，机械喷防，防病，防虫，防早衰（干热风）。五是适时机械收获。籽粒蜡熟末期采用联合收割机及时收获。避开烂场雨，确保丰产丰收，颗粒归仓。

11. 青藏春冬麦区春小麦高产创建技术规范

本区属青藏高原，包括西藏自治区全部，青海省除西宁市及海东地区以外的大部，甘肃省西南部甘南州大部，四川省西部阿坝、甘孜州，以及云南省西北迪庆州和怒江州部分县。本区以春小麦种植为主。主要为一年一熟，小麦多与青稞、豆类、荞麦换茬。西藏高原南部峡谷低地可实行一年两熟或两年三熟。一般春小麦播期在3月下旬至4月中旬，拔节期6月上旬至中旬，抽穗期7月上旬至中旬，成熟期9月初至9月底，全生育期130～190天；播种至成熟>0℃积温1 600～1 800℃。春小麦生育期降水50～300毫米。农耕区土壤类型主要有灌淤土、灰钙土、栗钙土、黑钙土、灰棕漠土、棕钙土、潮土、高山草甸土、亚高山草原土等，在西藏东南部墨脱县、察隅县还有水稻土分布。制约本区域小麦生产的主要因素：一是温度偏低，热量不足，无霜期短。二是气候干旱，降水量少，蒸发量大。三是盐碱及风沙等自然因素危害。

——预期目标产量

通过推广该技术模式，小麦高产创建田实现亩产500千克。

——关键技术规范

一是选用优质高产良种。选用通过国家或省级审定的优质高产春小麦良种。要求种子纯度达到98%，净度达到99%，发芽率不低于95%，种子含水量不高于13.5%。播前做好种子发芽试验，进行药剂拌种或种子包衣，预防病虫害。二是推广小麦配套技术。施足底肥，每亩底施磷酸二铵10千克，尿素20千克左右。当日平均温度1～3℃、土壤解冻5～6厘米时抢墒早播；播种深度3～4厘米，亩播种量15～20千克，保苗（亩基本苗）30万～35万；播后镇压；出苗后及时查苗，发现缺苗断垄应及时补种，确保全苗；田边地头要种满种严。2叶1心期灌第一次水，结合灌水每亩追施尿素8～10千克，灌水后适时中耕松土，促苗早发；及时进行化控防倒；拔节期适时施用肥水，结合灌水每亩追施尿素5～6千克，促大蘖成穗。三是病虫草害综合防治。加强植物保护，防治病虫草害。幼苗期注意防治锈病、叶枯病、根腐病、地下害虫；中后期注意锈病、赤霉病、麦茎蜂、吸浆虫、蚜虫监测和及时防治。四是一喷三防。生育后期选用适宜杀虫剂、杀菌剂和磷酸二氢钾，各计各量，现配现用，机械喷防，防病，防虫，防早衰。五是适时机械收获。籽粒蜡熟末期采用联合收割机及时收获；预防干热风和烂场雨，确保丰产丰收，颗粒归仓。

12. 河北省保定市小麦高产创建技术规范

本区指保定市全部平原和前山区（县、市、区），种植面积在667万公顷以上，包括清苑县、满城县、涞水县、阜平县、徐水县、定兴县、唐县、高阳县、容城县、望都县、安新县、易县、曲阳县、蠡县、顺平县、博野县、雄县、涿州市、定州市、安国市、高碑店市以及5个县级区或新区，共27个县级行政区。耕作模式为一年两熟或两年三熟，主要种植作物为小麦、玉米。常年小麦种植面积40万公顷左右，约占全国小麦种植面积的1.6%，占河北省小麦播种面积的16.7%。一般9月底至10月上旬末播种，6月中旬收获，小麦播种至成熟>0℃积温2 100℃左右。全年无霜期165～210天。全年降水量529毫米，小麦生育期降水65～230毫米，年际间变幅很大。本区麦田主要土壤类型为褐土和潮土。制约本区域小麦生产的主要因素：一是大部分年份小麦生育期间降水严重不足。二是常遇春季干旱，影响小麦返青及正常生长。三是病虫害较多，历年均有不同程度发生。四是倒春寒发生频率高。五是后期干热风危害。

——预期目标产量

通过推广该技术模式，小麦高产创建田达到亩产500千克。

——关键技术规范

一是品种选择。选用高产稳产多抗广适冬性品种。由北向南推荐品种：中麦175、轮选987、保麦10号、北农9 549、北京0045、京冬12号、京冬17号、京冬8号、科农199、藁优2 018（强筋）、石家庄8号、石新828、石麦15、石新733等。二是秸秆还田。前茬作物收获后，将秸秆粉碎还田，秸秆长度≤10厘米，均匀铺撒地表。三是深松深耕。3年深松（深耕）一次，深松机深松30厘米以上或深耕犁深耕25厘米以上。深松或深耕后及时合墒，机械整平。四是旋耕整地。旋耕前施底肥，依据产量目标、土壤肥力等进行测土配方施肥，一般每亩底施磷酸二铵20千克左右，尿素8千克，硫酸钾或氯化钾10千克，硫酸锌1.5千克。旋耕机旋耕，耕深12厘米以上，并用机械镇压。五是机械条播。最适播期内机械适墒条播，播种时日均温16～18℃。按每亩基本苗20万～25万确定播量，适宜播期后播种，每推迟1天，每亩增播量0.5～0.6千克。六是机械镇压。选用适合当地生产的镇压器机型，播种后和春季镇压各1次，压实土壤，弥实裂缝，保墒防冻。七是灌越冬水。气温下降至0～3℃，夜冻昼消时灌水，保苗安全越冬。八是重施拔节肥水。拔节期结合浇水每亩追施尿素18千克左右。一般需要浇开花灌浆水，强筋品种或有脱肥迹象的麦田随灌水亩施2～3千克尿素。九是机械喷防。适时机械化学除草，重点防治纹枯病、条锈病、白粉病、赤霉病、吸浆虫、蚜虫等病虫害。十是一喷三防。生育后期选用适宜的杀虫剂、杀菌剂和磷酸二氢钾，各计各量，现配现用，机械喷防，防病，防虫，防早衰（干热风）。十一是机械收获。籽粒蜡熟末期至完熟初期采用联合收割机及时收获。预防干热风和躲避烂场雨，确保丰产丰收，颗粒归仓。

13. 河北省邯郸市小麦高产创建技术规范

邯郸市为河北省小麦主产区之一，本区包括永年县、邯郸县、磁县、临漳县、成安县、魏县、大名县、馆陶县、曲周县、鸡泽县、邱县、广平县、肥乡县、涉县、武安等15个县（市）。种植制度为一年两熟。主要种植作物为小麦、玉米。小麦常年种植面积38万公顷左右，占河北省小麦种植面积的15%左右。一般10月上中旬播种，6月上中旬收获，小麦播种至成熟>0℃积温2 300℃左右。全年无霜期200天。全年降水量550毫米左右，小麦生育期降水150毫米左右。本区土壤类型主要有潮土、褐土。制约本区域小麦生产的主要因素：一是小麦生育期降水严重不足。二是冻害年年发生。三是常遇早春干旱，影响小麦返青及正常生长。四是倒春寒和后期干热风发生频率较高。五是病虫害较多，历年均有不同程度发生。

——预期目标产量

通过推广该技术模式，小麦高产创建田达到亩产600千克。

——关键技术规范

一是品种选择。选用通过国家黄淮北部麦区或河北省农作物品种审定委员会审定，适宜在邯郸地区种植，并具有节水性、丰产性、稳产性、抗逆性和优质特性兼顾的中熟冬性或半冬性小麦品种。推荐品种：邯6172、邯麦13号、邯麦14号、邯00－7086、石麦15、石麦18、冀5265、良星99、师栾02－1（强筋）、科农199、济麦22等。二是前茬作物秸秆还田。前茬作物为玉米的，从玉米收获开始，应按规范化作业程序进行秸秆还田、整地和播种作业。在玉米收获后及时粉碎（青秆粉碎效果好）2～3遍，长度3～5厘米，铺匀。三是深耕或旋耕整地。旋耕前施底肥，一般每亩底施磷酸二铵 25 千克，尿素 10 千克，硫酸钾或氯化钾 15 千克，硫酸锌 1.5 千克，并增施有机肥。全部磷肥、钾肥、有机肥、微肥及氮肥的 40%～50%底施。已连续 3 年以上旋耕的地块，必须深耕 20 厘米以上，破除犁底层。最近 3 年内深耕过的地块，可旋耕 2 遍，旋耕深度 15 厘米左右。深耕或旋耕后耱压、耢地，做到耕层上虚下实，地表平整。四是足墒播种。土壤墒情不足时，因地制宜为小麦播种创造良好墒情，以保证苗齐苗壮和安全越冬。在能保证小麦适时播种的前提下，玉米收获后浇水造足底墒。玉米成熟较晚的地块可在玉米收获前 10～15 天浇水，争取农时。底墒水每亩灌水量 40～50 $米^3$。土壤黏重不宜造墒的地块，在小麦播种后立即浇蒙头水，墒情适宜时耧划破土，辅助出苗。五是机械条播。播种时日平均气温 17℃左右。在一般年份，邯郸地区适宜播种期为 10 月 5～18 日，最佳播期 10 月 7～15 日。按每亩基本苗 16 万～22 万确定播量，适宜播期后播种，每推迟 1 天，每亩增播量 0.5 千克。采用等行距机械条播，播种深度 3～5 厘米，行距 15 厘米，播种机要匀速行走，保证下种均匀、深浅一致、不漏播、不重播。六是播种后镇压。根据近三年小麦水肥高效综合利用技术试验、示范结果，播后镇压对保证小麦出苗质量、提高土壤保墒能力和减轻冻害具有重要作用。七是杂草秋治。杂草秋治是一项安全、有效的技术措施，尤其是秋季降雨较多的年份，杂草滋生多，更要进行杂草秋治。一般在 11 月上中旬，小麦 3～5 叶，杂草 2～3 叶期，日平均温度 10℃以上防治效果好。八是浇好越冬水。播前浇足底墒水，且整地质量好、播后镇压过的麦田，可不浇冻水；抢墒播种或整地质量较差，播后未镇压的麦田，需浇冻水。在日平均气温稳定下降到 3℃（12 月上旬）时浇水，亩灌水量 40～45 $米^3$。遇强降温天气要暂停浇水，待寒流过后继续浇好冻水。九是重施拔节肥水。一般年份春季浇 2 次水，拔节期前后浇第一水，结合浇春一水每亩追施尿素 18 千克左右，一般品种一次性追施。强筋小麦品种追肥分 2 次施用，其中 80%随春一水追施，其余 20%随春二水追施。抽穗开花期浇第二水，亩灌水量 40～45 $米^3$。特别干旱的年份要在小麦开花后10～15天浇好灌浆水，保证籽粒灌浆对水分的需求，亩灌水量40米^3，强筋品种或有脱肥迹象的麦田，随灌水亩施2～3千克尿素，浇灌浆水要密切注意天气变化，防止倒伏。十是病虫害综合防治。重点防治纹枯病、条锈病、白粉病、赤霉病、蚜虫、小麦吸浆虫等。十一是后期一喷三防。选用适宜的杀虫剂、杀菌剂和磷酸二氢钾混配，防病，防虫，防早衰（干热风）。十二是适时收获。籽粒蜡熟末期及时机收，躲避烂场雨，确保丰产丰收。

14. 河北省衡水市小麦高产创建技术规范

本区指衡水市全部农业生产县市，包括深州市、安平县、饶阳县、武强县、武邑县、阜城县、景县、故城县、冀州市、枣强县、桃城区。耕作模式为一年两熟，主要种植作物为小麦、玉米。常年小麦种植面积27万公顷左右，占河北省小麦种植面积的10%左右。一般10月上中旬播种，6月上中旬收获，小麦播种至成熟＞0℃积温1 950℃左右。全年无霜期270天左右。全年降水量400～500毫米，小麦生育期降水40～70毫米。本区土壤类型主要为潮土。制约本区域小麦生产的主要因素：一是小麦生育期降水严重不足。二是常遇春季干旱，影响小麦返青及正常生长。三是病虫害较多，历年均有不同程度发生。四是倒春寒发生频率高。五是后期干热风危害。

——预期目标产量

通过推广该技术模式，小麦高产创建田达到亩产600千克。

——关键技术规范

一是品种选择。选用抗旱节水高产稳产多抗广适半冬性品种。推荐品种：衡观35、衡4399、石麦15、济麦22。二是秸秆还田。前茬作物收获后，将秸秆粉碎还田，秸秆长度≤5厘米，均匀抛撒地表。三是深松深耕。3年深松（深耕）一次，深松机深松30厘米以上或深耕犁深耕25厘米以上，深松或深耕后及时合墒，机械整平。四是旋耕整地。旋耕前施底肥，依据产量目标、土壤肥力等进行测土配方施肥，一般每亩底施磷酸二铵20～25千克，尿素10～15千克，硫酸钾或氯化钾10千克，硫酸锌1.5千克，并增施有机肥。旋耕机旋耕，耕深12厘米以上，并用机械镇压。五是机械条播。最适播期内机械适墒条播，播种时日均温16～18℃。按每亩基本苗20万～22万确定播量，适宜播期后播种，每推迟1天，每亩增播量0.5千克。六是机械镇压。播种后地皮显干和春季各用碌碡（即石磙）镇压1次，压实土壤，弥实裂缝，保墒防冻。七是巧灌越冬水。足墒播种情况下已进行播后镇压或播后到越冬前出现20毫米以上降水的地块，不需再进行冬灌；对于土壤疏松透气的地块，气温下降至0～3℃，夜冻昼消时灌水保苗安全越冬。八是重施拔节肥水。拔节期结合浇水每亩追施尿素20千克左右。九是机械喷防。适时机械化学除草，重点防治纹枯病、条锈病、白粉病、赤霉病、吸浆虫、蚜虫等。适时浇好开花灌浆水，强筋品种或有脱肥迹象的麦田，可随灌水亩施2～3千克尿素，十是一喷三防。生育后期选用适宜杀虫剂、杀菌剂和磷酸二氢钾，各计各量，现配现用，机械喷防，防病，防虫，防早衰（干热风）。十一是机械收获。籽粒蜡熟末期采用联合收割机及时收获。预防干热风和躲避烂场雨，防止穗发芽，确保丰产丰收，颗粒归仓。

15. 新乡市小麦高产创建栽培技术规范

本规范适于河南省新乡市平原灌区，其他生态条件相似的地区也可参照应用。本区常年小麦种植面积33万公顷左右。一般10月上中旬播种，6月上旬收获，小麦播种至成熟＞0℃积温2 200℃左右。全年无霜期220天左右。全年降水量650毫米左右，小麦生育期降水不超过280毫米。本区土壤条件较好，山前冲积平原以褐土、潮褐土为主，黄河沿岸潮土区以两合土和淤土为主，普遍肥力较高。制约本区域小麦生产的主要因素：一是小麦生育期降水严重不足。二是常遇冬春连旱，影响小麦越冬和返青期正常生长。三是病虫害较多，历年均有不同程度发生。四是倒春寒发生频率高。五是后期干热风危害。

——预期目标产量

通过推广该技术模式，小麦高产创建田达到亩产600千克。

——关键技术规范

一是品种选择。本区应以半冬性品种为主。推荐品种：矮抗58、郑麦366、西农979、新麦26、周麦22等。二是秸秆还田。前茬作物收获后将秸秆粉碎还田，秸秆长度≤10厘米，均匀抛撒地表。三是深松深耕。3年深松（深耕）一次，深松机深松30厘米以上，或深耕犁深耕25厘米以上，深松或深耕后及时合墒，机械整平。四是旋耕整地。旋耕前施底肥，依据产量目标、土壤肥力等进行测土配方施肥，一般每亩底施磷酸二铵20千克，尿素10千克，硫酸钾或氯化钾10千克，硫酸锌1.5千克，并增施有机肥。旋耕机旋耕，耕深12厘米以上，并用机械镇压。五是土壤处理和药剂拌种。①条锈病、纹枯病、腥黑穗病等多种病害重发区，可选用戊唑醇（2%立克秀干拌剂或湿拌剂、6%亮穗悬浮种衣剂）或苯醚甲环唑（3%敌萎丹）悬浮种衣剂、氟咯菌腈（2.5%适乐时）悬浮种衣剂。②小麦全蚀病重发区，可选用硅噻菌胺（12.5%全蚀净）悬浮剂20毫升，加水500毫升，拌种10千克，闷种2～3小时。③有蝼蛄、蛴螬和金针虫的区域，当达到防治指标（每亩蛴螬1 000头，蝼蛄100头，金针虫3 000头）时，可选用40%甲基异柳磷乳油或50%辛硫磷乳油，按种子量的0.1%进行药剂拌种。④多种病虫混发区，采用杀菌剂和杀虫剂各计各量混合拌种或种子包衣。⑤有蝼蛄、蛴螬、金针虫和吸浆虫的区域，每亩用40%甲基异柳磷或50%辛硫磷乳油200毫升，对水5千克，喷在20千克干土上，拌匀制成毒土撒施在地表，耙磨或翻入表土层；也可使用土壤处理剂。六是机械条播。足墒下种。半冬性品种10月8～20日播种为宜，亩基本苗16万～20万。弱春性品种10月15～25日播种为宜，亩基本苗16万～24万。采用20厘米等行距，或15厘米×25厘米宽窄行种植，播种深度以3～4厘米为宜，并做到深浅一致，落籽均匀。七是机械镇压。选用适合当地生产的镇压器机型，旋耕播种麦田，一定要在播前或播种的同时镇压，压实土壤，防止播种过深；也可在播种后根据墒情适时镇压。八是查苗补种。出苗后及时检查出苗情况，对缺苗断垄（10厘米以上无苗为“缺苗”；17厘米以上无苗为“断垄”）的地方，用同一品种的种子浸种至露白后及早补种；或在小麦3叶期至4叶期在同一田块中稠密处选择有分蘖的带土麦苗移栽至缺苗处。移栽时覆土深度要掌握上不压心，下不露白。补苗后压实土壤再浇水，并适当补肥，确保麦苗成活。九是灌越冬水。根据土壤墒情、土层是否压实和越冬期降水情况决定是否灌越冬水。若灌越冬水，应在气温下降至0～3℃、夜冻昼消时，保苗安全越冬。十是化学除草。一般在11月中下旬进行，如遇冷冬年份，冬前杂草生长量较小，可在早春进行。以猪殃殃、播娘蒿等双子叶杂草为主的麦田，亩用75%苯磺隆（阔叶净、巨星）干悬剂1克或20%二甲四氯纳盐水剂250毫升、噻磺隆有效成分1～1.5克，加水50千克喷雾。以野燕麦、看麦娘等单子叶杂草为主的麦田，亩用6.9%骠马乳油40毫升，加水50千克喷雾；防治节节麦可用3%世马每亩30克喷雾。十一是重施拔节肥水。拔节期结合浇水每亩追施尿素18千克左右，促进分蘖成穗；适时浇开花灌浆水，强筋品种或有脱肥迹象的麦田，每亩施尿素2～3千克，磷酸二氢钾0.2千克，加水50千克，叶面喷肥，促进籽粒灌浆。十二是机械喷防。重点防治纹枯病、条锈病、白粉病、赤霉病、吸浆虫、蚜虫、麦蜘蛛等。十三是一喷三防。生育后期选用适宜杀虫剂、杀菌剂和磷酸二氢钾，各计各量，现配现用，机械喷防，防病，防虫，防早衰（干热风）。十四是机械收获。籽粒蜡熟末期采用联合收割机及时收获。

16. 安阳市小麦高产创建技术规范模式

本区指安阳市全部农业生产县市，包括滑县、内黄、汤阴、安阳县、林州。耕作模式为一年两熟。主要种植作物为小麦、玉米。常年小麦种植面积30万公顷左右，占河南省小麦种植面积的5%左右。一般10月上旬播种，6月上中旬收获，小麦播种至成熟>0℃积温2 200℃左右。全年无霜期200天。全年降水量600毫米，小麦生育期降水200毫米以下。本区土壤类型主要有潮土和盐渍土等。制约本区域小麦生产的主要因素：一是小麦生育期降水严重不足。二是常遇冬春季干旱，影响小麦返青及正常生长。三是病虫害较多，历年均有不同程度发生。四是倒春寒发生频率高。五是后期干热风危害。

——预期目标产量

通过推广该技术模式，小麦高产创建田达到亩产 600 千克以上。

——关键技术规范

一是品种选择。选用高产稳产多抗广适半冬性品种。推荐品种：矮抗 58、周麦 16、周麦 22、豫麦 49－198。二是秸秆还田。前茬作物收获后，将秸秆粉碎还田，秸秆长度≤10 厘米，均匀抛撒地表。三是深松深耕。3 年深松（深耕）一次，深松机深松 30 厘米以上或深耕犁深耕 25 厘米以上，深松或深耕后及时合墒，机械整平。四是旋耕整地。旋耕前施底肥，依据产量目标、土壤肥力等进行测土配方施肥，一般每亩底施磷酸二铵 20 千克，尿素 10 千克，硫酸钾或氯化钾 10 千克，硫酸锌 1.5 千克，并增施有机肥。旋耕机旋耕，耕深 12 厘米以上，并用机械镇压。五是机械条播。最适播期内机械适墒条播，播种时日均温 17℃左右。按每亩基本苗 14 万～22 万确定播量，适宜播期后播种，每推迟 1 天，每亩增播量 0.5 千克。六是机械镇压。选用适合当地生产的镇压器机型，播种后和春季镇压各 1 次，压实土壤，弥实裂缝，保墒防冻。七是灌越冬水。气温下降至 0～3℃，夜冻昼消时灌水，保苗安全越冬。八是重施拔节肥水。拔节期结合浇水每亩追施尿素 18 千克左右，促进大蘖成穗。适时浇好开花灌浆水，强筋品种或有脱肥迹象的麦田，可随灌水亩施 2～3 千克尿素，促进籽粒灌浆。九是机械喷防。适时机械化学除草，重点防治纹枯病、条锈病、白粉病、赤霉病、吸浆虫、蚜虫等病虫害。十是一喷多防。生育后期选用适宜杀虫剂、杀菌剂和磷酸二氢钾，各计各量，现配现用，机械喷防，防病，防虫，防干热风。十一是机械收获。籽粒蜡熟末期采用联合收割机及时收获。预防干热风和躲避烂场雨，确保丰产丰收，颗粒归仓。

17. 山东省泰安小麦高产创建技术规范模式

本区指泰安市全部农业生产县市，包括泰安市岱岳区、肥城市、东平县、宁阳县，适用于济宁市邹城市、梁山县等。耕作模式为一年两熟。主要种植作物为小麦、玉米。常年小麦种植面积 57 万公顷左右，占山东省小麦种植面积的 17%左右，一般 10 月上旬播种，6 月上中旬收获，小麦播种至成熟＞0℃积温 2 152℃左右。全年无霜期 195 天左右。全年降水量 690 毫米，小麦生育期降水 212.1 毫米。本区土壤类型为砂姜黑土、沙壤土及褐土等。制约本区域小麦生产的主要因素：一是小麦生育期降水严重不足。二是常遇春季干旱，影响小麦返青及正常生长。三是病虫害较多，历年均有不同程度发生。四是倒春寒发生频率高。五是后期干热风危害。

——预期目标产量

通过推广该技术模式，小麦高产创建田达到亩产 650 千克。

——关键技术规范

一是品种选择。选用高产稳产多抗广适半冬性品种。推荐品种：济麦 22、泰农 18、良星 99 等。二是秸秆还田。前茬作物收获后，将秸秆粉碎还田，秸秆长度≤10 厘米，均匀抛撒地表。三是深松深耕。3 年深松（深耕）一次，深松机深松 30 厘米以上或深耕犁深耕 25 厘米以上，深松或深耕后及时合墒，机械整平。四是旋耕整地。旋耕前施底肥，依据产量目标、土壤肥力等进行测土配方施肥，一般每亩底施磷酸二铵 20 千克，尿素 10 千克，硫酸钾或氯化钾 14 千克，硫酸锌 1.5 千克，并增施有机肥。旋耕机旋耕，耕深 12 厘米以上，并用机械镇压。五是机械条播。最适播期内机械适墒条播，播种时日均温 16～18℃。按每亩基本苗 14 万～22 万确定播量，适宜播期后播种，每推迟 1 天，每亩增播量 0.5 千克。六是机械镇压。选用适合当地生产的镇压器机型，播种后和春季镇压各 1 次，压实土壤，弥实裂缝，保墒防冻。七是灌越冬水。气温下降至 0～3℃，夜冻昼消时灌水，保苗安全越冬。八是重施拔节肥水。拔节期结合浇水每亩追纯氮 7～8 千克。适时浇好开花灌浆水，强筋品种或有脱肥迹象的麦田，可随灌水亩施 2～3 千克尿素。九是机械喷防。适时机械化学除草，重点防治纹枯病、条锈病、白粉病、赤霉病、吸浆虫、蚜虫等病虫害。十是一喷三防。生育后期选用适宜杀虫剂、杀菌剂和磷酸二氢钾，各计各量，现配现用，机械喷防，防病，防虫，防早衰（干热风）。十一是机械收获。籽粒蜡熟末期采用联合收割机及时收获；预防干热风，躲避烂场雨，确保丰产丰收，颗粒归仓。

18. 江苏省淮北地区小麦高产创建技术规范

淮北麦区地处淮河及苏北灌溉总渠以北，北至陇海线一带，含徐州市、宿迁市、连云港市和淮安市、盐城市（北三县为主）各农业生产县市。本区地处暖温带南部，属季风型气候，东部沿海一带还受海洋性气候影响。耕作制度以小麦为轮作中心，以小麦—水稻，小麦—夏播旱作物（玉米、大豆等）一年两熟为主。常年小麦种植面积 107 万公顷左右，占全省小麦种植面积的 50%以上。一般 10 月上中旬播种，6 月上旬收获。制约本区域小麦生产的主要因素：一是水稻生育期延迟，小麦播期往往推迟到 10 月底，甚至 11 月初，冬前根本达不到壮苗要求。二是常遇冬季、春季干旱，影响小麦正常生长。三是病虫害较多，纹枯病、白粉病历年均有不同程度发生，近年来赤霉病也有加重发生的趋势。四是倒春寒发生频率高，甚至一年出现多次。五是后期干热风危害。

——预期目标产量

通过推广该技术模式，小麦高产创建田达到亩产 600 千克。

——关键技术规范

一是品种选择种子处理。选用高产稳产多抗广适半冬性品种。推荐品种：淮麦 20、济麦 22、徐麦 30、淮麦 22、徐麦 31、徐麦 32、淮麦 26 等。种子晾晒并进行精选，剔除病粒、小粒，测定种子发芽率及田间出苗率。药剂拌种防治病虫害。二是秸秆还田精细整地测土配方施肥。前茬作物收获后，将秸秆粉碎还田，秸秆长度不大于 10 厘米，均匀抛撒地表。耕翻深度应大于 20 厘米，耙匀耙透耙平，做到田面平整，上虚下实。推广大功率秸秆还田、旋耕机械，以加大旋耕深度，使土壤与秸秆充分接触，实现一播全苗。依据产量目标、土壤肥力等进行测土配方施肥。一般每亩产 600 千克左右，每亩底施磷酸二铵 15～20 千克，尿素 10～15 千克，硫酸钾或氯化钾10千克［或三元复合肥（N：P：K=15：15：15）25～30千克，尿素10千克］，硫酸锌1.5千克。有条件的每亩施1 000～2 000千克有机肥。秸秆还田量大的田块，基肥每亩适当增加3～5千克纯氮，防止秸秆腐熟与幼苗争氮，当土壤相对含水量低于65%时，旱茬应造墒。三是适期适量播种，大力推广精量或半精量机械条播。日平均气温17℃左右适宜播种半冬性品种。一般在10月5～15日，基本苗控制在每亩12万～15万，随着播期推迟，应加大基本苗，适宜播期内每推迟1天增加0.5万基本苗，10月15日以后播种，每推迟1天基本苗增加1万，最高不超过35万。四是三沟配套。及时开好内外沟，确保灌得进，排得出，降得下，排水通畅，雨止田干。五是出苗后及时化学除草。在播后苗前亩用25%异丙隆可湿性粉剂250～300克，对水40～50千克喷雾，封杀除草；也可在小麦苗期、杂草2～3叶期，每亩用6.9%骠马乳油50～60毫升或骠灵60～80毫升，加75%巨星干粉1.0～1.5克，对水40～50千克，均匀喷雾。六是机械镇压。播种后镇压，压实土壤，弥实裂缝，保墒防冻。根据田间苗情苗势及群体数量决定冬前和春季镇压，以减少无效分蘖，敦实壮苗。七是浇好越冬水。气温下降至0～3℃，夜冻昼消时灌水，保苗安全越冬，预防春季干旱。八是返青期及时化除，防治纹枯病。当禾本科杂草达到每亩30万株、阔叶杂草6万株时，及时防治，化除时间以日平均气温5～8℃以上晴好天气进行为宜。纹枯病以田间病株率达15%～20%时防治。九是及时补救倒春寒冻害，重施拔节孕穗肥。冻害发生后，剥茎查看幼穗受冻情况，再酌情采取补救措施。若麦苗只是叶片受冻或极少幼穗受冻，可不采取措施，若幼穗受冻10%以上，则每亩酌情追施氮肥5～7千克，促进冬前小分蘖和春生分蘖生长。拔节期追肥主要施用复合肥，再配以尿素、硫酸钾或氯化钾，一般在3月25日～4月5日结合浇水亩追施尿素15～20千克，也可分2次追肥，每次各7～10千克尿素，第一次在3月15～20日，第二次在4月5日左右；追肥时期根据田间苗情决定，最适时期以主茎余叶2.5～1.5为宜。适时浇好孕穗灌浆水，4月

25 日～5 月 5 日可结合灌水亩追施 2～3 千克尿素。十是清沟理墒，防渍抗旱。“尺麦怕寸水”，拔节期降雨多时注意及时排涝降渍，天旱灌溉时则要注意用水量并及时排水。十一是防治穗期病虫害。重点防治纹枯病、白粉病、赤霉病、蚜虫等。本着“早控条锈病白粉病，科学预防赤霉病，重点防治蚜虫”的原则，密切关注病虫害发生动态，做好预测预报，及时防治。十二是一喷三防，防早衰增粒重。灌浆期选用适宜杀虫剂、杀菌剂和磷酸二氢钾、尿素，各计各量，现配现用，注意各自酸碱性，防病，防虫，防早衰。多次喷施叶面肥，可增加粒重，一般酌情喷施磷酸二氢钾 3～5 次。十三是机械收获。籽粒蜡熟末期机械抢收，防止穗发芽、烂场雨，确保丰收。

19. 江苏省淮南地区小麦高产创建技术规范

本区指江苏省淮河以南地区，包括扬州市、泰州市、镇江市、南京市、常州市、无锡市、苏州市全部县（市）和盐城、淮阴部分县市。耕作模式为一年两熟，主要种植作物为小麦、水稻。常年小麦种植面积 100 万公顷左右，占江苏省小麦种植面积的 1/2 左右。一般 10 月底至 11 月上旬播种，5 月底至 6 月上旬收获，近年来播期有所推迟。小麦播种至成熟＞0℃积温 2 000℃左右，全年无霜期 220 天，全年降水量 1 100 毫米，小麦生育期降水 400 毫米左右。本区土壤类型主要为水稻土和灰潮土。制约本区域小麦生产的主要因素：一是近年来小麦播期严重推迟。二是水稻秸秆还田质量不高，导致春季冻害较重。三是病害严重，特别是播期推迟导致小麦赤霉病、白粉病严重。四是后期高温逼熟。

——预期目标产量

通过推广该技术模式，小麦高产创建田达到亩产 500 千克。

——关键技术规范

一是品种选择。选用高产稳产多抗秋播春性红粒小麦品种。推荐品种：扬麦 16、扬辐麦 5 号、扬麦 20、扬麦 13、宁麦 13 等。二是秸秆还田。前茬作物收获后，将秸秆粉碎还田，秸秆长度小于 10 厘米，均匀抛撒地表，用灭茬机灭茬。三是旋耕整地。旋耕前施底肥，依据产量目标、土壤肥力等进行测土配方施肥，每亩基施三元复合肥（N∶P∶K＝15∶15∶15）25～30千克，尿素8～10千克，硫酸锌1.5千克，并增施有机肥。旋耕机旋耕，耕深15厘米以上。四是机械条播。最适播期内机械适墒条播，播种时日均温14～16℃。按每亩基本苗10万～12万确定播量，适宜播期后播种，每推迟1天，每亩增播量0.5千克。五是机械镇压。选用适合当地生产的镇压器，播种后镇压1次，压实土壤，提高出苗速度和质量。六是重施拔节孕穗肥。在小麦基部第一节间接近定长、叶龄余数2.5时，一般3月中旬看苗施用拔节肥，三元复合肥20～25千克；在小麦叶龄余数0.8～1.2时，一般在3月底前施孕穗肥尿素8千克左右；也可将拔节肥和孕穗肥合并一次施用，施用期根据苗情确定。七是病虫草害防治。适时化学除草，重点防治纹枯病、白粉病、赤霉病和蚜虫等，特别是赤霉病，如在第一次防治后遇雨，立足再防治一次。八是机械收获。籽粒蜡熟末期采用联合收割机及时收获，防止遇到梅雨导致穗发芽，做到丰产丰收。

20. 安徽省亳州市小麦高产创建技术规范

本区指亳州市全部农业生产县区，包括涡阳县、蒙城县、利辛县和谯城区。耕作模式为一年两熟。主要种植作物为小麦、大豆和玉米。常年小麦种植面积43万公顷左右，占安徽省小麦种植面积的18%左右。一般10月上旬至10月中旬播种，6月上旬收获。小麦播种至成熟＞0℃积温2 200℃左右。全年无霜期平均216天。全年降水量平均822毫米，小麦生育期降水平均307毫米。本区土壤类型主要是砂姜黑土，其次是潮土、棕壤土，并有少量石灰土在涡、蒙两县的山丘周围分布。制约本区域小麦生产的主要因素：一是小麦生育期降水不足。二是常遇播种期干旱和春季干旱，影响小麦播种、拔节肥追施及正常生长。三是病虫害较多，历年均有不同程度发生。四是倒春寒发生频率高。五是后期大风雨和干热风危害。

——预期目标产量

通过推广该技术模式，小麦高产创建田达到亩产600千克。

——关键技术规范

一是品种选择。选用高产稳产多抗广适半冬性品种。推荐品种：济麦22、烟农19、淮麦22、淮麦29、泛麦5号、连麦2号、谷神6号、洛麦23和山农20等。二是秸秆还田。前茬作物收获后，将秸秆粉碎还田，秸秆长度≤10厘米，均匀抛撒地表。三是深松深耕。3年深松（深耕）一次，深松机深松30厘米以上或深耕犁深耕25厘米以上，深松或深耕后及时合墒，机械整平。四是旋耕整地。旋耕前施底肥，依据产量目标、土壤肥力等进行测土配方施肥，一般每亩底施磷酸二铵20～25千克，尿素8千克，硫酸钾或氯化钾10千克［或三元复合肥（N∶P∶K＝15∶15∶15）50～60千克，尿素8千克］，硫酸锌1.5千克，并增施有机肥。旋耕机旋耕，耕深15厘米以上，并用机械镇压。五是机械条播镇压。选用带镇压器的播种机，最适播期（10月5～15日）内适墒条播，播种深度3～5厘米，播种时日均温16～18℃。按每亩基本苗14万～17万确定播量，适宜播期后播种，每推迟1天，每亩增播量0.5千克。六是灌越冬水。如遇冬季干旱需浇越冬水，气温下降至0～3℃，夜冻昼消时灌水，保苗安全越冬。七是重施拔节肥水。一般在3月20～30日结合浇水亩追施尿素18千克左右；也可分2次追肥，每次各9千克尿素，第一次在3月15～20日，第二次在4月5日左右；4月下旬可结合降水每亩追施2～3千克尿素，促进籽粒灌浆。八是机械喷防。适时机械化学除草，重点防治纹枯病、白粉病、赤霉病、蚜虫等。九是一喷三防。生育后期选用适宜杀虫剂、杀菌剂和磷酸二氢钾，各计各量，现配现用，机械喷防，防病，防虫，防早衰（干热风）。十是机械收获。籽粒蜡熟末期采用联合收割机及时收获。

21. 湖北省小麦高产创建技术规范模式

该模式主要适用于湖北省鄂中丘陵和鄂北岗地小麦高产区。本区域主要耕作模式为一年两熟，包括玉米小麦连作和水稻小麦连作。常年小麦种植面积40多万公顷，占湖北省小麦面积的46%，总产约占58%。本区小麦一般在10月中旬至10底播种，5月下旬收获，年平均气温15～16℃，年降水量900～1 100毫米，小麦全生育期降水量450～500毫米，降水总量能基本满足小麦生长要求，但降水量分布不均匀。本区地形以丘陵、冈地为主，还有低山平原。鄂中丘陵土壤以黄棕壤、水稻土为主，鄂北冈地以黄土为主，有机质含量较高。限制本区域小麦生产的主要因素：①品种均为春性品种或偏春性品种，播期弹性较小，常由于播期过早或偏迟形成年前旺苗或弱苗。②播种质量不高。本区小麦播种方式以撒播为主，播量偏大，播期偏早的问题突出，稻茬麦田还存在整地质量差、沟厢不配套等问题。③肥料运筹方式不合理，表现为氮肥使用量偏大，底氮肥和前期用肥量过大，后期施肥量不足，肥料利用率偏低。④缺乏抗旱条件。部分冈地麦田不平整，不具备灌溉条件，遇严重干旱年份常造成严重减产。⑤高温逼熟。在小麦灌浆期遇持续高温天气时，易导致高温逼熟，千粒重下降。

——预期目标产量

通过推广该模式，小麦高产创建田达到亩产500千克。

——关键技术规范

一是品种选择。选择高产稳产优质多抗偏春性或半冬性品种。推荐品种：鄂麦596、襄麦55、郑麦9 023、漯6 010等。二是秸秆还田，旋耕整地。前茬作物为玉米等旱地作物的地块，在前茬作物收获后，将秸秆粉碎还田，秸秆长度≤10厘米，均匀抛撒地表，用旋耕机旋耕2～3遍，耕深12厘米以上，并用机械镇压；旱茬地每3年深松（深耕）一次，深松机深松30厘米以上或深耕犁深耕25厘米以上，深松或深耕后及时合墒，机械整平。三是科学合理施肥。依据产量目标、土壤肥力等进行测土配方施肥，每亩底施三元复合肥（N∶P∶K＝15∶15∶15）25～30千克，尿素8千克，大粒锌200克（纯锌含量50～60克）；也可施磷酸二铵20～25千克，尿素8千克，硫酸钾或氯化钾10～15千克。拔节孕穗期重施肥，促大蘖成穗。3月上中旬～4月初看苗施尿素10千克左右。四是药剂拌种或实行种子包衣。播前选用合适的药剂拌种，随拌随用，或使用包衣种子。五是机械条播，播后镇压。最适播期内适墒时采用机械条播，播种时日均温 16℃左右。按旱茬田每亩基本苗 15 万～18 万，稻茬田 18 万～25 万确定播量，适宜播期后播种，每推迟 1 天，每亩增播量增加 0.5 千克，播后及时镇压。六是统防统治病虫草害。重点防治纹枯病、条锈病、白粉病、赤霉病、全蚀病、蚜虫、麦蜘蛛等，实行统防统治。冬前适时进行化学除草。开花灌浆期做好一喷三防。选用适宜杀虫剂、杀菌剂和磷酸二氢钾，机械喷防，防病，防虫，防早衰。七是机械收获。籽粒蜡熟末期采用联合收割机及时收获，预防干热风和躲避烂场雨，防止穗发芽，确保丰产丰收，颗粒归仓。

22. 山西省临汾市小麦高产创建技术规范

本区指山西省临汾市小麦主产县市，包括洪洞县、尧都区、襄汾县、曲沃县和侯马市。常年种植模式为小麦—玉米一年两熟。5 个主产县小麦常年种植面积 15 万公顷左右，占山西省小麦种植面积的 22%左右。一般 10 月 5 日至 10 月 10 播种，6 月中旬收获。小麦播种至成熟>0℃积温 1 900～2 300℃，全年无霜期 220～250 天。全年降水量 450～550 毫米，小麦生育期降水 150～180 毫米，土壤类型为石灰性褐土。制约本区域小麦高产的主要因素：一是小麦生育期阶段性干旱、晚霜冻（冷）害和后期干热风频发。二是秸秆还田后旋耕播种耕层土壤悬虚，吊根弱苗，冻害严重。三是种植效益低，农民提高单产积极性不高，病虫草害防治不及时。四是品种布局不合理，盲目种植中晚熟品种，收获期推迟，干热风造成粒重降低程度增加，影响产量。

——预期目标产量

通过实施该技术模式，小麦高产创建田实现亩产 600 千克。

——关键技术规范

一是品种选择。选用高产稳产多抗广适性半冬性品种。推荐品种：尧麦 16、良星 99。二是秸秆还田。前茬作物收获后立即将秸秆粉碎还田，秸秆长度≤5 厘米，均匀铺撒地表，去除压倒未粉碎秸秆。三是深松深耕。隔年深松（或深耕）一次，深度 25～30 厘米或深耕 25 厘米左右，深耕深松后旋耕一遍，达到平整土地。四是施足底肥。深松（耕）或旋耕一遍后，根据目标产量重施底氮，平衡施肥，每亩底施磷酸二铵 20 千克，尿素 10 千克，硫酸钾 10 千克，硫酸锌 1.5 千克，配施精制有机肥 300 千克。五是足墒旋耕适期播种。适播期内（10 月 5～10 日，日均温 16℃左右）旋耕条播或撒播。按每亩基本苗 20 万～25 万确定播量，一般机械条播播量 15 千克，撒播播量 20 千克。适播期后，播期每推迟 1 天，每亩增播量 0.5 千克，播期不宜迟于 10 月 15 日。播种时土壤相对含水量应在 70%左右，否则应在播前造墒或播后浇灌蒙头水，以确保出苗。六是播后镇压。播种时应选用带镇压装置的机械，边播种边镇压或播后用专用镇压器重压，使土壤与土壤密切接触，达到苗齐苗全。七是冬水前移。小麦三叶期开始浇灌越冬水到夜冻昼消前结束，塌实耕层土壤，促进冬前分蘖和次生根发生，培育冬前壮苗，保苗安全越冬。八是冬春适时耙耱保墒。冬前浇水后，土壤墒情适宜时进行锄划中耕或耙耱，弥实地表裂缝，防止冷风倒灌伤根，保墒防冻。早春顶凌期或返青期中耕松土或轻耙轻耱，去除枯叶，保墒提温。九是冬前化学除草。小麦三叶期后，日平均气温高于 5℃的无风晴天，进行冬前化学除草。十是拔节期增量灌水。拔节期（4 月 5 日左右）浇灌拔节水，灌水量由 50 米^{3}增加到 60 米^3，结合灌水亩追尿素 10～15 千克，促大蘖成穗。适时浇好灌浆水，强筋品种或有脱肥迹象的麦田可随灌水亩施 2～3 千克尿素，促进籽粒灌浆，灌水时间在 5 月 10 日左右。十一是适时防虫治病。早春密切监测白粉病、锈病和麦蚜、麦蜘蛛、吸浆虫发生情况，达到防除指标及时防治。十二是一喷三防。灌浆期根据病虫害发生情况，选择适宜杀虫剂、杀菌剂和尿素、磷酸二氢钾或叶面肥、抗旱剂等混喷，防病，防虫，防早衰（干热风）。十三是适时浇灌浆水。因拔节期增量灌水，一般可不浇灌浆水，但遇到持续干旱或高温干热风等不利气候应及时浇水，预防早衰，确保粒重。十四是适时机械收获。籽粒蜡熟末期采用联合收割机及时收获。预防干热风和躲避烂场雨，防止穗发芽，确保丰产丰收，颗粒归仓。

23. 陕西省关中灌区小麦高产创建技术规范

本区指陕西关中地区可以进行灌溉的全部农业生产县市，包括渭南市、咸阳市、宝鸡市、西安水浇地。耕作模式为一年两熟，主要种植作物为小麦、玉米。常年小麦种植面积 86 万公顷左右，占陕西省小麦种植面积的 70%左右，一般 10 月上中旬播种，6 月上中旬收获，小麦播种至成熟>0℃积温 1 987.3～2 208.9℃ 左右。全年无霜期 200～220 天。全年降水量 550～790 毫米，小麦生育期降水 207.9～285.6 毫米。本区土壤类型为关中垆土。制约本区域小麦生产的主要因素：一是小麦生育期降水严重不足。二是常遇春季干旱，影响小麦返青及正常生长。三是病虫害较多，历年均有不同程度发生。四是倒春寒发生频率高。五是后期干热风危害。

——预期目标产量

通过推广该技术模式，小麦高产创建田达到亩产 600 千克。

——关键技术规范

一是品种选择。选用高产稳产多抗广适半冬性（或弱春性）品种。推荐品种：小偃 22、西农 979、西农 889、西农 556、西农 538、西农 558。二是秸秆还田。前茬作物收获后，将秸秆粉碎还田，秸秆长度≤10 厘米，均匀抛撒地表。三是深松深耕。3 年深松（深耕）一次，深松机深松 30 厘米以上或深耕犁深耕 25 厘米以上，深松或深耕后及时合墒，机械整平。四是旋耕整地。旋耕前施底肥，依据产量目标、土壤肥力等进行测土配方施肥，一般每亩底施磷酸二铵 20 千克，尿素 10 千克，硫酸钾或氯化钾 10 千克，硫酸锌 1.5 千克，并增施有机肥。旋耕机旋耕，耕深 12 厘米以上，并用机械镇压。五是机械条播。最适播期内机械适墒条播，播种时日均温 16～18℃。按每亩基本苗 14 万～22 万确定播量，适宜播期后播种，每推迟 1 天，每亩增播量 0.5 千克。六是机械镇压。选用适合当地生产的镇压器机型，播种后和春季各镇压 1 次，压实土壤，弥实裂缝，保墒防冻。七是灌越冬水。气温下降至 0～3℃，夜冻昼消时灌水保苗安全越冬。八是重施拔节肥水。拔节期重施肥水，促大蘖成穗；亩追施尿素 18 千克左右，促进籽粒饱满，灌水追肥时间在4月10～15日。九是机械喷防。适时机械化学除草，重点防治纹枯病、条锈病、白粉病、赤霉病、吸浆虫、蚜虫等。十是一喷三防。生育后期选用适宜杀虫剂、杀菌剂和磷酸二氢钾，各计各量，现配现用，机械喷防，防病，防虫，防早衰（干热风）。十一是机械收获。籽粒蜡熟末期采用联合收割机及时收获。预防干热风，躲避烂场雨，防止穗发芽，确保丰产丰收，颗粒归仓。

24. 四川省成都市小麦高产创建技术规范

成都市种植模式以稻麦轮作为主，一般10月下旬至11月上旬播种，5月上中旬收获，小麦播种至成熟>0℃积温2 040℃左右。全年无霜。年平均降水量约900毫米，小麦生育期平均降水约200毫米。

——预期目标产量

通过推广该技术模式，小麦高产创建田达到亩产500千克。

——关键技术规范

一是品种选择。选用通过国家或省级审定的高产稳产多抗广适秋播春性品种。推荐品种：川麦104、川麦42等，播种前用15%三唑酮2 000倍液拌种。二是免耕露播。免耕麦田应在播前7～10天进行化学除草，用除草剂克无踪200克对水30千克喷雾。采取免耕栽培，需要开好边沟、厢沟，做到沟沟相通，利于排水降湿。边沟宽25～30厘米，深25～30厘米，厢沟宽20～25厘米，深20～25厘米。免耕栽培采用2BJ-2型简易播种机播种，每亩播8～10千克精选种子，播后用稻草覆盖，每亩底施30千克复合肥（含氮量20%），硫酸锌1.5千克；或采用2BFMDC-6/8播种机播种，播种、施肥一次完成。若采取翻耕栽培，可选择2BJ-2型简易播种机或全层旋耕播种机。播种深度控制在3～4厘米。三是除草防病虫害。小麦苗期进行化学除草，具体做法每亩用阔世玛水分散粒剂20～25克，对水50千克喷雾，除禾本科和阔叶杂草。同时注意观察条锈病、红蜘蛛等病虫发生情况，及时防治。四是重施拔节肥水。翌年1～2月重施拔节肥水。具体做法：根据长势每亩追施尿素8～10千克，促大蘖成穗，施肥和配合浇水进行，弱田早施。对植株较高品种或群体过大麦田，应在苗期和拔节初期喷施矮壮素或矮丰，以控高防倒。用50%矮壮素100～300倍液或50克矮丰对水20～30千克，均匀喷雾。五是机械喷防。翌年3～4月综合防治病虫害，在小麦扬花期每亩用70%托布津75克对水喷雾，防治小麦赤霉病；3月上中旬每亩用三唑酮粉剂100克对水喷雾，防治锈病、白粉病；对蚜虫采用色板诱杀和生物防治，每亩用云菊50毫升对成1 500倍液喷雾；用卫士喷雾器每亩对水50千克，用机动喷雾器每亩对水15千克。六是机械收获。蜡熟末期用半喂入收割机选晴好天气及时收获，颗粒归仓；及时晾晒扬净，预防霉烂，做到丰产丰收。

25. 甘肃省春小麦高产创建技术规范

甘肃省水浇地春小麦主要分布在河西走廊绿洲和沿黄灌区，一年一熟。常年春小麦种植面积17万公顷左右，占甘肃省小麦种植面积的20%左右。播种时间为3月10～25日，7月10～20日收获。年平均气温7.0～9.0℃，全年≥0℃积温3 000～4 000℃，≥10℃积温2 500～3 600℃以上，日照时数2 600～3 000小时，无霜期大于130～175天。年均降水量河西走廊为100～200.0毫米，沿黄灌区为250～350毫米。土壤类型河西走廊属为灌淤土，沿黄灌区为黄绵土。制约本区域小麦生产的主要因素：一是小麦生育后期干热风危害；二是后期倒伏；三是病虫害。沿黄灌区及河西走廊均常见蚜虫、吸浆虫危害；另外，沿黄灌区还多发锈病和白粉病；四是河西走廊灌淤土土壤质地不良，易脱水脱肥，需注意水肥管理。

——预期目标产量

通过推广该技术模式，小麦高产创建田实现亩产500千克。

——关键技术规范

一是品种选择。河西走廊灌区春小麦应注意选择中早熟抗干热风抗倒伏品种；沿黄灌区春小麦应注意选择抗锈抗白粉病抗倒伏耐盐碱品种；灌区小麦要求株型较紧凑，株高在河西走廊灌区不宜超过85厘米，其余灌区不宜超过90厘米。推荐品种：宁春系列、陇辐2号、武春3号等。二是耕作整地。夏茬田前作收后及时深耕灭茬，立土晒垡，熟化土壤，到秋末先深耕施基肥，再旋耕碎土，整平土壤，等待播种；秋茬田应随收随深耕，可将深耕、施基肥、旋耕、耙耱整平一次性作业完成。秋末耕作整地要与打埂作畦结合，保证灌溉均匀。深耕要达到25厘米以上，打破犁底层。三是秸秆还田。提倡有条件地方进行秸秆还田培肥地力。前茬单作小麦的地块，若为联合收割机收获，先将收割机打碎的带状秸秆碎段铺匀，然后结合夏季耕作灭茬，连同收割留茬一起翻耕或旋耕还田；前茬为玉米单作田块或者小麦套种玉米带田，小麦和玉米机械收获后可结合秋季耕作灭茬、整地，将收割粉碎的玉米秸秆连同小麦秸秆碎段一起还田入土；若为人工收获，收获后可先将秸秆先粉碎成5厘米长的碎段，再均匀铺撒，然后结合夏季耕作灭茬或秋季耕作整地还田入土。当年秸秆量可全部就地还田。四是灌底墒水。11月中旬土壤夜冻昼消时灌底墒水，底墒水要求灌足灌透，每亩灌溉量70～100米^3。五是耙耱镇压。入冬后耙耱弥补裂缝，早春最好顶凌耙耱保墒。秸秆还田地区若土壤虚松，早春可通过轻度镇压弥补裂缝保墒提墒。六是科学施用底肥。亩产500千克以上麦田，每亩腐熟有机肥3 000～5 000千克，底施磷酸二铵20千克左右，尿素6千克左右。全部有机肥和磷肥做基肥。春小麦若未用氮素化肥做基肥，则可用30％氮肥做种肥，在春播前5～7天旋耕施入，以便在下种前融化，同时种肥层应在播种层下方2厘米左右。适宜作种肥的氮素化肥有硝酸铵、硫酸铵、复合肥料等。七是种子处理。贮藏期间回潮种子播前晒种24小时以上。条锈病、白粉病、黑穗病、地下害虫发生较重地区，播种前用15％三唑酮可湿性粉剂或2％戊唑醇拌种；全蚀病严重发生区，可选用12.5％硅噻菌胺（全蚀净）悬浮剂拌种；地下害虫、麦蜘蛛、麦蚜等常发地块，可用40％辛硫磷乳油拌种。八是机械条播。推广宽幅精播或机条播，播后耱平。过分虚松的土壤，播后需要镇压。播前若墒情差，可采用深种浅盖法。播种深度以3～5厘米为宜，一般亩产量400～500千克的田块，适宜的播量大致为17.5～22.5千克。九是中耕除草和防倒伏。三叶期至拔节前，结合人工除草行间划锄 1～2 次；若苗期杂草严重，可在封垄前化学除草；拔节初期喷 0.5%矮壮素，防止后期倒伏。春季及时防治病虫，尤其对地下害虫和锈病要尽早化学防控。对条锈病病叶率达到 0.5%～1.0%的地块，要及时防治，每亩用 15%三唑酮可湿性粉剂 75～100 克或 12.5%烯唑醇（又名速保利、禾果利、特谱唑）可湿性粉剂 20～30 克，对水 50 千克喷雾防治；拔节期是白粉病防治关键时期，可结合防治锈病同时进行。对已发生麦红蜘蛛、蚜虫的地块，每亩用 40%氧化乐果乳油 50～100 毫升，手动喷雾器加水 50～75 千克，机动喷雾器加水 10～15 千克喷雾。十是灌水与追肥。在冬前灌足底墒水的基础上，返青～成熟一般分三次使用水肥。第一次在拔节期，强调重用拔节水肥，每亩灌水量 70 米^3，追施尿素 12～13 千克，促大蘖成穗；第二次在抽穗—开花期，每亩灌水量 50～70 米^3，酌情追施尿素 5～6 千克，若叶色深绿，可不追氮肥；第三次在灌浆期（乳熟期前后）进行，每亩灌水量 40 米^{3}左右，一般不再土壤追肥；干热风重发频发区，可在干热风来临前 2～3 天浇一次小水（20～30 米^3），当天渗完。十一是一喷三防。从花后 10 天开始，酌情进行 1～2 次一喷三防，每次相隔 7～10 天。一喷三防配方：①每亩用 15%三唑酮可湿性粉剂 60～80 克或 12.5%烯唑醇可湿性粉剂 20～25 克＋10%吡虫啉 20～30 克＋磷酸二氢钾 100 克，对水 30 千克喷雾。②每亩用 50%抗蚜威可湿性粉剂 20 克＋12.5%烯唑醇可湿性粉剂 25～30 克＋磷酸二氢钾 100 克，对水 30 千克喷雾。十二是适时收获。蜡熟末期及时机械抢收，以防冰雹危害。

26. 宁夏北部灌区春小麦高产创建技术规范

本区指宁夏卫宁灌区和青铜峡灌区，包括中卫、中宁、吴忠、青铜峡、灵武、永宁、贺兰、平罗等市县。耕作模式为一年两熟或一熟，主要种植作物为春小麦、玉米。本区常年春小麦种植面积 7 万公顷左右，占全区小麦种植面积 30%左右。一般 2 月底至 3 月上旬播种，7 月中中旬收获，小麦播种至成熟＞0℃积温 2 000 左右。全年无霜期 180 天。全年平均降水量 150 毫米左右，其中小麦生育期降水 50 毫米左右。本区土壤类型为淡灰钙土。制约本区域小麦生产的主要因素：一是干旱少雨，依靠灌溉。二是整地质量差，播种量大，加上多风气候环境，群体大，质量差，苗不保穗，倒伏多发。三是金针虫、吸浆虫、白粉病发生较重。四是后期干热风危害重，高温逼熟。

——预期目标产量

通过推广该技术模式，春小麦高产创建田实现亩产 500 千克。

——关键技术规范

一是蓄水保墒。于上年 11 月中旬适时冬灌。立春前后应适时耙地保墒，创造松散而具有一定厚度的干土层，以减少蒸发；播种前，于午后顶凌采用交叉耙耱，以求深耙和碎土，并创造上干下湿的土壤条件，为顶凌播种、提高播种质量创造有利条件。二是培肥地力。多途径增施有机肥，培肥地力。若采用秋施肥，应结合深耕翻地，每亩施有机肥 2 000～3 000 千克，底施磷酸二铵 10 千克，尿素 20 千克，硫酸钾（氧化钾含量 50%）6 千克；种肥磷酸二铵 10 千克。三是精播精种。一般 2 月底 3 月初顶凌播种，灌区银南在 2 月底至 3 月 10 日前，银北不迟于 3 月 15 日。选用高产稳产多抗广适春性品种，当地主栽品种为宁春 4 号，生产主推品种为宁春 50 号。每亩播量 20～22.5 千克，带种肥磷酸二铵 10 千克左右。采用宽窄行或等行种植，宽窄行种植宽行 0.17 米、窄行 0.08 米，等行种植行距 0.125 米。选好机手，把好播种质量；注意深度，掌握在 3.5～5.0 厘米，以减少浮籽。播前还需做好金针虫预防，出苗前后需注意破除板结。四是优化肥水管理。为保证穗分化对水分的需求，应早灌头水，一般争取 4 月 25 日前后，最迟 4 月底灌完头水，以保证幼苗期对水分的需求。拔节期重施肥水，促大蘖成穗，头水前视苗情亩追施尿素 10～15 千克。灌水追肥时间约在 4 月 25 日前后；二水适当晚灌，时间约在 5 月 15 日前后；5 月上中旬灌二水，5 月下旬灌三水，6 月 20 日前后灌四水。若遇墒情好或多雨年份，可灌 3 次水，即 4 月 25 日前后灌完头水，5 月上中旬灌 2 水，6 月上中旬灌 3 水。五是早防统治。头水前做好化学除草，注意清除田埂及田间杂草。白粉病最佳防治时间应在小麦灌二水前后（5月中旬），亩喷粉锈宁40克、对水15千克，早防。抽穗前后每亩用氧化乐果加25%粉锈宁30克或40%多菌灵胶悬剂50毫升，对水30～40千克喷雾，可防治小麦蚜虫、锈病、赤霉病，兼防小麦白粉病。常年旱田及银北应注意防治小麦金针虫和小麦吸浆虫。小麦金针虫防治可采用播种整地前毒土或拌种处理，效果较好；吸浆虫防治应注意防治幼虫和成虫。吸浆虫幼虫防治4月20日前撒毒土；蛹期防治吸浆虫，每亩用50%辛硫磷乳油或40%甲基异柳磷乳油200～250毫升加水5千克喷拌细土25千克均匀撒施，撒后及时浇水；严重发生麦田应适当增加药量。成虫防治利用5月底6月初成虫在麦穗上产卵的有利时机，结合防治小麦蚜虫，每亩用3%中科蚜净（啶虫脒）乳油15～20毫升或4.5%高效氯氰菊酯乳油25毫升，对水30千克均匀喷雾；或在抽穗至开花盛期每亩用4.5%高效氯氰菊酯乳油15～20毫升、2.5%溴氰菊酯乳油15～20毫升，对水50千克喷雾。小麦灌浆期根据病虫发生情况，采用杀虫剂、杀菌剂和微肥混合喷施，即可防治小麦白粉病、锈病和小麦蚜虫，并结合叶面喷施微肥或磷酸二氢钾以延长叶片光合功能期，防治早衰。六是适时收获。籽粒蜡熟末期采用联合收割机及时收获。

27. 云南省小麦高产创建技术规范

本区指云南省全部农业生产县市，包括滇东北昭通、曲靖，滇西北丽江、迪庆以及怒江大部分，滇中昆明、大理、楚雄、玉溪、保山，滇南德宏、临沧、思茅、西双版纳、红河以及文山等州市全部或大部分。耕作模式为一年两熟或一年多熟，主要种植作物为小麦、玉米、水稻。常年小麦种植面积53万公顷左右，占全省小麦种植面积的90%左右，一般10月底至月11上旬播种，翌年4月低或5月上中旬收获，小麦生育期间，天气晴朗，日照时数可达1 600小时，由于光能充足、光质较好，有利于作物高产。云南冬季不寒冷，大多数地区最冷月均温7～10℃，绝对最低温度小于−5℃的次数极少，时间极短，小麦无越冬现象。春季气温回升快，平均月上升3～4℃，大多数地区3月气温可稳定在10～12℃，能满足小麦生育需要，有利于培育多花多实大穗品种。全省大部分地区年降水量800～1 300毫米，一般约1 100毫米。除个别年份外，大部分地区年降水量变化不大，但降水时间分布极不均匀。一般5～10月为雨季，降水量占全年的85%以上，11月至翌年4月为旱季，降水只有300毫米，且分布不均匀，1～3月在小麦拔节、灌浆时期，降水常常仅20～30毫米，加上风大蒸发量大，干旱严重，对小麦生产有极大影响。本区土壤类型主要是酸性红壤。制约本区域小麦生产的主要因素：一是小麦生育期降水严重不足。二是常遇冬春季干旱，影响小麦拔节及正常生长。三是病虫害较多，历年均有不同程度发生。四是倒春寒发生频率高。五是后期干热风危害。

——预期目标产量

通过推广该技术模式，小麦高产创建田实现亩产500千克。

——关键技术规范

一是品种选择。选用高产稳产多抗广适秋播春性（或弱春性）品种。推荐品种：云麦42、云麦47、云麦51、云麦53、云麦54、云麦56、云麦57、凤麦39号、靖麦11号、临麦6号、临麦15号、楚麦10号、宜麦1号、川麦107等。二是种子处理。用杀虫剂、杀菌剂及生长调节物质作种子的包衣，预防土传、种传病害及地下害虫；未包衣的种子应采用药剂拌种。在锈病发生较重的地块，用20%三唑酮（粉锈宁）按种子量的0.15%拌种；地下害虫发生较重的地块，选用40%甲基异柳磷乳油或35%甲基硫环磷乳油，按种子量的0.2%拌种；病虫混发地块用以上杀菌剂+杀虫剂混合拌种。三是秸秆还田。云南由于养殖业较大，作物秸秆常常被粉碎作饲料，最终通过动物排泄变成农家肥，因此除去前茬和杂草后深耕前，每亩施入腐熟农家肥1 500千克；部分地区畜牧养殖靠深加工后的饲料，秸秆较少作为饲料，可以将秸秆直接粉碎成长度≤10厘米的小段还田，均匀撒于地表，用大型拖拉机耕翻入土，耙耱压实，并浇塌墒水。同时，每亩应补施尿素5千克，以加速秸秆腐解。四是深松深耕。土壤耕作层过浅，对小麦根系生长发育不利，因此3年深松（深耕）一次，深松机深松30厘米以上或深耕犁深耕25厘米以上，深松或深耕后及时机械精细耕地作畦，三沟配套，使墒沟高于中沟，中沟高于围沟。达到雨停沟干，田不积水的标准。五是旋耕整地。旋耕前施底肥，依据产量目标、土壤肥力等进行测土配方施肥，一般每亩底施30千克复合肥（含氮量20%），硫酸锌1.5千克，并增施有机肥。旋耕机旋耕，耕深12厘米以上，并用机械镇压。六是机械条播。最适播期内机械适墒条播，播种时日均温16℃左右。按每亩基本苗15万～20万确定播量，适宜播期后播种，每推迟1天，每亩增播量0.5千克。提倡在适宜地区应用少免耕机条播。采用2BG－6A型或功能与此类似的免耕条播机，一次完成灭茬、浅旋、开槽、播种、施肥、覆土、镇压等作业。在实行机械播种时要特别注意加强对播种机械操作人员的技术培训；选用的播种机必须与拖拉机匹配，严禁动力低配；提倡选择旋耕施肥播种机进行播种作业；机播作业要求做到不重播，不漏播，深浅一致，覆土严密，地头整齐；注意调整播量、播深与行距，播种深度不宜超过5厘米，墒情不足时可以加深至5～6厘米，播种行距一般控制在20厘米左右。七是灌好两水。即出苗水和分蘖水，达到促根增蘖培育壮苗。八是保证全苗。及时查苗补苗。因落干、漏播或地下害虫危害而缺苗的，应立即浸种补种，来不及补种的可待麦苗分蘖后移密补稀。九是看苗施肥。冬前壮苗指标为麦苗矮壮，叶色青绿，叶片短宽，单株次生根10条左右，每亩茎蘖数60万～80万。对群体40万以下，二叶一心或三叶期施分蘖肥，亩追施尿素10～15千克；对群体80万以上应抓紧镇压或深中耕。十是中耕除草松土保墒。麦田杂草在分蘖期以前抓紧进行防除，每亩用75%巨星1克对水30～40千克防治阔叶杂草，用6.9%骠马50克防治禾本科杂草。同时，适时中耕，促进根系生长，使弱苗转为壮苗；对群体过大的旺长苗，采用深锄、镇压等措施、控高、控旺。一般深锄10～18厘米，旱地麦可用石磙镇压，弥实裂缝，保墒抗旱。十一是重施拔节肥水。小麦应普施重施拔节肥，追肥浇水时间一般掌握在群体叶色褪淡、小分蘖开始死亡、分蘖高峰已过、基部第一节间定长时施用。群体偏大、苗情偏旺的延迟到拔节后期至旗叶露尖时施用。一般可看苗亩追施尿素10～15千克，促大蘖成穗。十二是机械喷防。适时机械化学除草，重点防治条锈病、蚜虫等病虫害。蚜虫是云南小麦的主要害虫，生产上应采取挑治苗蚜、主治穗蚜的策略。在适期冬灌和早春划锄镇压，减少冬春季麦蚜的繁殖基数；培育种类繁多的天敌；采用黄色黏稠物诱捕雌性蚜虫；但当百株穗蚜达500头或益害比1∶150以上时，每亩可用50％抗蚜威可湿性粉剂10～15克或10％吡虫啉可湿性粉剂20克、40％毒死蜱乳油50～75毫升、3％啶虫咪20毫升、4.5％高效氯氰菊酯40毫升，加水50千克，均匀喷雾，也可用机动弥雾机低容量（每亩用水量15升）喷防。在秋苗容易发生条锈病的地区，适当晚播，减轻秋苗病情。施用堆肥或腐熟有机肥，增施磷、钾肥，搞好氮、磷、钾合理搭配，增强小麦抗病力。铲草沤肥或伏耕保墒，在播麦前消灭田间、路边、沟边自生麦苗，可大量减少越夏菌源。当大面积发生条锈病时，每亩可用15％三唑酮可湿性粉剂80～100克或12.5％烯唑醇（禾果利）可湿性粉剂40～60克、志信星25～32克、25％丙环唑乳油30克～35克、30％戊唑醇悬浮剂10～15毫升，加水50千克喷雾，间隔7～10天再喷药一次。十三是一喷三防。小麦后期若同时发生锈病、白粉病和蚜虫危害时，可选用粉锈宁、抗蚜威、磷酸二氢钾等药剂，各计各量，现配现用，混合机械喷施，一喷多防。同时，也可加兑适量微肥叶面喷施，延缓叶片衰老，提高小麦抗（耐）高温和干热风能力。十四是适时机械收获。籽粒蜡熟末期采用联合收割机及时收获。适时收获是提高小麦产量不可忽视的重要环节。收获过早，籽粒灌浆不充分，成熟度差，籽粒干后皱缩，粒重降低；收获过晚，不仅因呼吸消耗使干粒重降低，而且易落粒、折穗，造成减产。小麦适宜收获时期的特征：叶片、穗及穗下间呈金黄色，穗下第一节呈微绿色；籽粒腹沟变黄，极少部分呈绿色，内部呈蜡质状态。此时收获，粒重最高，品质最佳。

28. 重庆市小麦高产创建技术规范

本技术规范模式适用于重庆市稻茬小麦及丘陵旱地间套作小麦生产区域。耕作模式为一年两熟或一年三熟，主要种植模式为小麦/玉米/甘薯或小麦/玉米/大豆等带状种植，稻/麦轮作种植。常年小麦种植面积20万公顷左右，一般10月底至11月上中旬播种，5月上中旬收获。全年无霜期320～365天。全年降水量1 300～1 541毫米，小麦生育期降水250～537毫米。本区土壤类型主要有水稻土类、冲积土类、紫色土类、黄壤土类、红壤土类等，小麦多分布在紫色土类。制约本区域小麦生产的主要因素：一是麦田土壤总体肥力水平较低、生产耕作粗放。二是小麦生长处于低温、阴雨、寡日照、倒春寒频繁的特殊生态气候，非常有利于小麦赤霉病、白粉病等病虫害及成熟时穗萌的发生。三是丘陵地区机械化操作难度大，种植规模小，效益低。四是小麦生产季节性干旱，低温冷害和冻害等隐性灾害时有发生。

——预期目标产量

通过推广该技术模式，小麦高产创建田达到亩产400千克。

——关键技术规范

一是品种选择。选用高产稳产多抗广适秋播春性品种。推荐品种：渝麦7号、渝麦9号、渝麦10号、渝麦12、渝麦13、内麦836、绵麦367、川麦43等。播前精选种子，药剂拌种。二是耕地整地。对于稻茬麦田，无论免耕还是旋耕，都要开好边沟、厢沟，做到沟沟相通，利于排水降湿。对于旱地套作小麦，前茬作物收获后及时整地，采用2米规格开厢，对等分带，一带种小麦，一带预留种玉米（高粱或大豆；此带在秋冬季可种植一季短季蔬菜）。人工翻挖耙平或微耕机旋耕1～2遍，以利播种。丘陵坡耕地无法使用大型耕整机具，因此秸秆很难实现翻埋还田。可在播种之后，将秸秆铡细覆盖于小麦行间或预留行内。对于旋耕整地的，旋耕前施底肥，依据产量目标、土壤肥力等进行测土配方施肥，一般净作每亩底施30千克复合肥，套作施20千克复合肥（含氮量20%），硫酸锌1.5千克，并增施有机肥。三是适期适量播种。最适播期内适墒播种，采用带式机播、撬窝或条沟点播、少免耕撒播，播种时日均温16℃左右。按每亩基本苗净作12万～15万，套作9万～10万确定播量，适宜播期后播种，每推迟1天，每亩增播量0.5千克。四是重施拔节肥。拔节期重施拔节肥，促大蘖成穗；亩追施尿素10千克左右。五是苗期喷防。适时化学除草，重点防治纹枯病、条锈病、白粉病、蚜虫等病虫害，防病时可结合喷施叶面肥。六是一喷三防。抽穗至开花期喷药预防赤霉病；灌浆期选用适宜杀虫剂、杀菌剂和磷酸二氢钾，各计各量，现配现用，机械喷防，防病，防虫，防早衰。七是适时收获。籽粒蜡熟末期及时组织抢收、脱粒、晾晒，防止穗发芽和烂场雨。

29. 贵州小麦高产创建技术规范模式

该模式重点针对贵州省小麦高产创建稻茬麦区的兴义市、兴仁县、惠水县。耕作模式为一年两熟，主要种植作物为小麦、水稻。常年小麦种植面积2.7万公顷左右，占贵州省小麦种植面积的10%左右，一般10月下旬播种，5月上旬收获，小麦播种至成熟>0℃积温2 200℃左右。全年无霜期300天。全年降水量1 200～1 531毫米，小麦生育期降水400～500毫米。本区土壤类型主要有红壤、黄壤、黄棕壤、潮土等。制约本区域小麦生产的主要因素：一是常遇春季干旱。二是病虫害较多，历年均有不同程度发生。三是倒春寒发生频率高。

——预期目标产量

通过推广该技术模式，小麦高产创建田达到亩产400千克。

——关键技术规范

一是品种选择。选用高产稳产多抗广适半冬性品种。推荐品种：黔麦18、黔麦19、丰7号、丰优8号、贵农19。二是秸秆还田。前茬作物收获后将秸秆粉碎还田，秸秆长度≤10厘米，均匀抛撒地表。三是深松深耕。3年深松（深耕）一次，深松机深松30厘米以上或深耕犁深耕25厘米以上，深松或深耕后及时合墒，机械整平。四是旋耕整地。旋耕前施底肥，依据产量目标、土壤肥力等进行测土配方施肥，一般每亩底施20千克复合肥（含氮量

20%)，并增施有机肥。旋耕机旋耕，耕深12厘米以上。五是机械条播。最适播期内机械适墒条播，播种时日均温16℃左右，一般控制在10月26日至11月6日，播深3～5厘米，按每亩基本苗15万～20万确定播量，间套作播种量减半；出苗后及时查苗，发现缺苗断垄应及时补种，确保全苗，田边地头要种满种严。六是重施拔节肥。拔节期亩追施尿素10千克左右，促大蘖成穗。七是病虫草害防治。苗期注意观察条锈病、红蜘蛛等病虫发生情况，及时防治，并注意适时进行杂草防除。拔节期注意防治条锈病、白粉病、蚜虫。抽穗至开花期喷药预防赤霉病，灌浆期注意观察蚜虫和白粉病、条锈病发生情况。八是一喷三防。抽穗至开花期喷药预防赤霉病；灌浆期选用适宜杀虫剂、杀菌剂和磷酸二氢钾，各计各量，现配现用，机械喷防，防病，防虫，防早衰。九是机械收获。籽粒蜡熟末期采用联合收割机及时收获，确保丰产丰收，颗粒归仓。

30. 北京市小麦高产创建技术规范

本区指北京市小麦生产区县。耕作模式为一年两熟或两年三熟，主要种植作物为小麦、玉米、豆类、蔬菜等。近年小麦种植面积3.3万公顷左右。一般9月下旬末至10月上旬播种，6月中旬收获，小麦播种至成熟>0℃积温2 100℃左右。全年无霜期180～200天。全年降水量546毫米左右，小麦生育期降水130毫米左右。小麦生产区的土壤类型主要有褐土和潮土两大类型。制约本区域小麦生产的主要因素：一是小麦玉米一年两熟种植，积温不足，接茬紧张。二是小麦生育期降水严重不足。三是常遇春季干旱，影响小麦返青及正常生长。四是病虫害较多，历年均有不同程度发生。五是倒春寒发生频率高。六是后期干热风危害。

——预期目标产量

通过推广该技术模式，小麦高产创建田达到亩产500千克。

——关键技术规范

一是品种选择。选用高产稳产多抗广适冬性偏早熟品种。播前精选种子，做好发芽试验，进行药剂拌种或种子包衣，防治地下害虫。二是秸秆还田。前茬作物收获后将秸秆粉碎还田，秸秆长度≤10厘米，均匀抛撒地表。三是深松深耕。3年深松（深耕）一次，深松机深松30厘米以上或深耕犁深耕25厘米以上，深松或深耕后及时合墒，机械整平。四是旋耕整地。旋耕前施底肥，依据产量目标、土壤肥力等进行测土配方施肥，一般每亩底施磷酸二铵20千克左右，尿素8千克，硫酸钾或氯化钾10千克，硫酸锌1.5千克，并增施有机肥。旋耕机旋耕，耕深12厘米以上，并用机械镇压。五是机械条播。最适播期内机械适墒条播，播种时日均温16～18℃。按每亩基本苗20万～25万确定播量，适宜播期后播种，每推迟1天，每亩增播量0.5千克。六是播后镇压。选用适合当地生产的镇压器机型，播种后进行镇压，压实土壤，弥实裂缝，保墒防冻。七是灌越冬水。日均气温下降至3℃左右，夜冻昼消时灌越冬水，保苗安全越冬。八是越冬或返青期机械镇压。越冬或返青期，地表出现干土层时，用表面光滑的镇压器进行麦田镇压，弥实麦田地表裂缝，保温保墒。九是重施拔节肥水。拔节期结合浇水每亩追施尿素18千克左右，促大蘖成穗。适时浇好开花灌浆水，强筋品种或有脱肥迹象的麦田，可随灌水每亩施2～3千克尿素，促进籽粒灌浆。时间在5月10日左右。十是机械喷防。适时用机械化学除治病虫草害，重点防治纹枯病、条锈病、白粉病、赤霉病、吸浆虫、蚜虫等病虫害。十一是一喷三防。生育后期选用适宜杀虫剂、杀菌剂和磷酸二氢钾，各计各量，现配现用，机械喷防，防病，防虫，防早衰（干热风）。十二是机械收获。籽粒蜡熟末期采用联合收割机及时收获，注意躲避烂场雨，做到丰产丰收。

31. 河北省赵县小麦高产创建技术规范

本区指赵县小麦生产各乡镇。耕作模式为一年两熟，主要种植作物为小麦、玉米、豆类等。近年小麦种植面积3.7万公顷左右。一般至10月上中旬播种，6月中旬收获，小麦播种至成熟>0℃积温2 200℃左右。全年无霜期198天。年平均降水量504毫米左右，小麦生育期降水150毫米左右。小麦生产区土壤类型主要有褐土和潮土。制约本区域小麦生产的主要因素：一是小麦生育期降水严重不足。二是常遇春季干旱，影响小麦返青及正常生长。三是病虫害较多，历年均有不同程度发生。四是倒春寒发生频率高。五是后期干热风危害。

——预期目标产量

通过推广该技术模式，小麦高产创建田达到亩产600千克。

——关键技术规范

一是品种选择。选用高产稳产多抗广适半冬性品种。播前精选种子，做好发芽试验，进行药剂拌种或种子包衣，防治地下害虫。二是秸秆还田。前茬作物收获后将秸秆粉碎还田，秸秆长度≤10厘米，均匀抛撒地表。三是深松深耕。3年深松（深耕）一次，深松机深松30厘米以上或深耕犁深耕25厘米以上，深松或深耕后及时合墒，机械整平。四是旋耕整地。旋耕前施底肥，依据产量目标、土壤肥力等进行测土配方施肥，一般每亩底施磷酸二铵20～25千克，尿素10千克，硫酸钾或氯化钾10千克，硫酸锌1.5千克，并增施有机肥。旋耕机旋耕，耕深12厘米以上，并用机械镇压。五是机械条播。最适播期内机械适墒条播，播种时日均温16～18℃。按每亩基本苗18万～20万确定播量，适宜播期后播种，每推迟1天，每亩增播量0.5千克。六是机械镇压。选用适合当地生产的镇压器机型，播种后和春季镇压各1次，压实土壤，弥实裂缝，保墒防冻。七是灌越冬水。日均气温下降至3℃左右，夜冻昼消时灌越冬水，保苗安全越冬。八是重施拔节肥水。拔节期结合浇水每亩追施尿素20千克左右，促进分蘖成穗。适时浇好开花灌浆水，强筋品种或脱肥的麦田，可随灌水亩施2～3千克尿素，促进籽粒灌浆，时间约在5月5日左右。九是机械喷防。适时用机械化学除治病虫草害，重点防治纹枯病、条锈病、白粉病、赤霉病、吸浆虫、蚜虫等病虫害。十是一喷三防。生育后期选用适宜杀虫剂、杀菌剂和磷酸二氢钾，各计各量，现配现用，机械喷防，防病，防虫，防早衰（干热风）。十一是机械收获。籽粒蜡熟末期采用联合收割机及时收获，躲避烂场雨，确保丰产丰收。

32. 河北省任丘市小麦高产创建技术规范

本区指河北省任丘市全部农业生产乡镇。耕作模式为一年两熟，主要种植作物为小麦、玉米、豆类、棉花等。常年小麦种植面积3.2万公顷左右。一般10月上旬播种，6月上中旬收获，小麦播种至成熟>0℃积温2 200℃左右。全年无霜期188天。全年降水量557毫米，小麦生育期降水120毫米左右。本区土壤类型主要有潮土和沼泽土。制约本区域小麦生产的主要因素：一是小麦生育期降水严重不足。二是常遇春季干旱，影响小麦返青及正常生长。三是病虫害较多，历年均有不同程度发生。四是倒春寒发生频率高。五是后期干热风危害。

——预期目标产量

通过推广该技术模式，小麦高产创建田达到亩产500千克。

——关键技术规范

一是品种选择。选用高产稳产多抗广适冬性品种。二是秸秆还田。前茬作物收获后将秸秆粉碎还田，秸秆长度≤10厘米，均匀抛撒地表。三是深松深耕。3年深松（深耕）一次，深松机深松30厘米以上或深耕犁深耕25厘米以上，深松或深耕后及时合墒，机械整平。四是旋耕整地。旋耕前施底肥，依据产量目标、土壤肥力等进行测土配方施肥，一般每亩底施磷酸二铵20～25千克，尿素8千克，硫酸钾或氯化钾12千克，硫酸锌1.5千克，并增施有机肥。旋耕机旋耕，耕深12厘米以上，并用机械镇压。五是机械条播。最适播期内机械适墒条播，播种时日均温16～18℃。按每亩基本苗20万～25万确定播量，适宜播期后播种，每推迟1天，每亩增播量0.5千克。六是机械镇压。选用适合当地生产的镇压器机型，播种后和春季镇压各1次，压实土壤，弥实裂缝，保墒防冻。七是灌越冬水。日均气温下降至3℃左右，夜冻昼消时灌越冬水，保苗安全越冬。八是重施拔节肥水。拔节期结合浇水，每亩追施尿素18千克左右，促大蘖成穗，灌水追肥时间约在4月15～20日。适时浇开花灌浆水，强筋品种或有脱肥迹象的麦田，随灌水亩施2～3千克尿素，促进籽粒灌浆，时间在5月10日左右。九是机械喷防。适时用机械化学除治病虫草害，重点防治纹枯病、条锈病、白粉病、赤霉病、吸浆虫、蚜虫等病虫害。十是一喷三防。生育后期选用适宜杀虫剂、杀菌剂和磷酸二氢钾，各计各量，现配现用，机械喷防，防病，防虫，防早衰（干热风）。十一是机械收获。籽粒蜡熟末期采用联合收割机及时收获，预防干热风，躲避烂场雨，防止穗发芽，确保丰产丰收，颗粒归仓。

33. 河北省藁城市小麦高产创建技术规范

本区指藁城市所辖区域内全部农田，包括 14 个镇，239 个行政村，其中小麦主产村 210 个。耕作模式为一年两熟，主要种植作物为小麦、玉米。常年小麦种植面积 3.6 万公顷左右，约占河北省小麦播种面积的 1.5%。一般 10 月上旬至中旬初播种，6 月中旬收获，小麦播种至成熟＞0℃积温 2 200℃左右。全年无霜期 196 天。年平均降水量 483 毫米，小麦生育期降水 90～210 毫米，年际间变幅较大。本区麦田主要土壤类型为褐土和潮土。制约本区域小麦生产的主要因素：一是大部分年份小麦生育期间降水严重不足。二是常遇春季干旱，影响小麦返青及正常生长。三是病虫害较多，历年均有不同程度发生。四是倒春寒发生频率高。五是后期干热风危害。

——预期目标产量

通过推广该技术模式，小麦高产创建田达到亩产 600 千克。

——关键技术规范

一是品种选择。选用高产稳产多抗广适冬性品种。推荐品种：藁优 2018、石新 828、石麦 18、济麦 22 等。二是秸秆还田。前茬作物收获后将秸秆粉碎还田，秸秆长度≤10 厘米，均匀铺撒地表。三是深松深耕。3 年深松（深耕）一次，深松机深松 30 厘米以上或深耕犁深耕 25 厘米以上。深松或深耕后及时合墒，机械整平。四是旋耕整地。旋耕前施底肥，依据产量目标、土壤肥力等进行测土配方施肥，一般每亩底施磷酸二铵 20～25 千克，尿素 10 千克，硫酸钾或氯化钾 10 千克，硫酸锌 1.5 千克。旋耕机旋耕，耕深 14 厘米以上，并用机械镇压。五是机械条播。最适播期内机械适墒条播，播种时日均温 16～18℃。按每亩基本苗 18 万～20 万确定播量，适宜播期后播种，每推迟 1 天，每亩增播量 0.5～0.6 千克。

六是机械镇压。选用适合当地生产的镇压器机型，播种前和播种后各镇压1次，压实土壤，弥实裂缝，保墒防冻。七是酌情灌越冬水。整地播种质量不高的麦田或未灌底墒水即趁墒播种的麦田，在气温下降至0～3℃、夜冻昼消时灌水，保苗安全越冬。八是重施拔节肥水。拔节期结合浇水每亩追施尿素20千克左右，促进分蘖成穗；适时浇好开花灌浆水，强筋品种或有脱肥迹象的麦田，可随灌水亩施2～3千克尿素，促进籽粒灌浆，增加粒重。九是机械喷防。适时机械化学除草，重点防治纹枯病、条锈病、白粉病、赤霉病、吸浆虫、蚜虫等病虫害。十是一喷三防。生育后期选用适宜的杀虫剂、杀菌剂和磷酸二氢钾，各计各量，现配现用，机械喷防，防病，防虫，防早衰（干热风）。十一是机械收获。籽粒蜡熟末期至完熟初期采用联合收割机及时收获。预防干热风，躲避烂场雨，防止穗发芽，确保丰产丰收，颗粒归仓。

第三章
高产优质小麦新品种及栽培技术要点

各麦区种植什么小麦品种，应特别注意品种的类型和特征特性，尤其是春化特性。一般北部冬麦区适宜种植秋播冬性品种，黄淮冬麦区适宜种植秋播半冬性品种，长江中下游冬麦区适宜种植春性秋冬播品种，西南冬麦区主要适宜种植春性秋播品种，各春麦区适宜种植春性春播品种，新疆冬春麦区和青藏春冬麦区种植冬性品种和春性品种皆适宜。需要说明的是，有些品种适应性较广泛，可同时在不同麦区种植，但本书未将这些品种在不同麦区分别列出，而是一个品种只列在一个主要的种植区域。

第一节　北方冬麦区小麦新品种

1. 中麦 175

（1）品种来源：中国农业科学院作物科学研究所选育，亲本组合为 BPM27/京 411。2007 年北京市、山西省农作物品种审定委员会审定，2008 年和 2011 年分别通过国家农作物品种审定委员会北部冬麦区和黄淮冬麦区审定。

（2）特征特性：冬性，中早熟，全生育期 251 天左右，成熟期比对照京冬 8 号早 1 天。幼苗半匍匐，分蘖力和成穗率较高。株高 80 厘米左右，株型紧凑。穗纺锤形，长芒，白壳，白粒，籽粒半角质。平均每亩穗数 45.5 万穗，穗粒数 31.6 粒，千粒重 41.0 克。2007 年、2008 年分别测定混合样：容重 792 克/升、816 克/升，蛋白质（干基）含量 14.99%、14.68%，湿面筋含量 34.5%、32.3%，沉降值 27.0 毫升、23.3 毫升，吸水率 52%、52%，稳定时间 1.8 分钟、1.5 分钟。抗寒性鉴定：抗寒性中等。接种抗病性鉴定：慢条锈病、中抗白粉病，高感叶锈病、秆锈病。

（3）产量表现：2006—2007年度参加北部冬麦区水地组品种区域试验，平均每亩产量464.49千克，比对照京冬8号增产8.4%；2007—2008年度续试，平均每亩产量518.89千克，比对照京冬8号增产9.6%。2007—2008年度生产试验，平均每亩产量488.26千克，比对照京冬8号增产6.7%。

（4）栽培要点：适宜播期9月28日至10月8日，每亩适宜基本苗20万～25万。

（5）适宜地区：适宜在北部冬麦区北京、天津、河北中北部、山西中部和东南部水地种植，也适宜在新疆阿拉尔地区水地作冬麦种植，还适宜在黄淮冬麦区山西晋南、陕西咸阳和渭南、河南旱肥地及河北、山东旱地种植。

2. 石麦15

（1）品种来源：石家庄市农林科学研究院、河北省农林科学院遗传生理研究所选育，亲本组合为GS冀麦38/92R137。2005年、2007年通过河北省农作物品种审定委员会审定，2007年通过国家农作物品种审定委员会审定（黄淮冬麦区北片），2009年通过国家农作物品种审定委员会审定（北部冬麦区）。

（2）特征特性：冬性，中晚熟，成熟期比对照京冬8号晚熟1天左右。幼苗半匍匐，分蘖力中等，成穗率较高。株高75厘米左右，株型较紧凑，穗层较整齐。穗纺锤形，短芒，白壳，白粒，籽粒半角质。两年区试平均每亩穗数43.4万、穗粒数32.4粒、千粒重39.2克。抗寒性鉴定：抗寒性中等。抗倒性较强。接种抗病性鉴定：中抗白粉病，中感叶锈病，高感条锈病。2007年、2008年分别测定品质（混合样）：籽粒容重749克/升、780克/升，硬度指数68.0（2008年），蛋白质含量14.62%、14.68%；面粉湿面筋含量32.1%、32.0%，沉降值20.3毫升、20.5毫升，吸水率55.8%、57.6%，稳定时间1.7分钟、1.6分钟。

（3）产量表现：2006—2007年度参加北部冬麦区水地组品种区域试验，平均每亩产量450.6千克，比对照京冬8号增产

5.2%；2007—2008 年度续试，平均每亩产量 489.5 千克，比对照京冬 8 号增产 3.4%。2008—2009 年度生产试验，平均每亩产量 393.1 千克，比对照京冬 8 号增产 2.8%。

（4）栽培要点：北部冬麦区适宜播种期 9 月 25 日至 10 月 5 日。适期播种量高水肥地每亩基本苗 15 万～20 万，中水肥地 18 万～22 万，晚播麦田应适当加大播量；注意除虫防病，播种前进行种子包衣或用杀虫剂、杀菌剂混合拌种，以防治地下害虫和黑穗病；小麦扬花后及时防治麦蚜。

（5）适宜地区：适宜在北部冬麦区北京、天津、山东、河北、山西中部和东南部水地种植，也适宜在新疆阿拉尔地区水地种植。

3. 京冬 18

（1）品种来源：北京杂交小麦工程技术研究中心选育，亲本组合为 F404/（长丰 1/ore//双 82 - 4/81 - 142）//931。2006 年通过北京市农作物品种审定委员会审定，2010 年通过国家农作物品种审定委员会审定。

（2）特征特性：冬性，中早熟，成熟期比对照京冬 8 号早熟 1 天左右。幼苗半匍匐，分蘖力中等，成穗率较高。株高 79 厘米左右，株型紧凑，抗倒性较好。穗纺锤形，长芒，白壳，白粒，籽粒半角质。2008 年、2009 年区域试验平均亩穗数 43.9 万、41.4 万，穗粒数 31.9 粒、31.5 粒，千粒重 42.0 克、42.6 克。抗寒性鉴定：抗寒性中等。接种抗病性鉴定：高感叶锈病，中感白粉病，高抗条锈病。2008 年、2009 年分别测定混合样：籽粒容重 788 克/升、803 克/升，硬度指数 62.0、62.4，蛋白质含量 14.71%、13.78%；面粉湿面筋含量 32.4%、30.8%，沉降值 31.8 毫升、30.0 毫升，吸水率 55.7%、58.3%，稳定时间 2.6 分钟、2.1 分钟。

（3）产量表现：2007—2008 年参加北部冬麦区水地组品种区域试验，平均每亩产量 489.2 千克，比对照京冬 8 号增产 3.3%；2008—2009 年度续试，平均每亩产量 439.4 千克，比对照京冬 8 号增产 4.6%。2009—2010 年度生产试验，平均每亩产量 428.1 千克，比对照京冬 8 号增产 14.7%。

(4) 栽培要点：适宜播种期 9 月 26 日至 10 月 5 日，每亩适宜基本苗 20 万～25 万，10 月 5 日以后播种随播期推迟适当增加基本苗，每晚播种 1 天增加 1 万基本苗。浇好冻水。适时灭草，及时防治蚜虫和病害。

(5) 适宜地区：适宜在北部冬麦区北京、天津、河北中北部、山西中部水地种植，也适宜在新疆阿拉尔地区水地种植。

4. 中麦 415

(1) 品种来源：中国农业科学院作物科学研究所选育，亲本组合贵农 11/京 411//京 411。2010 年通过国家农作物品种审定委员会审定。

(2) 特征特性：冬性，中熟。幼苗半匍匐，分蘖力中等，成穗率较高。株高 70 厘米左右，抗倒性较好，落黄好。穗纺锤形，长芒，白壳，白粒。2009 年、2010 年区域试验平均每亩穗数 41.9 万、38.4 万，穗粒数 33.9 粒、35.7 粒，千粒重 37.5 克、36.8 克。抗寒性鉴定：抗寒性中等。接种抗病鉴定：中感条锈病，高感叶锈病、白粉病。2009 年、2010 年分别测定混合样：籽粒容重 810 克/升、815 克/升，2009 年硬度指数 45.8，蛋白质含量 13.93%、15.31%；面粉湿面筋含量 32.0%、33.2%，沉降值 24.6 毫升、29 毫升，吸水率 53.4%、52.2%，稳定时间 1.9 分钟、2.4 分钟。

(3) 产量表现：2008—2009 年度参加北部冬麦区水地组品种区域试验，平均每亩产量 449.5 千克，比对照京冬 8 号增产 7.0%；2009—2010 年度续试，平均每亩产量 449.2 千克，比对照京冬 8 号增产 10.9%。2009—2010 年度生产试验，平均每亩产量 402.1 千克，比对照京冬 8 号增产 7.7%。

(4) 栽培要点：适宜播种期 9 月 25 日至 10 月 5 日，每亩适宜基本苗 20 万～25 万。浇好越冬水，返青期控制肥水，重施拔节肥，浇好灌浆水。注意防治病虫害。

(5) 适宜地区：适宜在北部冬麦区北京、天津、河北中北部、山西中部中高水肥地块种植，也适宜在新疆阿拉尔地区水地种植。

5. 中麦8号

（1）品种来源：中国农业科学院作物科学研究所选育，亲本组合为核花971-3/冀Z76。2010年通过天津市农作物品种审定委员会审定。

（2）特征特性：冬性，中早熟。幼苗半匍匐，分蘖力中等，成穗率较高，株高73厘米，穗纺锤型，长芒，白壳，白粒，籽粒硬质，平均每亩穗数38.7万，穗粒数34.0粒，千粒重40.4克。2009年抗寒鉴定：冻害级别2^+，越冬茎100%。2010年抗寒鉴定：冻害级别5，越冬茎98.7%，死茎率1.3%。农业部谷物及制品质量监督检验测试中心（哈尔滨）检测：容重774克/升，粗蛋白质13.77%，湿面筋28.2%，沉降值33.5毫升，吸水率60.1%，形成时间2.5分钟，稳定时间2.3分钟。

（3）产量表现：2008—2009年度天津市冬小麦区域试验，平均每亩产量503.23千克，较对照京冬8号增产15.78%，增产极显著，居14个品种第一位。2009—2010年度天津市冬小麦区域试验，平均每亩产量466.20千克，较对照京冬8号增产12.03%，增产极显著，居16个品种第四位。2009—2010年度天津市冬小麦生产试验，平均每亩产量464.3千克，较对照京冬8号增产11.52%，居15个品种第二位。

（4）栽培要点：10月1～8日播种，每亩基本苗20万，施足底肥，有机肥、磷钾肥底施，氮肥底施和追施各50%，全生育期每亩施氮16～18千克。冬前总茎数控制在每亩70万～90万，春季总茎数控制在90万～110万，早春蹲苗，中耕松土，提高地温，重施拔节肥水，注意防治田间杂草和蚜虫，适时收获。

（5）适宜地区：适宜天津市中上等肥力地块做冬小麦种植。

6. 河农6425

（1）品种来源：河北农业大学选育，亲本组合为河农326/咸阳大穗////品39/河农矮1系//铁秆麦///河农326。2009年通过河北省农作物品种审定委员会审定。

（2）特征特性：冬性，中早熟，比对照京冬 8 号早成熟 1 天左右。幼苗半匍匐，叶片绿色，分蘖力较强。每亩穗数 39.1 万左右，穗层较整齐。成株株型较紧凑，株高 76.0 厘米左右。穗纺锤型，长芒，白壳，白粒，硬质，籽粒较饱满。穗粒数 34.7 粒，千粒重 42.1 克，容重 779.4 克/升。熟相中等。抗倒性强。抗寒性与对照品种相当。2009 年农业部谷物及制品质量监督检验测试中心（哈尔滨）测定：粗蛋白（干基）13.51%，湿面筋 27.9%，沉降值 27.0 毫升，吸水率 60.3%，形成时间 2.9 分钟，稳定时间 1.6 分钟。河北省农林科学院植物保护研究所抗病性鉴定：2007 年中抗条锈病、叶锈病，中感白粉病；2008 年中抗条锈病、叶锈病，中感白粉病。

（3）产量表现：2007—2008 年冀中北水地（优质）组两年区域试验，平均亩产 470.44 千克，比对照品种增产 5.30%；2009 年同组生产试验，平均亩产 469.32 千克，比对照增产 6.11%。

（4）栽培要点：适宜播种期，保定北部、廊坊南部麦区 10 月 3～8 日，廊坊北部、唐山及以北麦区 10 月 1～5 日。亩适宜基本苗 22 万～25 万，适播期后每晚播 1 天，增加基本苗 1 万。亩施磷酸二铵 25 千克、尿素 15 千克、氯化钾 10～15 千克，做底肥，15 千克尿素春季作追肥。浇好封冻水，春季浇水视天气和土壤墒情而定。播前进行种子包衣或拌种，后期及时防治麦蚜和白粉病。

（5）适宜地区：适宜在河北省中北部冬麦区中高水肥地种植。

7. 郑麦 9023

（1）品种来源：河南省农业科学院小麦研究所与西北农林科技大学合作育成，亲本组合为［小偃 6 号/西农 65//83（2）3－3/84（14)43］$_{F3}$/3/陕 213。2001 年通过河南省和湖北省品种审定，2002 年通过安徽省和江苏省品种审定，2003 年通过国家农作物品种审定委员会审定。

（2）特征特性：春性。幼苗直立，分蘖力中等，叶黄绿色，叶片上冲。株高 80 厘米，株型较紧凑，抗倒伏性中等。穗层整齐，穗纺锤型，长芒，白壳，白粒，籽粒角质。成穗率较高，平均每亩穗数 39 万，穗粒数 27 粒，千粒重 43 克。粗蛋白含量 14%～14.5%，湿面筋含量 29.8%～33%，沉降值 44.4～45.3 毫升，吸水率 59.9%～64.2%，面团稳定时间 7.1～7.6 分钟。抗寒性鉴定：抗寒力弱。冬春长势旺，耐后期高温，灌浆快，熟相好。接种抗病性鉴定：中抗条锈病，中感叶锈病、秆锈病，高感赤霉病、白粉病和纹枯病。

（3）产量表现：2002 年参加黄淮冬麦区南片水地晚播组区域试验，平均每亩产量 458.2 千克，2003 年续试平均每亩产量 448.5 千克。2003 年参加生产试验，平均每亩产量 416 千克。

（4）栽培要点：注意适期晚播防止冻害。黄淮冬麦区南片适宜播期为 10 月 15～25 日，每亩基本苗 15 万～20 万；长江中下游麦区适宜播期为 10 月 25 日至 11 月 5 日，每亩基本苗 20 万～25 万；注意防治白粉病、纹枯病和赤霉病；后期及时收获，防止穗发芽。在黄淮冬麦区南片种植，注意氮肥后移，保证中后期氮素供应，确保强筋品质。

（5）适宜地区：适宜黄淮冬麦区南片河南、安徽北部、江苏北部、陕西关中地区晚茬种植，长江中下游麦区安徽和江苏沿淮地区、河南南部及湖北北部等地种植。

8. 轮选 988

（1）品种来源：中国农业科学院作物科学研究所、新乡市中农矮败小麦育种技术创新中心选育，矮败小麦轮回选择群体。2009 年通过国家农作物品种审定委员会审定。

（2）特征特性：半冬性，中晚熟，成熟期比对照新麦 18 晚熟 2 天。幼苗半匍匐，分蘖力中等，成穗率较高。株高 90 厘米左右，株型松散，旗叶窄长、上挺，下部郁蔽，茎秆弹性差。穗层整齐，穗大穗匀。穗纺锤形，长芒，白壳，白粒，籽粒角质、饱满度中等。两年区试平均每亩穗数 41.1 万，穗粒数 33.7 粒，千粒重 43.5 克。抗寒性鉴定：冬季抗寒性较好，耐倒春寒能力较好。抗倒性较差。耐旱性较好，熟相较好。接种抗病性鉴定：高抗白粉病，慢条锈病、叶锈病，中感赤霉病、纹枯病。2007 年、2008 年分别测定品质（混合样）：籽粒容重 794 克/升、792 克/升，硬度指数 62.0（2008 年），蛋白质含量 14.31%、14.16%；面粉湿面筋含量 32.2%、32.0%，沉降值 32.8 毫升、31.3 毫升，吸水率 63.4%、63.4%，稳定时间 2.0 分钟、1.9 分钟。

（3）产量表现：2006—2007 年度参加黄淮冬麦区南片冬水组品种区域试验，平均每亩产量 573.4 千克，比对照新麦 18 增产 3.5%；2007—2008 年度续试，平均每亩产量 575.4 千克，比对照新麦 18 增产 5.9%。2008—2009 年度生产试验，平均每亩产量 495.9 千克，比对照新麦 18 增产 5.3%。

（4）栽培要点：适宜播期 10 月上中旬，每亩适宜基本苗 12 万～15万。注意防治白粉病、纹枯病、赤霉病、蚜虫等病虫害。高水肥地注意控制播量，掌握好春季追肥浇水时期，防止倒伏。

（5）适宜地区：适宜在黄淮冬麦区南片河南（信阳、南阳除外）、安徽北部、江苏北部、陕西关中灌区、山东菏泽地区高中水肥地块早中茬种植。

9. 山农 17

（1）品种来源：山东农业大学农学院、泰安市泰山区瑞丰作物育种研究所选育，亲本组合为 L156/莱州 137。2009 年通过国家农作物品种审定委员会审定。

（2）特征特性：半冬性，晚熟，成熟期比对照石 4185 晚熟 3 天。幼苗近匍匐，分蘖力强，成穗率中等。株高 81 厘米左右，株型稍松散，旗叶上冲，茎秆细软，弹性一般。穗层整齐度一般，穗长，小穗排列较稀，顶部小穗不育明显，小穗上位小花结实性差。穗纺锤形，长芒，白壳，白粒。两年区试平均每亩穗数 46.3 万，穗粒数 34.9 粒，千粒重 38.7 克。抗寒性鉴定：抗寒性好，较耐后期高温，熟相好。接种抗病性鉴定：中抗赤霉病，高感条锈病、叶锈病、白粉病、纹枯病。2008 年、2009 年分别测定品质（混合样）：籽粒容重 804 克/升、812 克/升，硬度指数 65.0、65.8，蛋白质含量 13.33%、12.97%；面粉湿面筋含量 28.1%、26.2%，沉降值 37.5 毫升、35.0 毫升，吸水率 56.6%、59.1%，稳定时间

10.5 分钟、8.6 分钟，

（3）产量表现：2007—2008 年度参加黄淮冬麦区北片水地组品种区域试验，平均每亩产量 548.4 千克，比对照石 4185 增产 6.18％；2008—2009 年度续试，平均每亩产量 549.76 千克，比对照品种石 4185 增产 7.93％。2008—2009 年度生产试验，平均每亩产量 531.0 千克，比对照品种石 4185 增产 7.29％。

（4）栽培要点：适宜播种期 10 月上旬，每亩适宜基本苗 10 万～12万。高肥水地块注意控制播量，适当晚浇返青期水、拔节期水，防止倒伏。注意防治条锈病、叶锈病、白粉病、蚜虫等病虫害。

（5）适宜地区：适宜在黄淮冬麦区北片山东、河北中南部、山西南部高中水肥地块种植。

10. 济麦 22

（1）品种来源：山东省农业科学院作物研究所选育，亲本组合为 935024/ 935106。2006 年通过国家农作物品种审定委员会审定。

（2）特征特性：半冬性，中晚熟，成熟期比对照石 4185 晚 1 天。幼苗半匍匐，分蘖力中等，起身拔节偏晚，成穗率高。株高 72 厘米左右，株型紧凑，旗叶深绿、上举，长相清秀，穗层整齐。穗纺锤形，长芒，白壳，白粒，籽粒饱满，半角质。平均每亩穗数 40.4 万，穗粒数 36.6 粒，千粒重 40.4 克。茎秆弹性好，较抗倒伏。有早衰现象，熟相一般。抗寒性鉴定：抗寒性差。接种抗病性鉴定：中抗白粉病，中抗至中感条锈病，中感至高感秆锈病，高感叶锈病、赤霉病、纹枯病。2005 年、2006 年分别测定混合样：容重 809 克/升、773 克/升，蛋白质（干基）含量 13.68％、14.86％，湿面筋含量 31.7％、34.5％，沉降值 30.8 毫升、31.8 毫升，吸水率 63.2％、61.1％，稳定时间 2.7 分钟、2.8 分钟。

（3）产量表现：2004—2005 年度参加黄淮冬麦区北片水地组品种区域试验，平均每亩产量 517.06 千克，比对照石 4185 增产 5.03％；2005—2006 年度续试，平均每亩产量 519.1 千克，比对照石 4185 增产 4.30％。2005—2006 年度生产试验，平均每亩产量

496.9 千克，比对照石 4185 增产 2.05%。

（4）栽培要点：适宜播期 10 月上旬，播种量不宜过大，每亩适宜基本苗 10 万～15 万。

（5）适宜地区：宜在黄淮冬麦区北片山东、河北南部、山西南部、河南安阳和濮阳水地种植。

11. 百农 AK58

（1）品种来源：河南科技学院选育，亲本组合为周麦 11//温麦 6 号/郑州 8960。2005 年通过国家农作物品种审定委员会审定。

（2）特征特性：半冬性，中熟，成熟期比对照豫麦 49 号晚 1 天。幼苗半匍匐，叶色淡绿，叶短上冲，分蘖力强。株高 70 厘米左右，株型紧凑，穗层整齐，旗叶宽大、上冲。穗纺锤型，长芒，白壳，白粒，籽粒短卵形，角质，黑胚率中等。平均每亩穗数 40.5 万，穗粒数 32.4 粒，千粒重 43.9 克；苗期长势壮，抗寒性好，抗倒伏强，后期叶功能好，成熟期耐湿害和高温危害，抗干热风，成熟落黄好。接种抗病性鉴定：高抗条锈病、白粉病和秆锈病，中感纹枯病，高感叶锈病、赤霉病。田间自然鉴定：中抗叶枯病。2004 年、2005 年分别测定混合样：容重 811 克/升、804 克/升，蛋白质（干基）含量 14.48%、14.06%，湿面筋含量 30.7%、30.4%，沉降值 29.9 毫升、33.7 毫升，吸水率 60.8%、60.5%，面团形成时间 3.3 分钟、3.7 分钟，稳定时间 4.0 分钟、4.1 分钟。

（3）产量表现：2003—2004 年度参加黄淮冬麦区南片冬水组区域试验，平均每亩产量 574.0 千克，比对照豫麦 49 号增产 5.4%；2004—2005 年度续试，平均每亩产量 532.7 千克，比对照豫麦 49 号增产 7.7%。2004—2005 年度参加生产试验，平均每亩产量 507.6 千克，比对照豫麦 49 号增产 10.1%。

（4）栽培要点：适播期 10 月上中旬，每亩适宜基本苗 12 万～16 万，注意防治叶锈病和赤霉病。

（5）适宜地区：适宜在黄淮冬麦区南片河南中北部、安徽北部、江苏北部、陕西关中地区、山东菏泽中高产水肥地早中茬种植。

12. 邯麦 13 号

（1）品种来源：邯郸市农业科学院选育，亲本组合为山农太91136/冀麦 36。2009 年通过国家农作物品种审定委员会审定。

（2）特征特性：半冬性，中熟，成熟期比对照石 4185 晚熟 1 天。幼苗半匍匐，分蘖力中等，成穗率高。株高 77 厘米左右，株型紧凑，旗叶上举，长相清秀，茎秆坚硬。穗层较整齐，小穗排列紧密。穗纺锤形，短芒，白粒，角质，籽粒饱满。两年区试平均每亩穗数 40.3 万，穗粒数 37.7 粒，千粒重 40.6 克。抗寒性鉴定：冬季抗寒性较好，耐倒春寒能力一般。抗倒性好。落黄好。接种抗病性鉴定：中抗赤霉病，中感条锈病、白粉病、纹枯病，高感叶锈病。区试田间试验部分试点感叶枯病较重。2007 年、2008 年分别测定品质（混合样）：籽粒容重 812 克/升、822 克/升，硬度指数 61.0（2008 年），蛋白质含量 15.22％、15.43％；面粉湿面筋含量 33.9％、35.0％，沉降值 36.4 毫升、34.1 毫升，吸水率 56.6％、57.4％，稳定时间 4.1 分钟、3.8 分钟。

（3）产量表现：2006—2007 年度参加黄淮冬麦区北片水地组品种区域试验，平均每亩产量 534 千克，比对照石 4185 增产 4.56％；2007—2008 年度续试，平均每亩产量 537.5 千克，比对照石 4185 增产 4.07％。2008—2009 年度生产试验，平均每亩产量 522.9 千克，比对照品种石 4185 增产 5.66％。

（4）栽培要点：适宜播种期 10 月 5～15 日，中高水肥地每亩适宜基本苗 20 万～22 万。注意足墒播种，播后镇压，浇越冬水，注意防治叶锈病、叶枯病、蚜虫等病虫害。

（5）适宜地区：适宜在黄淮冬麦区北片山东、河北中南部、山西南部高中水肥地块种植。

13. 石麦 19 号

（1）品种来源：石家庄市农林科学研究院、河北省小麦工程技术研究中心选育，亲本组合为石 4185//（烟辐 188/临 8014）F_2。2009 年通过国家农作物品种审定委员会审定。

（2）特征特性：半冬性，中熟，成熟期与对照石 4185 相当。

幼苗半匍匐，分蘖力强，成穗率高。株高77厘米左右，株型紧凑，旗叶上冲，有干尖，茎秆韧性好。穗层整齐，小穗排列紧密，小穗多，结实性好。穗纺锤形，长芒，白壳，白粒，籽粒角质，光泽好，饱满。两年区试平均每亩穗数42.0万，穗粒数38.2粒，千粒重40.3克。抗寒性鉴定：抗寒性1级，抗寒性好。抗倒性较好。较耐后期高温，熟相好。接种抗病性鉴定：中抗赤霉病，中感纹枯病，中感至高感条锈病，高感叶锈病、白粉病。2008年、2009年分别测定品质（混合样）：籽粒容重808克/升、806克/升，硬度指数62.0、63.6，蛋白质含量14.43%、13.61%；面粉湿面筋含量30.3%、29.1%，沉降值28.6毫升、31.0毫升，吸水率54.1%、55.6%，稳定时间4.4分钟、4.6分钟。

（3）产量表现：2007—2008年度参加黄淮冬麦区北片水地组品种区域试验，平均每亩产量548.0千克，比对照石4185增产6.10%；2008—2009年度续试，平均每亩产量543.9千克，比对照石4185增产6.8%。2008—2009年度生产试验，平均每亩产量520.1千克，比对照石4185增产5.09%。

（4）栽培要点：适宜播种期10月5～15日，高水肥地每亩适宜基本苗18万～20万，中水肥地每亩适宜基本苗20万～22万，晚播适当加大播种量。播前种子包衣或药剂拌种，注意防治条锈病、叶锈病、白粉病等病害。

（5）适宜地区：适宜在黄淮冬麦区北片山东、河北中南部、山西南部高中水肥地块种植。

14. 汶农14号

（1）品种来源：泰安市汶农种业有限责任公司选育，亲本组合为84139//9215/876161。2010年通过山东省农作物品种审定委员会审定。

（2）特征特性：半冬性，幼苗半直立。两年区域试验结果平均：生育期239天，与济麦19相当；株高80.8厘米，叶色深绿，旗叶上冲，株型紧凑，较抗倒伏，熟相较好；每亩最大分蘖95.4万，每亩有效穗41.6万，分蘖成穗率43.5%；穗纺锤形，穗粒数

34.7粒，千粒重42.1克，容重793.3克/升；长芒、白壳、白粒，籽粒较饱满、硬质。抗病性鉴定结果：慢条锈病，高抗叶锈病，中感白粉病，高感赤霉病和纹枯病。2009—2010年生产试验统一取样，经农业部谷物品质监督检验测试中心（泰安）测试：籽粒蛋白质含量12.9%、湿面筋37.2%、沉淀值32.3毫升、吸水率62.3毫升/100克、稳定时间2.6分钟，面粉白度75.8。

（3）产量表现：在山东省小麦品种高肥组区域试验中，2007—2008年平均每亩产量584.94千克，比对照品种潍麦8号增产7.67%；2008—2009年平均每亩产量563.70千克，比对照品种济麦19增产8.21%；2009—2010年生产试验平均每亩产量577.26千克，比对照品种济麦22增产9.79%。

（4）栽培要点：适宜播期10月5日左右，每亩基本苗15万。注意防治赤霉病、纹枯病。

（5）适宜地区：在山东省高肥水地块种植利用。

15. 山农21

（1）品种来源：山东农业大学、泰安市泰山区瑞丰作物育种研究所选育。亲本组合为莱州137/烟辐188。2010年通过山东省农作物品种审定委员会审定。

（2）特征特性：冬性，幼苗半直立。两年区域试验结果平均：生育期239天，比济麦19晚熟1天；株高82.3厘米，株型中间偏紧凑，抗倒伏，熟相好；每亩最大分蘖104.7万，有效穗33.4万，分蘖成穗率31.9%；穗长方形，穗粒数41.8粒，千粒重42.3克，容重794.3克/升；长芒、白壳、白粒，籽粒较饱满、硬质。抗病性鉴定结果：中抗条锈病，中感白粉病，高感叶锈病、赤霉病和纹枯病。2009—2010年生产试验统一取样，经农业部谷物品质监督检验测试中心（泰安）测试：籽粒蛋白质含量12.5%、湿面筋34.0%、沉淀值45.8毫升、吸水率56.5毫升/100克、稳定时间8.6分钟，面粉白度80.0。

（3）产量表现：在山东省小麦品种高肥组区域试验中，2007—2008年平均每亩产量561.57千克，比对照品种潍麦8号增产

3.30%；2008—2009 年平均每亩产量 585.18 千克，比济麦对照品种 19 增产 5.78%；2009—2010 年生产试验平均每亩产量 545.97 千克，比对照品种济麦 22 增产 3.84%。

(4) 栽培要点：适宜播期 10 月 5～10 日，每亩基本苗 15 万～18 万。注意防治叶锈病、赤霉病、纹枯病。

(5) 适宜地区：在山东省高肥水地块种植利用。

16. 中麦 12

(1) 品种来源：中国农业科学院作物科学研究所选育，亲本组合为京 411×烟中 144。2010 年通过河北省农作物品种审定委员会审定。

(2) 特征特性：幼苗半匍匐，叶片深绿色、下披，分蘖力较强。属半冬性中熟品种，生育期 243 天左右，成株株型较松散，株高 74 厘米。穗纺锤形，长芒，白壳，白粒，硬质，籽粒较饱满。每亩穗数 40.9 万，穗粒数 31.9 个，千粒重 34.6 克，容重 790.6 克/升。抗倒性较强，抗寒性与对照相当。2008 年河北省农作物品种品质检测中心测定：籽粒粗蛋白质（干基）15.25%，沉降值 20.6 毫升，湿面筋 35.1%，吸水率 60%，形成时间 3.6 分钟，稳定时间 2.5 分钟。抗旱性中等。河北省农林科学院植物保护研究所鉴定，2005—2006 年度中感条锈病和叶锈病，高感白粉病；2006—2007 年度高抗叶锈病，中抗条锈病，中感白粉病。

(3) 产量表现：2005—2006 年度黑龙港流域节水组区域试验平均每亩产量 352 千克，2006—2007 年度同组区域试验平均每亩产量 387 千克。2007—2008 年度同组生产试验平均每亩产量 427 千克。

(4) 栽培要点：适宜播期 10 月 1～5 日，每亩基本苗 23 万左右。一般每亩施磷酸二铵 30 千克、尿素 10 千克，作底肥。浇好冻水，春季可不浇水或仅浇一次拔节水。早春注意耧麦松土，保墒增温。生育后期控制水肥，以免贪青晚熟。

(5) 适宜地区：适宜在河北省黑龙港流域冬麦区种植。

17. 中原 6 号

（1）品种来源：河南谷得科技种业有限公司选育，亲本组合为兰考 8679/陕农 7859。2011 年通过国家农作物品种审定委员会审定。

（2）特征特性：半冬性，中熟品种，成熟期与对照周麦 18 同期。幼苗半匍匐，叶窄长、浅绿色，分蘖力中等，成穗率中等。冬季抗寒性较好。春季发育稍慢，起身拔节较迟，两极分化后发育速度加快，抗倒春寒能力一般。株高 83 厘米，株型偏松散，旗叶较宽长、下披，干叶尖重。秆质偏软，抗倒性中等。穗层整齐，穗长，小穗排列稀，结实性一般。穗纺锤形，长芒，白壳，白粒，籽粒半角质，饱满度较好，黑胚率稍偏高。每亩穗数 40.8 万，穗粒数 33.0 粒，千粒重 45.6 克。抗病性鉴定：高感白粉病、纹枯病、赤霉病，中感条锈病、叶锈病。2010 年、2011 年品质测定结果：籽粒容重 785 克/升、794 克/升，硬度指数 53.2（2011 年），蛋白质含量 13.42%、12.38%；面粉湿面筋含量 27.8%、27.0%，沉降值 22.0 毫升、19.7 毫升，吸水率 53.8%、54.2%，稳定时间 2.4 分钟、2.7 分钟。

（3）产量表现：2009—2010 年度参加黄淮冬麦区南片冬水组品种区域试验，平均每亩产量 531.7 千克，比对照周麦 18 增产 5.8%；2010—2011 年度续试，平均每亩产量 594.6 千克，比对照周麦 18 增产 5.7%。2010—2011 年度生产试验，平均每亩产量 558.4 千克，比对照周麦 18 增产 5.2%。

（4）栽培要点：适宜播种期 10 月上中旬，高水肥地每亩适宜基本苗 12 万～16 万，中水肥地 16 万～20 万。注意防治白粉病、纹枯病。高水肥地注意控制播量，防止倒伏。

（5）适宜地区：适宜在黄淮冬麦区南片河南省（南阳、信阳除外）、安徽省北部、江苏省北部、陕西省关中地区高中水肥地块早中茬种植。

18. 周麦 27 号

（1）品种来源：周口市农业科学院选育，亲本组合为周麦 16/

矮抗 58。2011 年通过国家农作物品种审定委员会审定。

（2）特征特性：半冬性中熟品种，成熟期平均比对照周麦 18 早熟 1 天左右。幼苗半匍匐，叶窄长，分蘖力一般，成穗率中等。冬季抗寒性较好。春季起身拔节早，两极分化快，抗倒春寒能力一般。株高 74 厘米，株型偏松散，旗叶长卷上冲。茎秆弹性中等，抗倒性中等。耐旱性一般，灌浆快，熟相一般。穗层整齐，穗较大，小穗排列较稀，结实性好。穗纺锤形，长芒，白壳，白粒，籽粒半角质，饱满度较好。每亩穗数 40.2 万，穗粒数 37.3 粒，千粒重 42.6 克。抗病性鉴定：高感条锈病、白粉病、赤霉病、纹枯病，中感叶锈病。2010 年、2011 年品质测定结果：籽粒容重 794 克/升、790 克/升，硬度指数 68.6（2011 年），蛋白质含量 13.21%、12.71%；面粉湿面筋含量 28.9%、27.3%，沉降值 30.0 毫升、27.2 毫升，吸水率 60.1%、58.2%，稳定时间 4.1 分钟、5.2 分钟。

（3）产量表现：2009—2010 年度参加黄淮冬麦区南片冬水组品种区域试验，平均每亩产量 550.5 千克，比对照周麦 18 增产 9.9%。2010—2011 年度续试，平均每亩产量 589.6 千克，比对照周麦 18 增产 5.4%。2010—2011 年度生产试验，平均每亩产量 559.8 千克，比对照周麦 18 增产 5.4%。

（4）栽培要点：适宜播种期 10 月 10～25 日，每亩适宜基本苗 15 万～20 万。注意防治条锈病、白粉病、纹枯病、赤霉病。

（5）适宜地区：适宜在黄淮冬麦区南片河南省（南阳、信阳除外）、安徽省北部、江苏省北部、陕西省关中地区高中水肥地块早中茬种植。

19. 丰德存麦 1 号

（1）品种来源：河南省天存小麦改良技术研究所、河南丰德康种业有限公司选育，亲本组合为周 9811/矮抗 58。2011 年通过国家农作物品种审定委员会审定。

（2）特征特性：半冬性中晚熟品种，成熟期与对照周麦 18 相当。幼苗半匍匐，叶窄小、稍卷曲，分蘖力强，成穗率偏低。冬季抗寒性较好。春季起身拔节略晚，两极分化快，抗倒春寒能力一般。株高 77 厘米左右，株型松紧适中，旗叶短宽、上冲、浅绿色。茎秆细韧，抗倒性较好。叶功能期长，灌浆慢，熟相好。穗层整齐，结实性一般。穗纺锤形，短芒，白壳，白粒，籽粒半角质，饱满度较好，黑胚率稍偏高。每亩穗数 42.8 万，穗粒数 32.1 粒，千粒重 44.8 克。抗病性鉴定：高感条锈病、叶锈病、白粉病、赤霉病，中感纹枯病。2010 年、2011 年品质测定结果：籽粒容重 802 克/升、806 克/升，硬度指数 65.1（2011 年），蛋白质含量 14.98%、14.30%；面粉湿面筋含量 32.9%、31.5%，沉降值 46.0 毫升、35.1 毫升，吸水率 57.8%、58.7%，稳定时间 8.5 分钟、7.9 分钟，品质达到强筋品种审定标准。

（3）产量表现：2009—2010 年度参加黄淮冬麦区南片冬水组品种区域试验，平均每亩产量 522.7 千克，比对照周麦 18 增产 4.4%；2010—2011 年度续试，平均每亩产量 589.6 千克，比对照周麦 18 增产 5.4%。2010—2011 年度生产试验，平均每亩产量 549 千克，比对照周麦 18 增产 4.9%。

（4）栽培要点：适宜播种期 10 月上中旬，每亩适宜基本苗 14 万～20 万。注意防治白粉病、叶锈病和赤霉病。

（5）适宜地区：适宜在黄淮冬麦区南片河南省（南阳、信阳除外）、安徽省北部、江苏省北部、陕西省关中地区高中水肥地块早中茬种植。

20. 徐麦 31

（1）品种来源：江苏徐淮地区徐州农业科学研究所选育，亲本组合为烟辐 188/徐州 26 号。2009 年通过江苏省农作物品种审定委员会审定，2011 年通过国家农作物品种审定委员会审定。

（2）特征特性：半冬性中晚熟品种，成熟期平均比对照周麦 18 晚熟 1 天左右。幼苗半匍匐，叶宽长、深绿色，分蘖力中等，成穗率高。冬季抗寒性一般。春季起身拨节早，对肥水敏感，两极分化慢，抽穗晚，抗倒春寒能力一般。株高 83 厘米，株型偏紧凑，旗叶窄短、上冲。茎秆弹性一般，抗倒性一般。耐旱性一般，较耐后期高温，熟相好。穗层厚，穗多、穗小。穗纺锤形，无芒，白壳，白粒，籽粒角质，饱满，商品性好。每亩穗数40.5万，穗粒数32.1粒，千粒重42.9克。抗病性鉴定：高感纹枯病，中感叶锈病、白粉病、赤霉病，慢条锈病。2009年、2010年品质测定结果：籽粒容重785克/升、785克/升，硬度指数58.5（2009年），蛋白质含量15.06％、16.13％；面粉湿面筋含量33.0％、35.6％，沉降值46.7毫升、53.0毫升，吸水率57.8％、57.4％，稳定时间8.4分钟、6.4分钟。品质达到强筋品种审定标准。

（3）产量表现：2008—2009年度参加黄淮冬麦区南片冬水组品种区域试验，平均每亩产量529.6千克，比对照周麦18减产1.1％；2009—2010年度续试，比对照周麦18增产3.0％。2010—2011年度生产试验，平均每亩产量536.3千克，比对照周麦18增产2.5％。

（4）栽培要点：适宜播种期10月8～16日，每亩适宜基本苗12万～16万，肥力水平偏低或播期推迟，应适当增加基本苗。注意防治纹枯病、赤霉病。高水肥地注意防倒伏。

（5）适宜地区：适宜在黄淮冬麦区南片河南省中北部、安徽省北部、江苏省北部、陕西省关中地区高中水肥地块早中茬种植。

21. 宿553

（1）品种来源：宿州市农业科学院选育，亲本组合为烟农19/宿1264。2011年通过国家农作物品种审定委员会审定。

（2）特征特性：半冬性晚熟品种，成熟期平均比对照周麦18晚熟1天左右。幼苗半匍匐，长势壮，叶细长，分蘖较强，成穗率一般。冬季抗寒性中等。春季起身拔节快，两极分化快，抽穗晚，抗倒春寒能力较弱。株高87厘米，株型偏紧凑，旗叶短小、上冲。茎秆弹性一般，抗倒性较差。耐旱性中等，较耐后期高温，叶功能期长，灌浆快，熟相好。穗层整齐，穗多穗匀，穗小，结实性一般。穗纺锤形，籽粒半角质，较饱满。每亩穗数41.9万，穗粒数32.5粒，千粒重43.4克。抗病性鉴定：高感条锈病、叶锈病、白粉病、赤霉病、纹枯病。2009年、2010年品质测定结果分别为：

籽粒容重 798 克/升、802 克/升，籽粒硬度指数 59.1（2009 年），蛋白质含量 14.21%、14.33%；面粉湿面筋含量 30.9%、31%，沉降值 40.3 毫升、42.5 毫升，吸水率 59.6%、54.0%，稳定时间 7.9 分钟、7.2 分钟，品质达到强筋品种审定标准。

（3）产量表现：2008—2009 年度黄淮冬麦区南片冬水组品种区域试验，平均每亩产量 531.5 千克，比对照周麦 18 减产 0.7%；2009—2010 年度续试，平均每亩产量 522.9 千克，比对照周麦 18 增产 4.1%。2010—2011 年度生产试验，平均每亩产量 535.1 千克，比对照周麦 18 增产 2.3%。

（4）栽培要点：适宜播种期 10 月 10～20 日，每亩适宜基本苗 12 万～18 万。注意防治条锈病、叶锈病、白粉病、纹枯病、赤霉病。

（5）适宜地区：适宜在黄淮冬麦区南片河南省中北部、安徽省北部、江苏省北部、陕西省关中地区高中水肥地块早中茬种植。高水肥地注意防倒伏。在倒春寒频发地区注意防止冻害。

22. 西农 509

（1）品种来源：西北农林科技大学农学院选育，亲本组合为 VP145/86585。2011 年通过国家农作物品种审定委员会审定。

（2）特征特性：弱春性中早熟品种，成熟期平均比对照偃展 4110 晚熟 1 天左右。幼苗半直立，叶长挺、浅绿色，分蘖力较强，成穗率一般。冬季抗寒性一般。春季起身拔节早，春生分蘖多，两极分化慢，抗倒春寒能力中等。株高 81 厘米，株型偏松散，旗叶宽长、上冲，抗倒性中等。耐旱性和抗后期高温能力较好，叶功能期长，熟相好。穗层整齐，小穗排列密，结实性好。穗圆锥形，长芒，白壳，白粒，籽粒角质，饱满度较好。每亩穗数 40.0 万，穗粒数 36.2 粒，千粒重 37.3 克。抗病性鉴定：高感叶锈病、白粉病、赤霉病、纹枯病，中抗条锈病。2009 年、2010 年品质测定结果：籽粒容重 816 克/升、822 克/升，硬度指数 67.4（2009 年），蛋白质含量 14.45%、14.38%；面粉湿面筋含量 30.9%、30.6%，沉降值 42.0 毫升、38.6 毫升，吸水率 56.9%、56.7%，稳定时间

15.5 分钟、14.2 分钟，品质达到强筋品种审定标准。

（3）产量表现：2008—2009 年度参加黄淮冬麦区南片春水组品种区域试验，平均每亩产量 505 千克，比对照偃展 4110 减产 2.1%；2009—2010 年度续试，平均每亩产量 502.9 千克，比对照偃展 4110 增产 2.8%。2010—2011 年度生产试验，平均每亩产量 521.3 千克，比对照偃展 4110 增产 4.4%。

（4）栽培要点：适宜播种期 10 月 10～25 日，每亩适宜基本苗 18 万～22 万。注意防治白粉病、叶锈病、纹枯病、赤霉病。高水肥地注意防倒伏。

（5）适宜地区：适宜在黄淮冬麦区南片河南省（南部稻茬麦区除外）、安徽省北部、江苏省北部、陕西省关中地区高中水肥地块中晚茬种植。

23. 尧麦 16

（1）品种来源：山西省农业科学院小麦研究所、山西金鼎生物种业股份有限公司选育，亲本组合为晋麦 54/北农 8 号。2011 年通过国家农作物品种审定委员会审定。

（2）特征特性：半冬性晚熟品种，成熟期平均比对照石 4185 晚熟 1 天左右。幼苗半匍匐，叶长、深绿色，分蘖较强，每亩成穗数多。区试田间试验记载冬季抗寒性好。春季生长稳健，两极分化快。株高 83 厘米，株型略散，旗叶窄长、上举，穗下节长。茎秆蜡质，弹性差，抗倒性较差。耐旱性好，耐后期高温，成熟落黄好。穗层较厚，穗长，口紧，小穗排列较稀，穗顶部结实性一般。穗纺锤形，长芒，白壳，白粒，籽粒角质。每亩穗数 47.2 万，穗粒数 34.1 粒，千粒重 40.0 克。抗寒性鉴定：抗寒性较差。抗病性鉴定：高感叶锈病、白粉病、赤霉病、纹枯病，中抗条锈病。2009 年、2010 年品质测定结果：籽粒容重 815 克/升、800 克/升，硬度指数 62.0（2009 年），蛋白质含量 14.35%、13.23%；面粉湿面筋含量 31.8%、29.4%，沉降值 36.8 毫升、31 毫升，吸水率 57.8%、55%，稳定时间 5.2 分钟、5.5 分钟。

（3）产量表现：2008—2009 年度参加黄淮冬麦区北片水地组

品种区域试验，平均每亩产量 537.8 千克，比对照石 4185 增产 5.7%；2009—2010 年度续试，平均每亩产量 546.5 千克，比对照石 4185 增产 11.1%。2010—2011 年度生产试验，平均每亩产量 580.0 千克，比对照石 4185 增产 7.2%。

（4）栽培要点：适宜播种期 10 月上旬，高水肥地每亩适宜基本苗 16 万～20 万，中等地力 18 万～22 万。浇好越冬水。及时防治蚜虫，中后期注意防病、防倒伏。

（5）适宜地区：适宜在黄淮冬麦区北片山东省、河北省中南部、山西省南部高中水肥地块种植。高水肥地注意防倒伏。

24. 舜麦 1718

（1）品种来源：山西省农业科学院棉花研究所选育，亲本组合为 32S/Gabo。2007 年、2009 年通过山西省农作物品种审定委员会审定，2011 年通过国家农作物品种审定委员会审定。

（2）特征特性：半冬性中熟品种，成熟期与对照石 4185 同期。幼苗半匍匐，叶色中绿，分蘖力强，每亩成穗较多。株高 75 厘米，株型松散。抗倒性差。部分试点表现早衰。穗纺锤形，小穗排列紧密，长芒，白壳，白粒，角质。每亩穗数 42.6 万，穗粒数 37.9 粒，千粒重 37.1 克。抗寒性鉴定：抗寒性中等。抗病性鉴定：高感条锈病、叶锈病、白粉病、赤霉病，中感纹枯病。区试田间试验部分试点叶枯病较重。2009 年、2010 年分别测定混合样：籽粒容重 820 克/升、780 克/升，硬度指数 65.8（2009 年），蛋白质含量 14.63%、14.28%；面粉湿面筋含量 31.2%、30.2%，沉降值 48.3 毫升、42 毫升，吸水率 62.2%、58.4%，稳定时间 8.2 分钟、11.3 分钟，最大抗延阻力 398E. U、518E. U，延伸性 162 毫米、151 毫米，拉伸面积 86 厘米^2、105 厘米^2。品质达到强筋品种审定标准。

（3）产量表现：2008—2009 年度参加黄淮冬麦区北片水地组品种区域试验，平均每亩产量 523.8 千克，比对照石 4185 增产 2.9%；2009—2010 年度续试，平均每亩产量 504.7 千克，比对照石 4185 增产 3.9%。2010—2011 年度生产试验，平均每亩产量

564.3 千克，比对照石 4185 增产 4.3%。

（4）栽培要点：适宜播种期 10 月上旬，高水肥地每亩适宜基本苗 18 万～20 万，中等地力 18 万～22 万。播前药剂拌种防治前期蚜虫传播黄矮病毒，浇好越冬水，后期注意防病、防倒伏。

（5）适宜地区：适宜在黄淮冬麦区北片山东省、河北省中南部、山西省南部高中水肥地块种植。高水肥地注意防倒伏。

25. 冀麦 585

（1）品种来源：河北省农林科学院粮油作物研究所选育，亲本为太谷核不育群体。2011 年通过国家农作物品种审定委员会审定。

（2）特征特性：半冬性晚熟品种，成熟期平均比对照石 4185 晚熟 1 天左右。幼苗半匍匐，叶色绿，分蘖力较强。春季生长稳健，分蘖成穗较多。株高 81 厘米，株型紧凑，旗叶稍宽、上举。茎秆粗壮，弹性好，抗倒性好。耐后期高温，成熟落黄好。穗层不齐，小穗排列紧密，结实性较好，穗粒数多。穗纺锤形，长芒，白壳，白粒，角质，籽粒饱满。每亩穗数 40.2 万，穗粒数 37.5 粒，千粒重 42.1 克。抗寒性鉴定：抗寒性好。抗病性鉴定：高感条锈病、赤霉病、纹枯病，中感白粉病。2009 年、2010 年品质测定结果：籽粒容重 822 克/升、802 克/升，硬度指数 55.0（2009 年），蛋白质含量 14.8%、14.0%；面粉湿面筋含量 30.9%、29.2%，沉降值 21.6 毫升、19.5 毫升，吸水率 58.4%、57.1%，稳定时间 1.4 分钟、1.8 分钟。

（3）产量表现：2008—2009 年度参加黄淮冬麦区北片水地组品种区域试验，平均每亩产量 540.8 千克，比对照石 4185 增产 6.3%；2009—2010 年度续试，平均每亩产量 524.1 千克，比对照石 4185 增产 6.5%。2010—2011 年度生产试验，平均每亩产量 582.2 千克，比对照石 4185 增产 7.6%。

（4）栽培要点：适宜播种期 10 月上中旬，高水肥地每亩适宜基本苗 18 万，中等地力 20 万，晚播适当加大播量。播前进行种子包衣或用杀虫剂、杀菌剂拌种，防治地下害虫和黑穗病。浇好越冬水，及时防治麦蚜和病害。

（5）适宜地区：适宜在黄淮冬麦区北片山东省、河北省中南部、山西省南部高中水肥地块种植。

26. 石优20号

（1）品种来源：石家庄市农林科学研究院选育，亲本组合为冀935－352/济南17。2009年通过河北省农作物品种审定委员会审定，2011年通过国家农作物品种审定委员会审定。

（2）特征特性：冬性中晚熟品种。黄淮冬麦区北片水地组区试，成熟期平均比对照石4185晚熟1天左右。幼苗匍匐，分蘖力强。株高77厘米，旗叶较长，后期干尖较重。茎秆弹性较好，抗倒性较好。成熟落黄较好。穗层整齐，穗下节短，穗纺锤形，白壳，白粒，籽粒角质。每亩穗数43.2万，穗粒数34.5粒，千粒重38.1克。抗寒性鉴定：抗寒性较差。抗病性鉴定：高感叶锈病、白粉病、赤霉病、纹枯病，慢条锈病。2009年、2010年品质测定结果：籽粒容重804克/升、785克/升，硬度指数66.4（2009年），蛋白质含量14.02%、14.22%；面粉湿面筋含量31.8%、31.8%，沉降值40.5毫升、34.5毫升，吸水率61.2%、58%，稳定时间15.4分钟、8.0分钟，品质达到强筋小麦品种审定标准。北部冬麦区水地组区试，成熟期与对照京冬8号同期。分蘖成穗率较高。株高70厘米，抗倒性较好。每亩穗数39.5万穗，穗粒数33.1粒，千粒重38.2克。抗寒性鉴定：抗寒性中等。抗病性鉴定：高感叶锈病、白粉病，中感条锈病。2009年、2010年分别测定混合样：籽粒容重793克/升、796克/升，硬度指数66.3（2009年），蛋白质含量14.53%、14.59%；面粉湿面筋含量32.5%、32.9%，沉降值44.1毫升、54毫升，吸水率60.4%、59.4%，稳定时间8.1分钟、12.9分钟，品质达到强筋小麦品种审定标准。

（3）产量表现：2008—2009年度参加黄淮冬麦区北片水地组品种区域试验，平均每亩产量524.3千克，比对照石4185增产3.1%；2009—2010年度续试，平均每亩产量508.3千克，比对照石4185增产3.3%。2010—2011年度参加黄淮冬麦区北片水地组生产试验，平均每亩产量564.3千克，比对照石4185增产4.3%。

2008—2009年度参加北部冬麦区水地组品种区域试验，平均每亩产量448.1千克，比对照京冬8号增产6.7%；2009—2010年度续试，平均每亩产量435.1千克，比对照京冬8号增产7.4%。2010—2011年度参加北部冬麦区水地组生产试验，平均每亩产量419.8千克，比对照中麦175减产2.5%。

（4）栽培要点：黄淮冬麦区北片适宜播种期10月5～15日，适期播种高水肥地每亩基本苗16万～20万，中等地力每亩基本苗18万～22万。北部冬麦区适宜播种期9月28日至10月6日，适期播种每亩基本苗18万～22万，晚播麦田应适当加大播量。及时防治麦蚜，注意防治叶锈病、白粉病、纹枯病等主要病害。

（5）适宜地区：适宜在黄淮冬麦区北片山东省、河北省中南部、山西省南部高中水肥地块种植，也适宜在北部冬麦区河北省中北部、山西省中北部、北京市、天津市水地种植。

27. 山农20

（1）品种来源：山东农业大学选育，亲本组合为PH82-2-2/954072。2010年通过国家农作物品种审定委员会审定，2011年通过国家农作物品种审定委员会审定。

（2）特征特性：半冬性中晚熟品种，成熟期平均比对照石4185晚熟1天左右。幼苗匍匐，分蘖力较强。区试田间试验记载越冬抗寒性较好。春季发育稳健，两极分化快，抽穗稍晚，每亩成穗多，穗层整齐。株高78厘米，株型紧凑，旗叶上举、叶色深绿。抗倒性较好。后期成熟落黄正常。穗纺锤形，长芒，白壳，白粒，籽粒角质、较饱满。每亩穗数43.3万，穗粒数35.1粒，千粒重41.4克。抗寒性鉴定：抗寒性较差。抗病性鉴定：高感赤霉病、纹枯病，中感白粉病，慢条锈病，中抗叶锈病。2009年、2010年品质测定结果：籽粒容重828克/升、808克/升，硬度指数67.7（2009年），蛋白质含量13.53%、13.3%；面粉湿面筋含量30.3%、29.7%，沉降值30.3毫升、28毫升，吸水率64.1%、59.8%，稳定时间3.2分钟、2.9分钟。

（3）产量表现：2008—2009年度参加黄淮冬麦区北片水地组

区域试验，平均每亩产量 535.7 千克，比对照石 4185 增产 5.3%；2009—2010 年度续试，平均每亩产量 517.1 千克，比对照石 4185 增产 5.1%。2010—2011 年度生产试验，平均每亩产量 569.8 千克，比对照石 4185 增产 3.6%。

（4）栽培要点：适宜播种期 10 月上旬，每亩基本苗 15 万～18 万。抽穗前后注意防治蚜虫，同时注意防治纹枯病和赤霉病。春季管理可略晚，控制株高，防倒伏。

（5）适宜地区：适宜在黄淮冬麦区北片山东省、河北省中南部、山西省南部高水肥地块种植。还适宜在黄淮冬麦区南片河南省（南阳、信阳除外）、安徽省北部、江苏省北部、陕西省关中地区高中水肥地块早中茬种植。

28. 山农 22 号

（1）品种来源：山东农业大学选育，亲本组合为 $Ta1$（M_S2）小麦轮选群体。2011 年通过国家农作物品种审定委员会审定。

（2）特征特性：半冬性晚熟品种，成熟期平均比对照石 4185 晚熟 2 天左右。幼苗半匍匐，叶片宽大，分蘖力强，成穗率中等。区试田间试验记载越冬抗寒性好。返青起身后叶直立，株叶型好。株高 80 厘米，株型松散，旗叶上举，通透性好，叶功能期长，茎叶蜡质重。茎秆有弹性，抗倒性中等，高水肥地有倒伏风险。抽穗成熟晚，熟相一般。穗层整齐，穗层厚。穗纺锤形，长芒，白壳，白粒，角质。每亩穗数 40.5 万，穗粒数 37.2 粒，千粒重 40.0 克。抗寒性鉴定：抗寒性较差。抗病性鉴定：高感条锈病、白粉病、赤霉病，中感叶锈病、纹枯病。2010 年、2011 年品质测定结果：籽粒容重 812 克/升、812 克/升，硬度指数 68.4（2011 年），蛋白质含量 12.99%、13.02%；面粉湿面筋含量 27.6%、27.1%，沉降值 31.5 毫升、27.2 毫升，吸水率 59.8%、59.2%，稳定时间 8.0 分钟、6.4 分钟。

（3）产量表现：2009—2010 年度参加黄淮冬麦区北片水地组区域试验，平均每亩产量 529.3 千克，比对照石 4185 增产 9.0%；2010—2011 年度续试，平均每亩产量 585.3 千克，比对照良星 99

增产4.5%。2010—2011年度生产试验，平均每亩产量588.8千克，比对照石4185增产7.1%。

(4) 栽培要点：适宜播种期10月5～10日，高水肥地每亩适宜基本苗12万～15万，中等地力14万～18万。加强中后期管理，预防倒伏。注意防治条锈病、白粉病。

(5) 适宜地区：适宜在黄淮冬麦区北片山东省、河北省中南部、山西省南部高中水肥地块种植。

29. 石麦22号

(1) 品种来源：石家庄市农林科学研究院选育，亲本组合为临8014/冀麦38//石4185。2011年通过国家农作物品种审定委员会审定。

(2) 特征特性：半冬性早熟品种，成熟期平均比对照石4185早熟1天左右。幼苗半匍匐，叶宽苗壮，分蘖力强，成穗率较高。株型偏松散，旗叶中长、窄、上举，穗下节较短，穗层整齐。茎秆较细，茎叶蜡质轻，弹性中等，抗倒性一般。穗纺锤形，短芒，白壳，白粒，半角质。灌浆后期旗叶干尖明显，熟相较好。每亩穗数42.9万，穗粒数35.2粒，千粒重40.3克。抗寒性鉴定：抗寒性较好。抗病性鉴定：高感条锈病、叶锈病、白粉病、纹枯病，中感赤霉病。2010年、2011年品质测定结果：籽粒容重786克/升、802克/升，硬度指数66（2011年），蛋白质含量13.29%、12.44%；面粉湿面筋含量28.1%、26.9%，沉降值17.5毫升、14.8毫升，吸水率53.8%、52.6毫升/100克，稳定时间1.8分钟、1.6分钟，最大抗延阻力114E.U、102E.U，延伸性125毫米、118毫米，拉伸面积20厘米^2、16厘米^2。

(3) 产量表现：2009—2010年度参加黄淮冬麦区北片水地组品种区域试验，平均每亩产量522.6千克，比对照石4185增产7.6%；2010—2011年度续试，平均每亩产量586.9千克，比对照良星99增产量4.8%。2010—2011年度生产试验，平均每亩产量582.0千克，比对照石4185增产5.8%。

(4) 栽培要点：适宜播种期10月5～15日。分蘖力强，成穗率较高，应控制播种量，提高播种质量，预防倒伏，高水肥地每亩适宜基本苗16万～20万，中等地力地20万～22万。小麦抽穗后及时叶面喷施杀虫剂、杀菌剂，防治各种病虫害。

（5）适宜地区：适宜在黄淮冬麦区北片山东省、河北省中南部、山西省南部高中水肥地块种植。

30. 汶农14号

（1）品种来源：泰安市汶农种业有限责任公司选育，亲本组合为84139//9215/876161。2010年通过山东省农作物品种审定委员会审定，2011年通过国家农作物品种审定委员会审定。

（2）特征特性：半冬性晚熟品种，成熟期平均比对照石4185晚1～2天。幼苗匍匐，叶色深绿，分蘖力强。区试田间试验记载冬季抗寒性好。株高80厘米，茎秆较粗，茎秆蜡质重，弹性好，抗倒性较好。穗层整齐，穗大小均匀，结实性好。穗纺锤形，长芒，白壳，白粒，商品性好。每亩穗数43.5万，穗粒数35.2粒，千粒重41.5克。接种抗病性鉴定：高感赤霉病、纹枯病，中感叶锈病、白粉病，慢条锈病。2009年、2010年品质测定结果：籽粒容重822克/升、806克/升，硬度指数67.1（2009年），蛋白质含量14.15%、13.6%；面粉湿面筋含量34.8%、31.3%，沉降值32.1毫升、26.5毫升，吸水率65.3%、60.4%，稳定时间1.8分钟、2.4分钟。

（3）产量表现：2008—2009年度参加黄淮冬麦区北片水地组品种区域试验，平均每亩产量555.0千克，比对照石4185增产9.1%；2009—2010年度续试，平均每亩产量543.6千克，比对照石4185增产10.5%。2009—2010年度生产试验，平均每亩产量528.8千克，比对照石4185增产10.2%。

（4）栽培要点：适宜播种期10月上旬，高水肥地每亩适宜基本苗12万～15万，中等地力地14万～18万。加强田间肥水管理，注意后期适时防治病虫害。

（5）适宜地区：适宜在黄淮冬麦区北片山东省、河北省中南部、山西省南部、河南省安阳市高中水肥地块种植。

31. 鲁原502

（1）品种来源：山东省农业科学院原子能农业应用研究所、中国农业科学院作物科学研究所选育，亲本组合为9940168/济麦19。2011年通过国家农作物品种审定委员会审定。

（2）特征特性：半冬性中晚熟品种，成熟期平均比对照石4185晚熟1天左右。幼苗半匍匐，长势壮，分蘖力强。区试田间试验记载冬季抗寒性好。每亩成穗数中等，对肥力敏感，高肥水地每亩成穗数多，肥力降低，每亩成穗数下降明显。株高76厘米，株型偏散，旗叶宽大，上冲。茎秆粗壮、蜡质较多，抗倒性较好。穗较长，小穗排列稀，穗层不齐。成熟落黄中等。穗纺锤形，长芒，白壳，白粒，籽粒角质，欠饱满。每亩穗数39.6万，穗粒数36.8粒，千粒重43.7克。抗寒性鉴定：抗寒性较差。抗病性鉴定：高感条锈病、叶锈病、白粉病、赤霉病、纹枯病。2009年、2010年品质测定结果：籽粒容重794克/升、774克/升，硬度指数67.2（2009年），蛋白质含量13.14%、13.01%；面粉湿面筋含量29.9%、28.1%，沉降值28.5毫升、27毫升，吸水率62.9%、59.6%，稳定时间5分钟、4.2分钟。

（3）产量表现：2008—2009年度参加黄淮冬麦区北片水地组品种区域试验，平均每亩产量558.7千克，比对照石4185增产9.7%；2009—2010年度续试，平均每亩产量537.1千克，比对照石4185增产10.6 %。2009—2010年度生产试验，平均每亩产量524.0千克，比对照石4185增产9.2%。

（4）栽培要点：适宜播种期10月上旬，每亩适宜基本苗13万～18万。加强田间管理，浇好灌浆水。及时防治病虫害。

（5）适宜地区：适宜在黄淮冬麦区北片山东省、河北省中南部、山西省中南部高水肥地块种植。

32. 衡136

（1）品种来源：河北省农林科学院旱作农业研究所选育，亲本组合为衡4119/石家庄1号。2009年通过河北省农作物品种审定委员会审定，2011年通过国家农作物品种审定委员会审定。

（2）特征特性：弱冬性中晚熟品种，成熟期平均比对照洛旱2号晚熟1天左右。幼苗半匍匐，叶色深绿，分蘖力中等，成穗率较高。株高77厘米，株型松散，旗叶深绿、上举，抗倒性一般。穗层整齐，穗较小。成熟落黄好。每亩穗数37.5万，穗粒数33.8粒，千粒重35.1克。穗长方形，长芒，白壳，白粒，角质，饱满度一般。抗旱性鉴定：抗旱性较弱。抗病性鉴定：高感条锈病、叶锈病、黄矮病，中感白粉病。2009年、2010年品质测定结果：籽粒容重793克/升、811克/升，蛋白质含量12.58%、12.62%；面粉湿面筋含量26.4%、26.6%，沉降值19.9毫升、19.5毫升，吸水率63.4%、59.4%，稳定时间1.4分钟、1.6分钟。

（3）产量表现：2008—2009年度参加黄淮冬麦区旱肥组品种区域试验，平均每亩产量358.1千克，比对照洛旱2号增产3.0%；2009—2010年度续试，平均每亩产量396.8千克，比对照洛旱2号增产6.6%。2010—2011年度生产试验，平均每亩产量356.0千克，比对照洛旱7号增产5.0%。

（4）栽培要点：适宜播种期10月8～15日，每亩适宜播种量7～10千克，晚播适当增加播量。及时防治锈病、白粉病和蚜虫。适时收获，防止穗发芽。

（5）适宜地区：适宜在黄淮冬麦区山西省晋南、陕西省咸阳和渭南、河南省旱肥地及河北省、山东省旱地种植。

33. 周麦26号

（1）品种来源：河南省周口市农业科学院选育，亲本组合为周麦24/周麦22。2012年通过国家农作物品种审定委员会审定。

（2）特征特性：半冬性中大穗型中晚熟品种，成熟期与对照周麦18同期。幼苗半匍匐，苗势较壮，叶窄长卷、青绿色，分蘖力较强，成穗率略偏低，每亩成穗数适中。冬季抗寒性较好。春季起身拔节偏慢，两极分化快，对春季低温较敏感。株高平均82厘米，株型松紧适中，叶色清秀，旗叶宽大上冲。茎秆较粗，弹性中等，抗倒性中等。穗层厚，穗大穗匀，结实性好。穗近方形，长芒，白壳，白粒，籽粒半角质，均匀性好，饱满度较好，黑胚率偏高。叶功能期长，耐热性好，灌浆速度快，熟相好。2010 年、2012 年区域试验平均每亩穗数 38.2 万、40.8 万，穗粒数 33 粒、34.4 粒，千粒重 46.4 克、40.7 克。抗病性鉴定：慢条锈病、高感叶锈病、白粉病、赤霉病和纹枯病。混合样测定：籽粒容重 778 克/升、788 克/升，蛋白质含量 14.58%，14.85%，硬度指数 60（2012 年）；面粉湿面筋含量 31.2%、30.8%，沉降值 34.0 毫升、42.2 毫升，吸水率 56.2%、52.5%，面团稳定时间 3.8 分钟、20.8 分钟。

（3）产量表现：2009—2010 年度参加黄淮冬麦区南片冬性水地组品种区域试验，每亩平均产量 532.5 千克，比对照周麦 18 增产 6.0%；2010—2012 年度续试，每亩平均产量 503.9 千克，比周麦 18 增产 5.2%。2011—2012 年度生产试验，每亩平均产量 517.3 千克，比周麦 18 增产 6.2%。

（4）栽培要点：10 月上中旬播种，每亩基本苗 15 万～22 万。注意防治纹枯病、白粉病和赤霉病等病虫害。

（5）适宜地区：适宜在黄淮冬麦区南片河南中北部、安徽北部、江苏北部、陕西关中地区高中水肥地块早中茬种植。

34. 平安 8 号

（1）品种来源：河南平安种业有限公司选育，亲本组合为豫麦 2 号/周麦 13 号。2011 年通过河南省农作物品种审定委员会审定，2012 年通过国家农作物品种审定委员会审定。

（2）特征特性：半冬性中穗型中晚熟品种，成熟期与对照周麦 18 同期。幼苗半匍匐，长势一般，叶宽短，叶浓绿色，分蘖力较强，成穗率偏低，冬季抗寒性一般。春季发育缓慢，起身拔节迟，两极分化慢，抗倒春寒能力中等，穗顶部虚尖重。株高平均 78 厘米，株型略松散，长相清秀，株行间透光性好，旗叶宽短上冲。茎秆弹性好，抗倒伏能力较强。耐旱性中等，遇后期高温叶功能丧失快，有早衰现象。穗层厚，穗码较密，结实性好，对肥水敏感，肥力偏低的试点成穗数少。穗纺锤形，短芒，白壳，白粒，籽粒偏粉质，饱满度较好，黑胚率较高。2010 年、2011 年区域试验平均每亩穗数 40.3 万、44.8 万穗，穗粒数 34 粒、32.9 粒，千粒重 43.8

克、43.8克。抗病性鉴定：中感叶锈病，高感条锈病、白粉病、赤霉病和纹枯病。混合样测定：籽粒容重792克/升、801克/升，蛋白质含量12.86%、12.73%，硬度指数50.4（2011年）；面粉湿面筋含量26.3%、26.7%，沉降值21.0毫升、21.6毫升，吸水率50.4%、53.4%，面团稳定时间2.4分钟、2.7分钟。

（3）产量表现：2009—2010年度参加黄淮冬麦区南片冬水组区域试验，每亩平均产量524.7千克，比对照周麦18增产4.8%；2010—2011年度续试，每亩平均产量589.1千克，比周麦18增产5.3%。2011—2012年度生产试验，每亩平均产量507.7千克，比周麦18增产4.2%。

（4）栽培要点：10月上中旬播种，每亩基本苗12万～20万。注意防治条锈病、白粉病、纹枯病、赤霉病等病虫害。

（5）适宜地区：适宜在黄淮冬麦区南片河南中北部、安徽北部、江苏北部、陕西关中地区高水肥地块早中茬种植。

35. 金禾9123

（1）品种来源：河北省农林科学院遗传生理研究所、石家庄市农林科学研究院选育，亲本组合为石4185/92R137//石4185^5。2008年通过国家农作物品种审定委员会审定（黄淮冬麦区北片），2012年通过国家农作物品种审定委员会审定（黄淮冬麦区南片）。

（2）特征特性：半冬性多穗型中晚熟品种，成熟期比对照周麦18晚0.5天。幼苗半匍匐，长势旺，叶宽长直挺、浓绿色，分蘖力中等，成穗率中等，冬季抗寒性一般。春季发育快，起身拔节早，两极分化快，倒春寒冻害中等，虚尖，缺粒较重。株高平均83厘米，株型稍松散，干尖重，旗叶宽长上冲，穗叶同层。穗层整齐，穗大、码较稀，结实性好。穗纺锤形，长芒，白壳，白粒，籽粒半角质，饱满度较好，黑胚率低。茎秆弹性一般，抗倒性一般。耐旱性中等。后期有早衰现象，熟相一般。2010年、2011年区域试验平均每亩穗数38.6万、44.3万，穗粒数34.3粒、33.3粒，千粒重43.9克、43.8克。抗病性鉴定：高感条锈病、叶锈病、赤霉病和纹枯病，中感白粉病。混合样测定：籽粒容重766

克/升、782 克/升，蛋白质含量 13.67%、13.26%，硬度指数 63.8（2011 年）；面粉湿面筋含量 33.2%、31.3%，沉降值 24.0 毫升、18.3 毫升，吸水率 55.2%、56.0%，面团稳定时间 1.9 分钟、1.5 分钟。

（3）产量表现：2009—2010 年度参加黄淮冬麦区南片冬水组品种区域试验，每亩平均产量 524.6 千克，比对照周麦 18 增产 4.4%；2010—2011 年度续试，每亩平均产量 580.2 千克，比周麦 18 增产 3.2%。2011—2012 年度生产试验，每亩平均产量 514.6 千克，比周麦 18 增产 5.1%。

（4）栽培要点：10 月上中旬播种，每亩基本苗高水肥地 15 万～18万、中水肥地 18 万～20 万，晚播适当加大播种量。注意防治蚜虫、条锈病、叶锈病、纹枯病和赤霉病等病虫害。高水肥地注意防倒伏。

（5）适宜地区：适宜在黄淮冬麦区南片河南中北部、安徽北部、江苏北部、陕西关中地区高中水肥地块早中茬种植。还适宜在黄淮冬麦区北片山东、河北中南部、山西南部、河南安阳水地种植。

36. 郑麦 7698

（1）品种来源：河南省农业科学院小麦研究中心选育，亲本组合为郑麦 9405/4B269//周麦 16。2011 年通过河南省农作物品种审定委员会审定，2012 年通过国家农作物品种审定委员会审定。

（2）特征特性：半冬性多穗型中晚熟品种，成熟期比对照周麦 18 晚 0.3 天。幼苗半匍匐，苗势较壮，叶窄短，叶色深绿，分蘖力较强，成穗率低，冬季抗寒性较好。春季起身拔节迟，春生分蘖略多，两极分化快，抽穗晚。抗倒春寒能力一般，穗部虚尖、缺粒现象较明显。株高平均 77 厘米，茎秆弹性一般，抗倒性中等。株型较紧凑，旗叶宽长上冲，蜡质重。穗层厚，穗多穗匀。后期根系活力较强，熟相较好，穗长方形，籽粒角质，均匀，饱满度一般。2010 年、2011 年区域试验平均每亩穗数 38.0 万、41.5 万，穗粒数 34.3 粒、35.5 粒，千粒重 44.4 克、43.6 克。前中期对肥水较敏感，肥力偏低的地块成穗数少。抗病性鉴定：慢条锈病，高感叶锈病、白粉病、纹枯病和赤霉病。混合样测定：籽粒容重 810 克/升、818 克/升，蛋白质含量 14.79%、14.25%，籽粒硬度指数 69.7（2011 年），面粉湿面筋含量 31.4%、30.4%，沉降值 40.0 毫升、33.1 毫升，吸水率 61.1%、60.8%，面团稳定时间 9.7 分钟、7.4 分钟。

（3）产量表现：2009—2010 年度参加黄淮冬麦区南片区域试验，每亩平均产量 513.3 千克，比对照周麦 18 增产 3.0%；2010—2011 年度续试，每亩平均产量 581.4 千克，比周麦 18 增产 3.4%。2011—2012 年度生产试验，每亩平均产量 499.7 千克，比周麦 18 增产 2.6%。

（4）栽培要点：10 月上中旬播种，每亩基本苗 12 万～20 万。注意防治白粉病、纹枯病和赤霉病等病虫害。

（5）适宜地区：适宜在黄淮冬麦区南片河南中北部、安徽北部、江苏北部、陕西关中地区高中水肥地块早中茬种植。

37. 中麦 895

（1）品种来源：中国农业科学院作物科学研究所、中国农业科学院棉花研究所选育，亲本组合为周麦 16/荔垦 4 号。2012 年通过国家农作物品种审定委员会审定。

（2）特征特性：半冬性多穗型中晚熟品种，成熟期与对照周麦 18 同期。幼苗半匍匐，长势壮，叶宽直挺，叶色黄绿，分蘖力强，成穗率中等，每亩成穗数较多，冬季抗寒性中等。起身拔节早，两极分化快，抽穗迟，抗倒春寒能力中等。株高平均 73 厘米，株型紧凑，长相清秀，株行间透光性好，旗叶较宽，上冲。茎秆弹性中等，抗倒性中等。叶功能期长，耐后期高温能力好，灌浆速度快，成熟落黄好。前中期对肥水较敏感，肥力偏低的试点成穗数少。穗层较整齐，结实性一般。穗纺锤形，长芒，白壳，白粒，半角质，饱满度好，黑胚率高。2011 年、2012 年区域试验平均每亩成穗数 45.2 万、43.4 万，穗粒数 29.8 粒、29.7 粒，千粒重 47.1 克、45.8 克。抗病性鉴定：中感叶锈病，高感条锈病、白粉病、纹枯病和赤霉病。混合样测定：籽粒容重 814 克/升、814 克/升，蛋白质含量 14.27%、14.93%，硬度指数 65.7、62.0。面粉湿面筋含量 31.7%、33.8%，沉降值 30.3 毫升、31.7 毫升，吸水率 60.5%、58.8%，面团稳定时间 4.2 分钟、4 分钟。

(3) 产量表现：2010—2011 年度参加黄淮冬麦区南片冬水组区域试验，每亩平均产量 587.8 千克，比对照周麦 18 增产 5.1%；2010—2012 年度续试，每亩平均产量 506.2 千克，比周麦 18 增产 4.4%。2011—2012 年度生产试验，每亩平均产量 510.9 千克，比周麦 18 增产 4.3%。

(4) 栽培要点：10 月上中旬播种，每亩基本苗 12 万～18 万。重施基肥，以农家肥为主，耕地前施入深翻；入冬时浇好越冬水，返青至拔节期适当控水控肥。注意防治蚜虫、条锈病、白粉病、纹枯病、赤霉病等病虫害。

(5) 适宜地区：适宜在黄淮冬麦区南片河南中北部、安徽北部、江苏北部、陕西关中地区高中水肥地块早中茬种植。

38. 漯麦 18

(1) 品种来源：漯河市农业科学院选育，亲本组合为 4336/周麦 16。2012 年通过国家农作物品种审定委员会审定。

(2) 特征特性：弱春性中穗型中晚熟品种，成熟期比对照偃展 4110 晚熟 1.7 天。幼苗半直立，长势较壮，叶片短宽，叶色浓绿，分蘖力弱，成穗率高，冬季抗寒性较好。春季起身拔节早，两极分化快，对倒春寒较敏感，虚尖、缺粒现象较重。株高平均 75 厘米，株型稍松散，旗叶宽短上冲，长相清秀。茎秆弹性一般，抗倒性中等。根系活力强，较耐高温干旱，叶功能期长，灌浆速度快，落黄好。穗层较整齐，穗较大。穗纺锤形，长芒，白壳，白粒，籽粒半角质，饱满度好，黑胚率偏高。2010 年、2011 年区域试验平均每亩穗数 38 万、44.9 万，穗粒数 32.1 粒、32.9 粒，千粒重 46.9 克、43.4 克。抗病性鉴定：中感纹枯病，高条锈病、叶锈病、白粉病和赤霉病。混合样测定：籽粒容重 798 克/升、810 克/升，蛋白质含量 14.44%、13.50%，硬度指数 61.6 (2011 年)；面粉湿面筋含量 31.5%、29.2%，沉降值 34.5 毫升、28.9 毫升，吸水率 57.9%、55.8%，面团稳定时间 3.9 分钟、4.0 分钟。

（3）产量表现：2009—2010 年度参加黄淮冬麦区南片春水组区域试验，每亩平均产量 503.3 千克，比对照偃展 4110 增产 2.9%；2010—2011 年度续试，每亩平均产量 579.2 千克，比偃展 4110 增产 6.1%。2010—2012 年度生产试验，每亩平均产量 483.6 千克，比偃展 4110 增产 5.2%。

（4）栽培要点：10 月中下旬播种，每亩基本苗 18 万～24 万。注意防治白粉病、条叶锈病、赤霉病等病虫害。

（5）适宜地区：适宜在黄淮冬麦区南片河南（南部稻茬麦区除外）、安徽北部、江苏北部、陕西关中地区高中水肥地块中晚茬种植。

39. 晋麦 92 号

（1）品种来源：山西省农业科学院小麦研究所选育，亲本组合为临优 6148/晋麦 33。2012 年通过国家农作物品种审定委员会审定。

（2）特征特性：弱冬性中熟品种，成熟期与对照晋麦 47 相当。幼苗匍匐，生长健壮，叶宽，叶色浓绿，分蘖力较强，成穗率高，成穗数较多。两极分化较快。株高 80～95 厘米，株型紧凑，旗叶上举。茎秆较软，抗倒性较差。穗层整齐，穗较小。穗长方形，长芒，白壳，白粒，角质，饱满度较好。抗倒春寒能力较强。熟相一般。2010 年、2011 年区域试验平均每亩穗数 30.8 万、32.9 万，穗粒数 28.8 粒、28.6 粒，千粒重 33.6 克、37.1 克。抗旱性鉴定：抗旱性 4 级，抗旱性较弱。抗病性鉴定：高感条锈病、叶锈病、白粉病和黄矮病。混合样测定：籽粒容重 789 克/升、802 克/升，蛋白质含量 15.98%、15.19%，硬度指数 66.9（2011 年）；面粉湿面筋含量 35.8%、34.2%，沉降值 61.0 毫升、53.9 毫升，吸水率 59.8%、58.4%，面团稳定时间 11.8 分钟、11.0 分钟。

（3）产量表现：2009—2010 年度参加黄淮冬麦区旱薄组区域试验，每亩平均产量 233.8 千克，比对照晋麦 47 号增产 0.2%；

2010—2011 年度续试，每亩平均产量 276.0 千克，比晋麦 47 号减产 2.1%。2011—2012 年度生产试验，每亩平均产量 351.7 千克，比晋麦 47 增产 4.2%。

（4）栽培要点：9 月下旬至 10 月上旬播种，每亩基本苗 18 万～24万。氮、磷、钾肥配合，施足底肥，底肥每亩施尿素 20～30千克或碳铵 60～80 千克、过磷酸钙 75～100 千克、硫酸钾 5～10千克。扬花期进行三喷，防病治虫。及时收获，防止穗发芽。

（5）适宜地区：适宜在黄淮冬麦区山西晋南、陕西宝鸡旱地和河南旱薄地种植。

40. 徐麦 30

（1）品种来源：江苏徐淮地区徐州农科所选育，亲本组合为周 91098/徐州 25。2007 年通过江苏省农作物品种审定委员会审定。

（2）特征特性：半冬性多穗型中晚熟品种，幼苗半匍匐，苗壮。芽鞘白色，叶片较宽大，叶色深绿。分蘖能力强，成穗率较高，成穗数较稳定，亩成穗 38 万～45 万。株型较紧凑，株高 85 厘米左右，茎秆弹性好。剑叶大小适中，叶片上冲，通风透光好，穗层较整齐。穗纺锤形，长芒、白壳、白粒。穗型中大，结实性好，平均每穗结实 32～35 粒。籽粒角质，均匀饱满，千粒重 42～45 克，容重高，商品性好。成熟中晚，熟相较好。越冬抗寒性好，较抗春季低温。抗倒力较强，综合抗性较好，田间自然鉴定，纹枯病和叶枯病轻，中感白粉病和赤霉病，感条锈病、叶锈病，中国农科院植保所接种鉴定结果：中抗纹枯病，慢叶锈病，中感秆锈病、条锈病，感白粉病和赤霉病。耐后期高温，叶功能期长，灌浆充分，适应性广。籽粒容重 808 克/升，粗蛋白（干基）14.1%，湿面筋 30.3%，沉降值 31.6 毫升，吸水率 63.9%，形成时间 4.2 分钟，稳定时间 6.8 分钟，弱化度 93F. U.，评价值 53，最大抗延阻力 248E. U.，延伸性 16.1 厘米，拉伸面积 55.6 厘米^2。

（3）产量表现：2005、2006 年江苏省淮北片区试平均每亩产量 510.89 千克、523.90 千克，比淮麦 18 增产 1.15%、2.64%。

2007年江苏省淮北片生产试验平均每亩产量517.8千克，比淮麦18增产4.57%。2010年铜山县柳新农场万每亩高产创建示范片实收产量632.9千克，2011年铜山区柳新农场徐麦30高产攻关方实收亩产量655.9千克。

（4）栽培要点：播期弹性较大，正常年份9月底至10月中旬播种，配合适宜播量均可获得较高产量。高产栽培最适播期为10月1～15日，在此范围内适宜播种量为每亩基本苗12万～16万，肥力水平偏低或播期推迟，应适当增加基本苗。亩产500千克产量水平，建议总施氮量14～15千克（基肥有机肥占50%左右，氮肥基追比7∶3），P_2O_5 7～8千克，K_2O 10千克左右。在施足基肥的基础上，严格控制冬前和返青肥。追肥越冬期亩施2.5～5千克尿素促平衡，在基部一、二节间定长、倒2叶出生前后（3月25日前后），重视拔节肥（亩施尿素10～15千克）施用，达到巩固分蘖成穗，主攻大穗，提高粒重的目的。后期注意养根保叶，提高千粒重。一般田块叶面亩喷施磷酸二氢钾0.25～0.5千克，脱肥田块可另加1～1.5千克尿素混喷。同时应做好田间三沟配套、灌水抗旱等工作，提高抗灾能力。注意及时防治病虫草害。

（5）适宜地区：适于淮北地区早中茬口中高肥力水平田块种植。

41. 徐麦32

（1）品种来源：江苏徐淮地区徐州农业科学研究所选育，亲本组合为淮麦18/周麦16。2012年通过江苏省农作物品种审定委员会审定。

（2）特征特性：半冬性，幼苗半匍匐，叶片细长，叶色偏淡，前期长势较快，抗寒性较好。分蘖力强，冬前分蘖多，成穗率高，成穗数多，平均亩成穗42万～45万。株型较紧凑，剑叶挺或下垂，株高75厘米上下，穗层较整齐，茎秆弹性较好。大穗型，穗色黄，颖壳被茸毛，结实较好，平均每穗结实32～34粒。籽粒角质，千粒重40～43克。田间表现中感白粉病、赤霉病，纹枯病轻。抽穗晚，成熟中晚，落黄好，熟相较好。

(3) 产量表现：2009—2010年度江苏省淮北片早播组区试平均亩产量512.68千克，比淮麦20增产4.39%，差异极显著。2010—2011年度平均亩产量545.19千克，比淮麦20增产6.06%，差异极显著。两年平均每亩产量528.93千克，比淮麦20增产5.24%。2011—2012年度生产试验平均每亩产量535.73千克，比对照淮麦20增产4.64%。

(4) 栽培要点：播期弹性较大，正常年份9月底至10月中旬均可播种，配合适宜的播量可获得较高产量。最适播期为10月5～20日，在此范围内适宜播种量为12万～16万基本苗，肥力水平偏低或播期推迟，应适当增加基本苗。亩产600千克产量水平，建议亩施纯N 15～18千克（基追比5：5），P_2O_5 8～10千克，K_2O 10～15千克（基追比5：5）。追肥以拔节肥为主，根据苗情酌情追施壮蘖平衡肥，在田间不脱肥的基础上推迟拔节肥至余叶1.5～2叶（一般在4月10日前后）时施用。以达到巩固分蘖成穗，主攻大穗，提高粒重的目的。后期注重一喷多防，一般田块每亩叶面喷施磷酸二氢钾100克，脱肥田块可另加浓度为1%～2%的尿素混喷，养根保叶，提高千粒重。同时应做好田间三沟配套、灌水抗旱等工作，提高抗灾能力。超高产栽培建议全程采用化学调控，防止倒伏。注意及时防治病虫草害。

(5) 适宜地区：适于淮北地区早中茬口中高肥力水平田块种植。

42. 徐麦33

(1) 品种来源：江苏徐淮地区徐州农业科学研究所选育，亲本组合为内乡991/周麦16。2013年通过国家农作物品种审定委员会审定。

(2) 特征特性：半冬性中晚品系，成熟期比对照品种周麦18略早。冬季抗寒性较好，春季起身拔节较快，两极分化快，抽穗晚，春季抗寒性一般。分蘖成穗率较高，每亩穗数较多。株高中等，区试平均株高78.2厘米，茎秆弹性一般，抗倒性较好。株型较紧凑，穗层整齐，穗多穗匀。纺锤形穗，穗型中等，穗码密，籽粒角质，容重高。产量三要素较协调，2012 年区试平均每亩穗数 42.8 万，穗粒数 31.4 粒，千粒重 42.9 克。田间自然发病：中抗—中感条锈病，中抗白粉病，中感纹枯病、叶枯病、叶锈病，赤霉病中度偏重。接种抗病性鉴定，2012 年结果：中抗白粉病、中感条锈病，高感叶锈病、赤霉病和纹枯病。成熟落黄较好。国家黄淮南片区试抽混合样化验，2012 年品质检测结果：容重 808 克/升、蛋白质（干基）14.49%、湿面筋 30.8%、沉降值 32.5 毫升、吸水率 56.2%、稳定时间 5.6 分钟。

（3）产量表现：2011—2012 年参加黄淮南片冬水组区试平均每亩产量 502.8 千克，比对照周麦 18 增产 5%，达极显著水平。

（4）栽培要点：播期弹性较大，正常年份 10 月份均可播种，配合适宜的播量均可获得较高产量。最适播期为 10 月 5～20 日，在此范围内每亩适宜基本苗 12 万～16 万，肥力水平偏低或播期推迟，应适当增加基本苗，但每亩最高基本苗不宜超过 35 万。亩产 600 千克的田块，施纯 N 15～18 千克（基肥追肥比例 5∶5），P_2O_5作基肥 8～10 千克，K_2O 10～15 千克（基肥追肥比例 5∶5）左右，在足量化肥的基础上增施 1 000 千克有机肥。追肥以拔节肥为主，根据苗情酌情追施壮蘖平衡肥，在田间不脱肥的基础上推迟拔节肥至余叶 1.5～2 叶（一般在 4 月 10 日前后）时施用。后期一般田块叶面喷施磷酸二氢钾 100 克，脱肥田块可另加浓度为 1%～2%的尿素混喷，养根保叶，提高千粒重。同时应做好田间三沟配套、灌水抗旱等工作，提高抗灾能力。超高产栽培建议全程采用化学调控，防止倒伏。播前用立克秀或纹霉净拌种，可减轻或推迟纹枯病发病。加强草害防治。返青前后及早用井冈霉素和粉锈宁预防纹枯病，可与蹲苗控节的化控措施相结合。抽穗前后根据当年白粉病、蚜虫流行趋势及早进行防治，扬花期注意天气状况及时防治赤霉病。后期病虫害防治与叶面喷肥相结合，达到防病虫、防早衰、增粒重的目的。

（5）适宜地区：适宜黄淮冬麦区南片河南省中北部、安徽省北部、江苏省北部、陕西省关中地区高中水肥地块早中茬种植。

43. 西农 538

（1）品种来源：西北农林科技大学农学院选育，亲本组合为兰考 90（6）52－30/小偃 6 号。2010 年 4 月通过陕西省农作物品种审定委员会审定。

（2）特征特性：半冬性，幼苗半匍匐。旗叶半上挺，叶与叶耳色绿，叶片无茸毛，茎叶蜡质少。株高 75～80 厘米，茎秆坚硬，抗倒伏能力较强。穗方形，较密，穗色绿，穗部无蜡质，长芒，护颖白色、椭圆形、斜肩，护颖嘴延伸芒状，脊明显，穗长 8 厘米左右，小穗排列紧密，小穗数 18～22 个，中部小穗结实 3～4 粒，穗粒数 33 粒左右，籽粒白色、角质，椭圆形，腹沟浅，籽粒冠毛多，千粒重常年 42 克左右。耐旱性好，分蘖力强，成穗率高，抗干热风，成熟黄亮。经省植保所条锈病接种鉴定：中抗条锈病，中感白粉病，中感赤霉病。籽粒容重 806 克/升，蛋白质（干）14.8%，沉淀值 58.3 毫升，湿面筋 38.2%，吸水率 61.4%，稳定时间 2.4 分钟，最大抗延阻力 158，拉伸面积 52，角质率 98%，降落数值 253 秒。

（3）产量表现：2006—2007 年陕西省高肥组区试，平均亩产量 514.8 千克，比对照小偃 22 增产 7.1%。2008—2009 年平均亩产量 477.0 千克，比对照小偃 22 增产 6.0%。

（4）栽培要点：精细整地，施足底肥。在适耕期内，先均匀施足底肥，再深耕细耙，按土面平整，上虚下实的要求整好地。每亩底施土杂肥 2 000 千克，磷酸二铵 25 千克，尿素 18 千克（或过磷酸钙 100 千克，碳铵 80 千克），有机肥不足时补饼肥 50 千克。适期足墒播种，一播全苗，关中地区适宜播期为 10 月 10～15 日。播种时力争足墒播种，一播全苗。合理密植，适当播量，播种量在水肥条件较好、整地细、适期播种下，每亩适宜播量 8 千克。适时冬灌，酌情春灌。结合冬灌亩追施 5～8 千克尿素，抽穗—灌浆期喷施磷酸二氢钾，以促穗增粒。在扬花期进行一喷三防，采取药肥混喷（粉锈宁、氧化乐果、磷酸二氢钾、尿素），既可兼防白粉、赤霉病和蚜虫，又可延长叶片和穗部功能期，增加粒重。

（5）适宜地区：适宜陕西关中灌区及黄淮南片相似地区。

44. 西农 556

（1）品种来源：西北农林科技大学农学院选育，亲本组合为 9 871－23－2（陕 354/90（6）52－30）/99371（闫麦 8911/豫展 1 号）2012 年 4 月通过陕西省农作物品种审定委员会审定。

（2）特征特性：半冬性，旗叶小而上挺，叶片无茸毛，茎叶多蜡质。株型结构好，株高 75 厘米，茎秆粗硬，抗倒伏能力强。穗层整齐，穗方形，色绿。小穗排列紧密，小穗数 18～22 个，基部不孕小穗 1～2 个，中部小穗结实 3～4 粒。亩穗数 45 万左右，穗粒数 35 粒左右，千粒重 40 克左右。籽粒白色、角质，椭圆形，腹沟浅，成熟期与对照小偃 22 相当。籽粒容重 816 克/升，蛋白质（干）14.9%，沉淀值 41.3 毫升，湿面筋 33.8%，吸水率 63.2%，稳定时间 1.8 分钟，最大抗延阻力 130E.U.，拉伸面积 34 厘米^2，角质率 93%，降落数值 253 秒。高抗条锈病，高感白粉病，中抗赤霉病，抗病性优于对照。

（3）产量表现：2009—2011 两年参加省区试平均亩产量 529.3 千克，比对照小偃 22 增产 5.3%。

（4）栽培要点：关中地区适宜播期为 10 月 5～15 日。播种时力争足墒播种，一播全苗。在水肥条件较好、整地细、适期播种下，适宜每亩播量 8～10 千克，基本苗 16 万，冬前分蘖 60 万～80 万，春季分蘖 90 万～120 万，成穗数 45 万左右。生产上注意白粉病的防治。

（5）适宜地区：适宜陕西关中灌区种植。

45. 中育 9398

（1）品种来源：中国农业科学院棉花研究所、中棉种业科技股份有限公司育成，亲本组合为矮败小麦/新麦 18。2012 年通过国家农作物品种审定委员会审定。

（2）特征特性：半冬性中穗型中晚熟品种，平均生育期 224.5 天，与对照品种周麦 18 号相当。幼苗半直立，苗期叶片宽短，叶色浓绿，苗壮，冬季抗寒性一般，分蘖力弱，成穗率较高；春季发育较快，抽穗较早；株型偏紧凑，旗叶宽短，有干尖，穗下节短，平均株高 76.2 厘米，茎秆粗，抗倒性一般。长方形大穗，结实性好，穗层整齐；圆粒，大小均匀，角质，黑胚多，饱满度中等。2011—2011 年度产量构成三要素：亩穗数 42.8 万，穗粒数 36.1 粒，千粒重 40.9 克。2011—2012 年度产量构成三要素——平均成穗数 36.7 万，穗粒数 37 粒，千粒重 42.2 克。籽粒蛋白质含量 16.70 %，容重 794 克/升，湿面筋 38.8%，降落数值 214 秒，吸水量 61.7 毫升/100 克，形成时间 4.2 分钟，稳定时间 4.9 分钟，沉淀值 74.5 毫升，出粉率 70.0%。中抗条锈病、叶锈病和叶枯病，中感白粉病和纹枯病，高感赤霉病。

（3）产量表现：2009—2010 年度参加河南省冬水区试，平均每亩产量 507.8 千克，2010—2011 年度续试平均每亩产量 580.6 千克。2011—2012 年度参加生产试验，平均每亩产量 516.2 千克。

（4）栽培要点：10 月 5～20 日播种，最佳播期 10 月 10 日左右；高肥力地块亩播量 6～8 千克，中低肥力地块 8～10 千克，如延期播种，每推迟 3 天增加 0.5 千克播量。一般亩施底肥尿素 20 千克，磷酸二铵 25 千克，硫酸钾 15 千克［或三元素复合肥（15∶15∶15）50 千克，春节前后追施尿素 7～10 千克］。拔节前进行化学除草，并适当化控，以降低株高。灌浆期喷施磷酸二氢钾，结合天气情况及时防治白粉病和小麦穗蚜。

（5）适宜地区：河南省（南部稻茬麦区除外）早中茬中高肥力地种植。

46. 衡观 35

（1）品种来源：河北省农林科学院旱作农业研究所培育，亲本组合为衡 84 观 749/衡 87-263。2004 年通过河北省农作物品种审定委员会审定，2006 年通过国家农作物品种审定委员会审定，2006 年通过山西省认定，2007 年通过天津市审定。

（2）特征特性：半冬性中早熟品种，株型紧凑叶片较上冲，分蘖力中等，株高 68～72 厘米，茎秆粗壮，高抗倒伏，抗纹枯、白粉、叶锈病，抗干热风落黄好；结实性强，长方形穗较粗，小穗排列较密，白粒、硬质；籽粒饱满，容重816克/升，蛋白质含量14.92%，湿面筋33.4%，稳定时间3.5分钟，适合做饺子面条专用。

（3）产量表现：2005年和2006国家区试和大区生产试验中均居第一位，分别比对照增产6.4%和6.7%，每亩最高产量662.8千克，生产示范推广中，春浇两水一般亩产量500～550千克，实打实测最高产量710千克。

（4）栽培要点：黄淮北片麦区适宜区域内播期一般掌握在10月5～15日，亩播量12～14千克，黄淮南片麦区播期一般10月10～20日播种，亩播量8～10千克，晚播和秸秆还田地块适当加大播量，穗数控制在43万～45万为宜。足墒播种，播后镇压。春季浇好拔节、抽穗开花、灌浆水。不宜浇麦黄水。黄淮南片一般不浇水或浇一水。注意防治蚜虫，并结合治蚜以三唑酮等防病。5月10～15日喷施磷酸二氢钾，促粒重提高。

（5）适宜地区：适宜在黄淮北片河北、山东、山西，黄淮南片河南、安徽、江苏、陕西冬麦区和长江中下游冬麦区湖北襄樊、枣阳等地区种植。

47. 衡4399

（1）品种来源：河北省农林科学院旱作农业研究所培育，亲本组合为邯6172/衡穗28。2008年通过河北省农作物品种审定委员会审定。

（2）特征特性：半冬性，幼苗匍匐，叶片深绿色，分蘖力较强。株型较紧凑，株高72厘米左右。亩穗数45万左右，穗层整齐。穗长方形，长芒，白壳，白粒，硬质，籽粒较饱满。穗粒数33.8个，千粒重39.5克，容重792.3克/升。生育期239天左右，与石4185品种相当。熟相较好。抗倒性较强。抗寒性与石4185品种相当。2008年河北省农作物品种品质检测中心测定：籽粒粗蛋白14.58%，沉降值18.7毫升，湿面筋29.2%，吸水率58.0%，形成时间3.0分钟，稳定时间2.8分钟。河北省农林科学院植物保护研究所鉴定：中抗条锈病、叶锈病、白粉病。

（3）产量表现：2006—2007、2007—2008 年度冀中南水地组两年区域试验平均每亩产量 547.09 千克，比石 4185 品种增产 6.93%。2007—2008 年度同组生产试验，平均每亩产量 524.56 千克，比石 4185 品种增产 7.81%。生产示范推广中，春浇两水一般亩产 550 千克左右，实打实测最高 704.98 千克。

（4）栽培要点：适宜播期 10 月 5～15 日，切勿早播。适播期内亩播量 13～14 千克，秸秆还田地块适当加大播量，穗数控制在 46 万～50 万为宜，过密不利于高产。亩底施二铵 20～25 千克，尿素 5 千克，秸秆还田和整地质量较差地块提倡浇冻水，春季浇好拔节、抽穗开花和灌浆水。水浇条件差的地区，可浇拔节水和开花灌浆水。结合春一水亩追施尿素 20 千克。在正常防治病虫草害的基础上，加强吸浆虫和赤霉病防治。小麦吸浆虫危害发生逐年加重，且对产量影响较大，应在孕穗期用甲基异柳磷或毒死蜱颗粒剂拌毒土撒施，并在抽穗开花期喷杀虫剂扫残防治；抽穗开花期遇雨赤霉病发生较重，一般掌握在小麦扬花前喷药，如预报有雨，也可抢在雨前打药，应及时喷施烯唑醇或多菌灵等杀菌剂防治。

（5）适宜地区：适宜河北省中南部冬麦区中高水肥地块种植。

48. 衡 4444

（1）品种来源：河北省农林科学院旱作农业研究所培育，亲本组合为小偃 6 号/WM1 号。2012 年通过河北省农作物品种审定委员会审定。

（2）特征特性：半冬性中熟品种，生育期 242 天左右。幼苗匍匐，叶片绿色，分蘖力中等。成株株型较紧凑，株高 71.4 厘米。穗纺锤形，长芒，白壳，白粒，硬质，籽粒较饱满。亩穗数 38.9 万，穗粒数 32.7 个，千粒重 42.2 克，容重 807.2 克/升。抗倒性较强，抗寒性与石 4185 相当。2011 年农业部谷物品质监督检验测试中心（哈尔滨）测定：籽粒粗蛋白（干基）13.56%，湿面筋 30%，沉降值 25 毫升，吸水率 59.7%，形成时间 2.8 分钟，稳定时间 3.6 分钟。河北省农林科学院植物保护研究所抗病性鉴定：中抗条锈病，中感叶锈病，高感白粉病。

（3）产量表现：2008—2009 年度冀中南水地组区域试验平均每亩产量 513 千克，2009—2010 年度同组区域试验平均每亩产量 464 千克，2010—2011 年度生产试验平均每亩产量 546 千克，生产示范推广中，春浇两水一般 500～550 千克。

（4）栽培要点：适宜播期 10 月 5～15 日，切勿早播。适播期内亩播量 13～14 千克，秸秆还田地块适当加大播量，穗数控制在 46 万～50 万为宜，过密不利于高产。亩底施二铵 20～25 千克，尿素 5 千克，秸秆还田和整地质量较差地块提倡浇冻水，春季浇好拔节水、抽穗开花水和灌浆水。水浇条件差的地区，可浇拔节水和开花灌浆水。结合春一水亩追施尿素 20 千克。在正常防治病虫草害的基础上，加强吸浆虫和赤霉病防治。小麦吸浆虫危害发生逐年加重，且对产量影响较大，应在孕穗期用甲基异柳磷或毒死蜱颗粒剂拌毒土撒施，并在抽穗开花期喷杀虫剂扫残防治；小麦抽穗开花期遇雨赤霉病发生较重，一般掌握在小麦扬花前喷药，如预报有雨，也可抢在雨前打药，应及时喷施烯唑醇或多菌灵等杀菌剂防治。小麦起身期喷施壮丰安等化控放倒。

（5）适宜地区：适宜河北省中南部冬麦区中高水肥地块种植。

49. 河农 6049

（1）品种来源：河北农业大学选育，亲本组合为石 6021/河农 91459。2008 年通过河北省农作物品种审定委员会审定，2009 年通过国家农作物品种审定委员会审定。

（2）特征特性：半冬性，中熟，成熟期与对照石 4185 相当。幼苗匍匐，分蘖力较强，成穗率中等。株高 90 厘米左右，株型略松散，旗叶宽大。穗层厚，穗层整齐度一般，穗较大。穗纺锤形，长芒，白壳，白粒，籽粒半角质、较饱满。两年区试平均亩穗数 40.5 万，穗粒数 40.5 粒，千粒重 36.5 克。抗寒性鉴定：抗寒性 1 级，抗寒性好。耐倒春寒能力较强。抗倒性中等。落黄好。接种抗病性鉴定：中感纹枯病、赤霉病，高感条锈病、叶锈病、白粉病。2007 年、2008 年分别测定品质（混合样）：籽粒容重 798 克/升、799 克/升，硬度指数 55.0（2008 年），蛋白质含量 14.88%、

14.64%；面粉湿面筋含量34.4%、33.2%，沉降值19.5毫升、19.1毫升，吸水率55.2%、53.7%，稳定时间1.4分钟、1.4分钟。

(3) 产量表现：2006—2007年度参加黄淮冬麦区北片水地组品种区域试验，平均亩产量532.6千克，比对照石4185增产2.62%；2007—2008年度续试，平均亩产量535.0千克，比对照石4185增产3.68%，2008—2009年度生产试验，平均亩产量513.5千克，比对照石4185增产3.76%。

(4) 栽培要点：适宜播种期10月5～15日，每亩适宜基本苗18万～20万，高肥水地块适当减少播种量，防止倒伏。返青管理促控结合，春季第一水尽量晚浇。注意防治条锈病、叶锈病、白粉病等病害。

(5) 适宜地区：适宜在黄淮冬麦区北片山东北部、河北中南部、山西南部高中水肥地块种植。

50. 涡麦8号

(1) 品种来源：亳州市农业科学研究所选育，亲本组合为98中18（来源于中国农科院）×偃463（来源于河南偃师二里头）。2011年通过安徽省农作物品种审定委员会审定。

(2) 特征特性：弱春性。幼苗半直立，叶色深绿，旗叶平展，穗长方形，长芒、白壳、白粒、籽粒半角质。全生育期218天左右，与对照品种（偃展4110）相当。株高88厘米左右，比对照品种高8厘米左右。亩穗数47万左右，穗粒数31粒左右，千粒重45克左右。抗病性经中国农业科学院植保所抗性鉴定：2008年中抗赤霉病，中感白粉病、纹枯病、叶锈病和条锈病。经农业部谷物及制品质量监督检验测试中心（哈尔滨）检验：2009年籽粒容重802克/升，粗蛋白含量（干基）13.49%，湿面筋28.1%，面团稳定时间4.9分钟，吸水率54.0%，硬度指数49.8。

(3) 产量表现：2007—2008年度安徽省小麦区试平均亩产量613千克，较对照品种增产5.1%（显著）；2008—2009年度区试亩产量551千克，较对照品种增产6.1%（极显著）。2009—2010

年度生产试验亩产量 544 千克，较对照品种增产 5.2%。

（4）栽培要点：适播期为 10 月 10～25 日，每亩适宜密度 16 万～18 万苗。每亩底肥施有机肥 2 000 千克、纯氮 15～18 千克、五氧化二磷 12 千克、氧化钾 8 千克、锌肥 1 千克。氮肥基施追施比为 6∶4。播种时要求多菌灵拌种，足墒下种，力求一播全苗。返青期化除化控，拔节中期追肥，中后期及时防治病虫害。

（5）适宜地区：淮北区（不含沿淮区）。

51. 邯麦 14

（1）品种来源：邯郸市农业科学院选育，亲本组合为邯 93－6 182/山农太 91136。2011 年通过河北省农作物品种审定委员会审定。

（2）特征特性：半冬性中熟品种，生育期 239 天左右。幼苗半匍匐，叶片深绿色，分蘖力中等。株型适中，株高 75 厘米。穗纺锤形，长芒，白壳，白粒，硬质，籽粒饱满。亩穗数 39 万，穗粒数 37.1 个，千粒重 41.6 克，容重 792.8 克/升。抗倒性中等，抗寒性与对照相当。农业部谷物及制品质量监督检验测试中心（哈尔滨）测定：2009 年籽粒粗蛋白质（干基）14.08%，湿面筋 29.4%，沉降值 32 毫升，吸水率 60.8%，形成时间 3.9 分钟，稳定时间 3.4 分钟；2010 年粗蛋白质（干基）13.6%，湿面筋 28.3%，沉降值 40 毫升，吸水率 60%，形成时间 5.9 分钟，稳定时间 6.9 分钟。河北省农林科学院植物保护研究所鉴定：2007—2008 年度中抗叶锈病，中感白粉病、条锈病；2008—2009 年度中感条锈病，高感白粉病、叶锈病。

（3）产量表现：2007—2008 年度冀中南优质组区域试验平均亩产量 498 千克，2008—2009 年度同组区域试验平均亩产量 525 千克。2009—2010 年度同组生产试验平均亩产量 441 千克。

（4）栽培要点：适宜播期 10 月 5～15 日，亩基本苗 20 万左右。全生育期浇水 3～4 次，重视起身拔节期肥水管理，结合浇水亩追施尿素 20 千克。及时防治杂草和蚜虫。

（5）适宜地区：适宜河北省中南部冬麦区（定州至泊头线以

南）中高水肥地块种植。

52. 晋麦 91 号

（1）品种来源：山西省农业科学院小麦研究所、中国科学院遗传与发育生物研究所农业资源研究中心选育，亲本组合为石 5091/95（6）161。2011 年通过山西省农作物品种审定委员会审定。

（2）特征特性：冬性，幼苗半匍匐，芽鞘浅绿色。株型半紧凑，株高 75～80 厘米，叶片浅灰色，有少量蜡质，成熟期茎秆白色。穗长方形，穗长 7.3 厘米左右，长芒、白壳。护颖椭圆形，颖斜肩，颖嘴鸟喙形，小穗密度中等。籽粒卵形，白色、硬质、饱满。一般亩穗数 30 万～35 万，穗粒数 35～40 个，千粒重 38～42 克。抗冻性较强，抗倒性强，抗旱性强，抗青干，成熟落黄好，熟期比对照晋麦 47 号略晚。

（3）产量表现：2010—2011 年参加山西省小麦南部旱地组区试，两年平均亩产量 203.2 千克，比对照晋麦 47 增产 7.9%。2011 年参加山西省小麦南部旱地组生产试验，平均亩产量 212.0 千克，比对照晋麦 47 增产 8.8%。

（4）栽培要点：适宜播期 9 月 25 日至 10 月 5 日，亩适宜播量 10 千克左右。播前药剂拌种，防治地下害虫，结合化学除草防治红蜘蛛，抽穗至灌浆期注意防治麦蚜、吸浆虫和白粉病，进行三喷以促进灌浆，改善品质提高粒重。

（5）适宜地区：适宜山西省南部中熟冬麦区旱地种植。

53. 尧麦 16

（1）品种来源：山西省农业科学院小麦研究所、山西金鼎生物种业股份有限公司选育，亲本组合为晋麦 54/北农 8 号。2011 年通过国家农作物品种审定委员会审定。

（2）特征特性：半冬性晚熟品种，成熟期平均比对照石 4185 晚熟 1 天左右。幼苗半匍匐，叶长、深绿色，分蘖较强，成穗数多。区试田间试验记载冬季抗寒性好。春季生长稳健，两极分化快。株高 73 厘米，株型略散，旗叶窄长、上举，穗下节长。茎秆蜡质，弹性差，抗倒性好。耐旱性好，耐后期高温，成熟落黄好。穗层较厚，穗长，口紧，小穗排列较稀，穗顶部结实性好。穗纺锤形，长芒，白壳，白粒，籽粒角质。亩穗数47.2万，穗粒数34.1粒，千粒重40.0克。

（3）产量表现：2008—2009年度参加黄淮冬麦区北片水地组品种区域试验，平均亩产量537.8千克，比对照石4185增产5.7％；2009—2010年度续试，平均亩产量546.5千克，比对照石4185增产11.1％。2010—2011年度生产试验，平均亩产量580.0千克，比对照石4185增产7.2％。

（4）栽培要点：适宜播种期10月上旬，高水肥地亩适宜基本苗16万～20万，中等地力基本苗18万～22万。浇好越冬水。及时防治蚜虫，中后期注意防病、防倒伏。

（5）适宜地区：适宜在黄淮冬麦区北片山东省、河北省中南部、山西省南部高中水肥地块种植。

54. 晋麦92号

（1）品种来源：山西省农业科学院小麦研究所选育，亲本组合为临优6148/晋麦33。2012通过国家农作物品种审定委员会审定。

（2）特征特性：弱冬性中熟品种，成熟期与对照晋麦47相当。幼苗匍匐，生长健壮，叶宽，叶色浓绿，分蘖力较强，成穗率高，成穗数较多。两极分化较快。株高75厘米左右，株型紧凑，旗叶上举。茎秆较粗，抗倒性较好。穗层整齐，穗较小。穗长方形，长芒，白壳，白粒，饱满度较好。抗倒春寒能力较强。熟相好。2010年、2011年区域试验平均亩穗数40.8万、42.9万，穗粒数38.8粒、38.6粒，千粒重43.6克、43.1克。

（3）产量表现：2009—2010年度参加黄淮冬麦区旱薄组区域试验，平均亩产量233.8千克，比对照晋麦47号增产0.2％；2010—2011年度续试，平均亩产量276.0千克，比晋麦47号减产2.1％。2011—2012年度生产试验，平均亩产量351.7千克，比晋麦47增产4.2％。

（4）栽培要点：9月下旬至10月上旬播种，亩基本苗18万～

24 万。氮、磷、钾肥配合，施足底肥，底肥每亩施尿素 20～30 千克或碳铵 60～80 千克，过磷酸钙 75～100 千克，硫酸钾 5～10 千克。扬花期进行三喷，防病治虫。及时收获，防止穗发芽。

（5）适宜地区：适宜在黄淮冬麦区山西晋南、陕西宝鸡旱地和河南旱薄地种植。

55. 泰山 27

（1）品种来源：泰安市农业科学研究院选育，亲本组合为泰山 651/藏选 1 号。2012 年通过山东省农作物品种审定委员会审定。

（2）特征特性：半冬性，幼苗半匍匐，幼苗绿色。分蘖力中等，成穗率较高，亩成穗 30 万～35 万。株高 80～85 厘米，株型紧凑，直立挺拔。拔节生长快，长相清秀，茎秆粗壮，穗下节长，下部 1～3 节较短，茎壁厚。叶片功能期长，光效高。穗层整齐，穗长方形，穗长 10～15 厘米，小穗排列适中，结实性好，穗粒数 40～45 粒。长芒、白壳、白粒、半角质，籽粒长圆，腹沟浅，千粒重 50 克左右。粗蛋白 14.81%，湿面筋 32.0%，降落数值 381 秒，拉伸面积 154，稳定时间 13.2 分钟，面包总评分 88。高抗条锈病、叶锈病、秆锈病，中抗白粉病、赤霉病。

（3）产量表现：2008—2009 年山东省小麦区试平均亩产量 542.83 千克，比对照减产 0.55%；2009—2010 年山东省小麦区试平均亩产量 524.10 千克，比对照增产 3.22%；2011—2012 年生产试验平均亩产量 539.05 千克，较对照增产 3.67%。

（4）栽培要点：山东省播期控制在 10 月 1～10 日为宜，亩密度控制在 16 万～18 万，肥水要求施足底肥，追肥宜在拔节初期，浇好越冬水、拔节水和灌浆水，扬花期间注意防治蚜虫。

（5）适宜地区：适宜在山东省南部、江苏北部、河南北部地区种植。

56. 新麦 26

（1）品种来源：河南省新乡市农业科学院选育，亲本组合为新麦 18/济南 17。2010 年通过国家农作物品种审定委员会审定。

（2）特征特性：半冬性多穗型中熟品种，株高 80 厘米左右，成熟期比周麦 18 略早。幼苗半匍匐，苗壮，叶长卷，叶色深绿。分蘖力强，成穗率一般，冬季耐寒性较好。春季起身拔节略迟，抗倒春寒能力一般，抗倒伏能力中等，株型紧凑，穗层整齐，旗叶短、上举，深绿色。熟相一般。产量三要素较协调，多年试验平均亩成穗 40 万～43 万，穗粒数 29～33 粒，千粒重 39.3～47.4 克。穗纺锤形，籽粒全角质，卵形，大小均匀。容重 788 克/升，籽粒蛋白质含量（干基）16.04%，湿面筋含量 32.3%，沉降值 70.9 毫升，吸水率 65.6%，稳定时间 38.4 分钟，拉伸面积 194 厘米^2，延伸性 164 毫米，籽粒硬度指数 67.5，达到国家强筋小麦品种指标。病害接种鉴定：中抗～高抗条锈病、纹枯病，慢叶锈病，高感—中抗高感白粉病。

（3）产量表现：2008、2009 年国家区试，平均亩产量 534.6 千克、531.4 千克，与对照新麦 18、周麦 18 平产，2010 年国家生产试验平均亩产量 486.8 千克，比对照周麦 18 增产 1.65%。

（4）栽培要点：黄淮冬麦区南片适宜播期为 10 月 8～15 日，旱地适当早播，水浇地适当晚播。亩基本苗 16 万～18 万；注意防治白粉病。春季适当控制倒伏。氮肥后移，保证中后期氮素供应，确保强筋品质。

（5）适宜地区：适宜黄淮南片麦区邯郸以南、淮河以北、苏北、皖北、鲁西南及陕西关中地区高中肥旱中茬麦田种植。

57. 沧麦 6005

（1）品种来源：沧州市农林科学院选育，亲本组合为临汾 6154/321-4-6。2010 年通过国家农作物品种审定委员会审定。

（2）特征特性：半冬性，晚熟，成熟期比对照晋麦 47 号晚熟 2 天。幼苗匍匐，生长健壮，分蘖力较强，成穗率较高。返青慢，拔节较晚。株高 80 厘米左右，株型半紧凑，旗叶上举，叶片较窄、平展，叶色灰绿。茎秆灰绿色、较细、弹性较好，抗倒性较好。熟相较好。抗倒春寒能力较差。穗层整齐。穗纺锤形，短芒，白壳，白粒、角质，饱满度一般。2008 年、2009 年区域试验平均亩穗数 32.3 万、31.3 万，穗粒数 28.1 粒、26.5 粒，千粒重 38.7 克、

38.3克。抗旱性鉴定：抗旱性4级，抗旱性较弱。接种抗病性鉴定：高感条锈病、叶锈病、白粉病、黄矮病。2008年、2009年分别测定混合样：籽粒容重810克/升、804克/升，硬度指数67.0、65.1，蛋白质含量14.17%、14.23%；面粉湿面筋含量32.8%、34.5%，沉降值25.2毫升、28.2毫升，吸水率58.4%、60.2%，稳定时间1.8分钟、1.8分钟。

（3）产量表现：2007—2008年度参加黄淮冬麦区旱薄组品种区域试验，平均亩产量300.8千克，比对照晋麦47号增产6.3%；2008—2009年度续试，平均亩产量252.1千克，比对照晋麦47号增产5.5%。2009—2010年度生产试验，平均亩产量261.7千克，比对照晋麦47号增产2.1%。

（4）栽培要点：适宜播种期9月下旬至10月上旬，亩适宜基本苗20万。及时防治锈病、白粉病和蚜虫。

（5）适宜地区：适宜在黄淮冬麦区山西南部、陕西咸阳和铜川、河南西北部旱薄地种植。

58. 宿553

（1）品种来源：宿州市农业科学院选育，亲本组合为烟农19/宿1264。2011年通过国家农作物品种审定委员会审定。

（2）特征特性：半冬性晚熟品种，成熟期平均比对照周麦18晚熟1天左右。幼苗半匍匐，长势壮，叶细长，分蘖较强，成穗率一般。冬季抗寒性中等。春季起身拔节快，两极分化快，抽穗晚，抗倒春寒能力较弱。株高87厘米，株型偏紧凑，旗叶短小、上冲。茎秆弹性一般，抗倒性较差。耐旱性中等，较耐后期高温，叶功能期长，灌浆快，熟相好。穗层整齐，穗多穗匀，穗小，结实性一般。穗纺锤形，籽粒半角质，较饱满。亩穗数41.9万，穗粒数32.5粒，千粒重43.4克。抗病性鉴定：高感条锈病、叶锈病、白粉病、赤霉病、纹枯病。2009年、2010年品质测定结果：籽粒容重798克/升、802克/升，籽粒硬度指数59.1（2009年），蛋白质含量14.21%、14.33%；面粉湿面筋含量30.9%、31%，沉降值40.3毫升、42.5毫升，吸水率59.6%、54.0%，稳定时间7.9分钟、7.2分钟。品质达到强筋品种审定标准。

（3）产量表现：2008—2009年度黄淮冬麦区南片冬水组品种区域试验，平均亩产量531.5千克，比对照周麦18减产0.7%；2009—2010年度续试，平均亩产量522.9千克，比对照周麦18增产4.1%。2010—2011年度生产试验，平均亩产量535.1千克，比对照周麦18增产2.3%。

（4）栽培要点：适宜播种期10月10～20日，亩适宜基本苗12万～18万。注意防治条锈病、叶锈病、白粉病、纹枯病、赤霉病。高水肥地注意防倒伏。在倒春寒频发地区注意防止冻害。

（5）适宜地区：适宜在黄淮冬麦区南片河南省中北部、安徽省北部、江苏省北部、陕西省关中地区高中水肥地块早中茬种植。

59. 中麦155

（1）品种来源：中国农业科学院作物科学研究所选育，亲本组合为济麦19/鲁麦21。2012年通过河北省农作物品种审定委员会审定。

（2）特征特性：半冬性中熟品种，生育期243天左右。幼苗半匍匐，叶色草绿，分蘖力较强。成株株型紧凑，株高72.3厘米。穗长方形，长芒，白壳，白粒，硬质，籽粒较饱满。亩穗数41.8万，穗粒数32.1个，千粒重40.6克，容重809.3克/升。抗倒性中等，抗寒性优于石4185。2011年农业部谷物品质监督检验测试中心（哈尔滨）测定：籽粒粗蛋白（干基）13.16%，湿面筋30%，沉降值22.9毫升，吸水率60.4%，形成时间2.4分钟，稳定时间1.9分钟。河北省农林科学院植物保护研究所抗病性鉴定：2008—2009年度高抗白粉病，中抗叶锈病和条锈病；2009—2010年度高抗白粉病，中感叶锈病和条锈病。

（3）产量表现：2008—2009年度冀中南水地组区域试验平均亩产量511千克，2009—2010年度同组区域试验平均亩产量470千克。2010—2011年度生产试验平均亩产量547千克。

（4）栽培要点：适宜播期10月上中旬，亩基本苗10万。加强冬季田间管理，冬灌和春锄，培育壮苗。起身期或拔节期亩施尿素

15千克，全生育期内浇底墒水、封冻水、拔节水和灌浆水。及时防治蚜虫和杂草。

（5）适宜地区　建议在河北省中南部冬麦区中高水肥地块种植。

60. 邢麦7号

（1）品种来源：邢台市农业科学研究院选育，亲本组合为935031/高优503。2012年通过河北省农作物品种审定委员会审定。

（2）特征特性：半冬性中熟品种，生育期242天左右。幼苗半匍匐，叶片绿色，分蘖力中等。成株株型紧凑，株高70.9厘米左右。穗纺锤形，长芒，白壳，白粒，硬质，籽粒较饱满。亩穗数38.2万，穗粒数33.5个，千粒重42克，容重807.2克/升。抗倒性较强，抗寒性略低于石4185。2011年农业部谷物品质监督检验测试中心（哈尔滨）测定：籽粒粗蛋白（干基）14%，湿面筋30.6%，沉降值25.4毫升，吸水率60.8%，形成时间2.8分钟，稳定时间3分钟。河北省农林科学院植物保护研究所抗病性鉴定：2008—2009年度中抗条锈病，中感叶锈病和白粉病；2009—2010年度中抗白粉病，中感叶锈病和条锈病。

（3）产量表现：2008—2009年度冀中南水地组区域试验平均亩产量524千克，2009—2010年度同组区域试验平均457千克。2010—2011年度生产试验平均亩产量548千克。

（4）栽培要点：适宜播期10月5～15日，亩基本苗20万。一般每亩施磷酸二铵25千克，尿素10千克，氯化钾10千克，作底肥，拔节期追施尿素20千克。浇好越冬水、拔节水、孕穗扬花水和灌浆水，注意防治蚜虫、吸浆虫。

（5）适宜地区：建议在河北省中南部冬麦区中高水肥地块种植。

61. 烟农999

（1）品种来源：山东省烟台市农业科学研究院选育，亲本组合为（烟航选2号/临9511）F_1/烟BLU14－15。2011年通过山东省农作物品种审定委员会审定。

（2）特征特性：半冬性，幼苗半直立。株形较紧凑，较抗倒伏，叶片上冲，熟相较好。生育期与济麦22相当。株高79.1厘米，亩最大分蘖78.6万，有效穗38.2万，分蘖成穗率48.7%。穗纺锤形，穗粒数38.1粒，千粒重43.6克，容重788.0克/升。长芒、白壳、白粒，籽粒饱满，半硬质。中抗叶锈病，中感纹枯病，高感条锈病、白粉病。籽粒蛋白质含量12.8%、稳定时间5.0分钟，面粉白度78.8。

（3）产量表现：2008—2009年山东省小麦品种高肥组区域试验，平均亩产量558.78千克，比对照品种济麦19增产5.81%。2009—2010年平均亩产量546.29千克，比对照品种济麦22造成7.32%。2010—2011年参加生产试验，亩产量577.42千克，比对照品种济麦22造成2.85%。

（4）栽培要点：适宜播种期10月1～10日，亩基本苗15万～18万，注意防治条锈病、白粉病、赤霉病，其他同一般大田管理。

（5）适宜地区：适宜在山东省高水肥地种植。

第二节　南方冬麦区小麦新品种

1. 扬麦20

（1）品种来源：江苏里下河地区农业科学研究所选育，亲本组合为扬麦10号/扬麦9号。2010年国家农作物品种审定委员会审定。

（2）特征特性：春性，成熟期比对照扬麦158早熟1天。幼苗半直立，分蘖力较强。株高86厘米左右。穗层整齐，穗纺锤形，长芒，白壳，红粒，籽粒半角质、较饱满。2009年、2010年区域试验平均亩穗数28.6万、28.8万，穗粒数42.8粒、41.0粒，千粒重41.9克、41.0克。接种抗病性鉴定：高感条锈病、叶锈病、纹枯病，中感白粉病、赤霉病。2009年、2010年分别测定混合样：籽粒容重794克/升、782克/升，硬度指数54.2、52.6，蛋白质含量12.10%、12.97%；面粉湿面筋含量22.7%、25.5%，沉降值

26.8 毫升、29.5 毫升，吸水率 53.4%、55.5%，稳定时间 1.2 分钟、1.0 分钟。

（3）产量表现：2008—2009 年度参加长江中下游冬麦组品种区域试验，平均每亩产量 423.3 千克，比对照扬麦 158 增产 6.3%；2009—2010 年度续试，平均每亩产量 419.7 千克，比对照扬麦 158 增产 3.4%。2009—2010 年度生产试验，平均每亩产量 389.4 千克，比对照品种增产 4.6%。

（4）栽培要点：适宜播种期 10 月下旬至 11 月上旬，最佳播期 10 月 24～31 日，每亩适宜基本苗 16 万苗左右。合理运筹肥料，每亩施纯氮 14 千克左右，肥料运筹为基肥：平衡肥：拔节孕穗肥比例 7：1：2。注意防治条锈病、叶锈病、赤霉病。不抗土传小麦黄花叶病毒病。

（5）适宜地区：适宜在长江中下游冬麦区江苏和安徽两省淮南地区、湖北中北部、河南信阳、浙江中北部种植。

2. 宁麦 18

（1）品种来源：江苏省农业科学院农业生物技术研究所、江苏中江种业股份有限公司选育。亲本组合宁 9312*3/扬 93－111。2011 年通过江苏省农作物品种审定委员会审定，2012 年通过国家农作物品种审定委员会审定。

（2）特征特性：春性，成熟期比对照扬麦 158 晚 1 天。幼苗半直立，叶色淡绿，分蘖力较强，成穗率中等。株高平均 89 厘米，株型略松散，叶片略披。抗倒性中等偏低。穗层整齐，穗纺锤形，长芒，白壳，红粒，籽粒半角质 粉质，籽粒较饱满。2009 年、2010 年区域试验平均每亩穗数 29.7 万、32.7 万，穗粒数 43.0 粒、42.7 粒，千粒重 35.3 克、35.0 克。抗病性鉴定：中抗赤霉病，中感白粉病，高感条锈病、叶锈病、纹枯病。混合样测定：籽粒容重 808 克/升、780 克/升，蛋白质含量 12.4%、12.5%，硬度指数 52.4、45.9；面粉湿面筋含量 24.1%、23.8%，沉降值 22.2 毫升、32.2 毫升，吸水率 53.9%、55.4%，面团稳定时间 2.8 分钟、1.3 分钟。

(3) 产量表现：2008—2009年度参加长江中下游冬麦组区域试验，平均亩产433.1千克，比对照扬麦158增产6.5%；2009—2010年度续试，平均亩产442.7千克，比扬麦158增产9.1%。2010—2011年度生产试验，平均亩产447.7千克，比对照增产7.2%。

(4) 栽培要点：10月下旬至11月上旬播种，每亩基本苗高产田块12万左右，中等肥力田块15万左右。注意防治蚜虫、条锈病、叶锈病、白粉病、纹枯病。

(5) 适宜地区：适宜在长江中下游冬麦区江苏和安徽两省淮南地区、河南信阳地区、浙江中北部中上等肥力田块种植。

3. 扬麦22

(1) 品种来源：江苏里下河地区农业科学研究所选育，亲本组合为扬麦9号*3/97033-2。2012年通过国家农作物品种审定委员会审定。

(2) 特征特性：春性，成熟期比对照扬麦158晚熟1～2天。幼苗半直立，叶片较宽，叶色深绿，长势较旺，分蘖力较好，成穗数较多。株高平均82厘米。穗层较整齐，穗长方形，长芒，白壳，红粒，粉质，籽粒较饱满。2010年、2011年区域试验平均每亩穗数30.4万、33.8万，穗粒数38.5粒、39.8粒，千粒重38.6克、39.6克。抗病性鉴定：高抗白粉病，中感赤霉病，高感条锈病、叶锈病、纹枯病。混合样测定：籽粒容重778克/升、796克/升，蛋白质含量13.73%、13.70%，硬度指数52.7、56.8；面粉湿面筋含量24.6%、30.6%，沉降值24.6毫升、34.0毫升，吸水率58.5%、54.9%，面团稳定时间1.4分钟、4.5分钟。

(3) 产量表现：2009—2010年度参加长江中下游冬麦组区域试验，平均亩产426.7千克，比对照扬麦158增产5.1%；2010—2011年度续试，平均亩产468.9千克，比扬麦158增产4.3%。2011—2012年度生产试验，平均亩产449.9千克，比对照增产11.2%。

（4）栽培要点：10 月下旬至 11 月上旬播种，每亩基本苗 16 万左右。合理运筹肥料，根据土壤肥力状况，合理配合使用氮、磷、钾肥。适时搞好化学除草，控制杂草滋生危害，注意防治蚜虫、条锈病、叶锈病、纹枯病、赤霉病。

（5）适宜地区：适宜在长江中下游冬麦区江苏和安徽两省淮南地区、湖北中北部、河南信阳地区、浙江中北部地区种植。

4. 苏麦 188

（1）品种来源：江苏丰庆种业科技有限公司选育，亲本为扬辐麦 2 号，系选。2012 年通过国家农作物品种审定委员会审定。

（2）特征特性：春性，成熟期比对照扬麦 158 晚 1 天。幼苗半直立，叶色浓绿，叶片上冲，分蘖力强，成穗率高。株高平均 81 厘米，株型紧凑，长相清秀，茎秆粗壮有蜡质。穗层整齐，熟相好。穗纺锤形，长芒，白壳，红粒，籽粒椭圆形、粉质、饱满。2011 年、2012 年区域试验平均每亩穗数 36.2 万、34.4 万，穗粒数 37.7 粒、38.1 粒，千粒重 42.1 克、38.7 克。抗病性鉴定：中抗赤霉病，高感条锈病、叶锈病、白粉病、纹枯病。混合样测定：籽粒容重 816 克/升、774 克/升，蛋白质含量 12.60%、12.46%，硬度指数 50.1、44.2；面粉湿面筋含量 26.1%、27.4%，沉降值 28.0 毫升、31.5 毫升，吸水率 53.3%、52.3%，面团稳定时间 5.1 分钟、5.9 分钟。

（3）产量表现：2010—2011 年度参加长江中下游冬麦组区域试验，平均亩产 494.2 千克，比对照扬麦 158 增产 9.9%；2010—2012 年度续试，平均亩产 421.1 千克，比扬麦 158 增产 10.3%。2011—2012 年度生产试验，平均亩产 449.4 千克，比对照增产 11.1%。

（4）栽培要点：10 月下旬至 11 月中旬播种，每亩基本苗 15 万左右，迟播适当增加播种量。注意防治白粉病、纹枯病、条锈病、叶锈病、赤霉病。

（5）适宜地区：适宜在长江中下游冬麦区江苏和安徽两省淮南地区、湖北中北部、河南信阳地区、浙江中北部地区种植。

5. 川麦 60

（1）品种来源：四川省农业科学院作物研究所选育，亲本组合为 98－1231//贵农 21/生核 3295。2011 年通过国家农作物品种审定委员会审定。

（2）特征特性：春性，成熟期平均比对照川农 16 晚熟 1 天。幼苗半直立，苗叶较窄，分蘖力强。株高 92 厘米，株型较紧凑。穗层整齐，熟相好。穗长方形，长芒，白壳，红粒，籽粒半角质，均匀，较饱满。每亩穗数 25.2 万，穗粒数 35.7 粒，千粒重 46.6 克。抗病性鉴定：高抗条锈病，高感白粉病、赤霉病、叶锈病。2009 年、2010 年品质测定结果：籽粒容重 786 克/升、792 克/升，硬度指数 52.9、53.9，蛋白质含量 12.23%、12.25%；面粉湿面筋含量 24.0%、24.3%，沉降值 28.5 毫升、30.0 毫升，吸水率 55.3%、59.5%，稳定时间 3.4 分钟、3.0 分钟。

（3）产量表现：2008—2009 年度参加长江上游冬麦组品种区域试验，平均亩产 366.0 千克，比对照川农 16 增产 15.3%；2009—2010 年度续试，平均亩产 387.8 千克，比对川农 16 增产 6.8%。2010—2011 年生产试验，平均亩产 373.8 千克，比对照增产 3.23%。

（4）栽培要点：适宜播种期 10 月底到至 11 月初，每亩适宜基本苗 10 万～14 万。注意防治蚜虫、白粉病、叶锈病。

（5）适宜地区：适宜在西南冬麦区四川省、贵州省、重庆市、陕西省汉中和安康地区、湖北省襄樊地区、甘肃省徽成盆地川坝河谷种植。

6. 绵麦 51

（1）品种来源：绵阳市农业科学研究院选育，亲本组合为 1275－1/99-1522。2012 年通过国家农作物品种审定委员会审定。

（2）特征特性：春性品种，成熟期比对照川麦 42 晚 1～2 天。幼苗半直立，苗叶较短直，叶色深，分蘖力较强，生长势旺。株高 85 厘米，穗层整齐。穗长方形，长芒，白壳，红粒，籽粒半角质，均匀，较饱满。2010 年、2011 年区域试验平均每亩穗数 22.6 万、

22.9万，穗粒数45.0粒、42.0粒，千粒重45.3克、45.4克。抗病性鉴定：高抗白粉病，慢条锈病，高感赤霉病，高感叶锈病。混合样测定：籽粒容重772克/升、750克/升，蛋白质含量11.71%、12.71%，硬度指数46.4、51.5，面粉湿面筋含量23.2%、24.9%；沉降值19.5毫升、28.0毫升，吸水率51.3%、51.6%，面团稳定时间1.8分钟、1.0分钟。品质达到弱筋小麦品种审定标准。

（3）产量表现：2009—2010年度参加长江上游冬麦组品种区域试验，平均亩产374.9千克，比对照川麦42减产1.0%；2010—2011年度续试，平均亩产409.3千克，比川麦42增产3.6%；2011—2012年度生产试验，平均亩产382.2千克，比对照品种增产11.4%。

（4）栽培要点：10月底至11月初播种，每亩基本苗14万～16万。注意防治蚜虫、条锈病、赤霉病、叶锈病等病虫害。

（5）适宜地区：适宜在西南冬麦区四川、云南、贵州、重庆、陕西汉中和甘肃徽成盆地川坝河谷种植。

7. 川麦104

（1）品种来源：四川省农业科学院作物研究所选育，亲本组合为川麦42/川农16。2012年通过国家农作物品种审定委员会审定。

（2）特征特性：春性品种，成熟期比对照川麦42晚1天。幼苗半直立，苗叶较窄、弯曲，叶色深，冬季基部叶轻度黄尖，分蘖力较强，生长势旺。株高平均84厘米，株型适中，抗倒性较好。穗层较整齐，熟相好。穗长方形，长芒，白壳，红粒，籽粒半角质—粉质，均匀，饱满。2011年、2012年区域试验平均每亩穗数25.7万、24.8万，穗粒数38.1粒、40.3粒，千粒重47.5克、44.5克。抗病性鉴定：条锈病近免疫，中感白粉病，高感叶锈病、赤霉病。混合样测定：籽粒容重806克/升、791克/升，蛋白质含量13.02%、12.06%，硬度指数52.2、44.1；面粉湿面筋含量26.53%、25.90%，沉降值35.0毫升、29.8毫升，吸水率54.4%、50.8%，面团稳定时间5.8分钟、1.9分钟。

（3）产量表现：2010—2011 年度参加长江上游冬麦组区域试验，平均亩产 437.3 千克，比对照川麦 42 增产 10.8%；2011—2012 年度续试，平均亩产 380.1 千克，比川麦 42 增产 6.1%。2011—2012 年度生产试验，平均亩产 391.2 千克，比对照增产 13.1%。

（4）栽培要点：10 月底至 11 月初播种，每亩基本苗 12 万～14 万。注意防治蚜虫、白粉病、赤霉病、叶锈病。

（5）适宜地区：适宜在西南冬麦区四川、云南、贵州、重庆、陕西汉中和甘肃徽成盆地川坝河谷种植。

8. 黔麦 18

（1）品种来源：贵州省旱粮研究所选育，亲本组合为矮败小麦与烟大牟等七个父本双列杂交。2010 年通过贵州农作物品种审定委员会审定。

（2）特征特性：半冬性，平均生育期为 200 天。亩穗数 20.39 万，穗粒数 33.5 粒，千粒重 40.4 克，株高 77 厘米。幼苗半直立，叶色深绿，株型紧凑，抽穗后旗叶短而上冲，分蘖率及成穗率较强，穗层较整齐。穗纺锤形，长芒、白壳、红粒，半硬质，籽粒较饱满。抗寒性较强，熟相较好，易脱粒，抗倒伏。2007—2008 年贵州省区域试验病性鉴定：高抗白粉病，中感叶锈病，对条锈、杆锈病免疫。经贵州省区域试验品质分析结果：2007 年籽粒容重 762 克/升，蛋白质含量 13.84%，湿面筋含量 31.2%，沉降值 37 毫升，硬度 49.2%，2008 年容重 774 克/升，蛋白质含量 13.25%，湿面筋含量 31.2%，沉降值 42 毫升，硬度 48.6%。属于中筋小麦。

（3）产量表现：2007 年参加贵州省小麦区域试验，平均亩产 315.1 千克，比对照（贵农 15）增产 19.31%，产量居第一位。2008 年参加贵州省小麦区域试验（续试），平均亩产 239.8 千克，比对照（贵农 19）增产 7.68%，产量居第三位。2008 年参加贵州省小麦生产试验，平均亩产 252.7 千克，比对照增产 1%。

（4）栽培要点：适宜播种期在 10 月 25 日至 11 月 5 日，地势较高地区可提早些播种，最早不得在10月20日前播种，低热地区可稍迟，但切忌11月10日以后播种。单作一般亩播发芽种子15万粒。套种约为单作播种量的60%～65%。适于中、上等肥力田、地栽培，播种时应施足底肥，亩施农家肥1 500～2 000千克，追肥1～2次，尿素7.5～10千克，第一次在分蘖初期追肥。同时中耕除草1～2次，其间做好小麦防虫工作。适时收获。

（5）适宜地区：适宜贵州省大部分地区种植。

9. 黔麦19

（1）品种来源：贵州省旱粮研究所选育，亲本组合为9665/夏繁28。2011年通过贵州农作物品种审定委员会审定。

（2）特征特性：全生育期210天，比对照长2天。亩穗数21.8万，穗粒数33.6粒，千粒重45.3克。株高80.5厘米。幼苗半匍匐，分蘖较强，成穗率中等，穗层整齐。穗纺锤形，长芒、白壳、红粒，半硬质，籽粒中等饱满。多数试点抗病性较强，抗寒及抗倒伏力强。熟相好。经贵州省小麦区域试验抗病鉴定单位黔西南州农科所鉴定：2010年对条锈病、叶锈病、秆锈病、白粉病免疫；2011年高抗白粉病、条锈病，中抗叶锈病。经贵州省小麦区域试验品质鉴定单位贵州大学麦作中心鉴定：2010年容重775克/升，蛋白质含量11.8%，湿面筋含量23.6%，沉降值27毫升，硬度44.6%；2011年容重762克/升，蛋白质含量13.1%，湿面筋含量28.13%，沉降值34毫升，硬度44.6%。

（3）产量表现：2010年贵州省小麦区域试验平均亩产257.4千克，比对照贵农19增产9.72%。2011年贵州省小麦区域试验平均亩产302.4千克，比对照贵农19减产0.2%。贵州省小麦区试两年16点次平均亩产279.9千克，比对照贵农19增产4.13%。2011年贵州省小麦生产试验平均亩产261.8千克，比对照贵农19增产4.34%。

（4）栽培要点：适宜播种期在10月25日至11月5日，地势较高地区可提早些播种，最早不得在10月20日前播种，低热地区可稍迟，但切忌11月10日以后播种；单作一般亩播发芽种子15

万粒，约 6 千克，套种约为单作播种量的 60%～65%；适于中、上等肥力田、地栽培，播种时应施足底肥，亩施农家肥 1 500～2 000千克，追肥 1～2 次，尿素 7.5～10 千克，第一次在分蘖初期追肥。同时中耕除草 1～2 次，其间做好小麦防虫工作；适时收获。

（5）适宜地区：适宜贵州省内大部分地区种植。

10. 云麦 53

（1）品种来源：云南省农业科学院粮食作物研究所选育，亲本组合为96B-254/96B-6。2007 年通过云南省农作物品种审定委员会审定，2009 年通过国家农作物品种审定委员会审定。

（2）特征特性：春性，幼苗直立，株型紧凑，分蘖力强，叶片宽，有少量蜡粉。株高 90 厘米，植株整齐，茎秆坚实，耐肥抗倒。全生育期 164 天，属中熟品种，前期生长缓慢，后期灌浆迅速。长方穗形，长芒，白壳，白粒，籽粒角质，易脱粒，每穗结实粒数 45 粒，千粒重 51.9 克，属大穗大粒型品种。高抗条锈病、叶锈病、秆锈病、白粉病。粗蛋白含量（干基）12.34%，湿面筋含量 22.9%，稳定时间 1.6 分钟，拉伸仪面积 10.4 厘米^2。

（3）产量表现：2005—2006 年度云南省区试平均亩产 475.6 千克，较对照增产 17.3%，居 13 个参试品种的第一位；2006—2007 年度平均亩产 447.0 千克，较对照增产 24.9%，居 9 个参试品种的第一位；两年区试平均亩产 461.3 千克，比对照增产 20.9%，居第一位。2007 年度国家区试区域试验，平均亩产 399.9 千克，比对照增产 5.9%；2008 年度国家区域试验，平均亩产 362.9 千克，比对增产 6.3%：2009 年国家小麦生产试验生产试验，平均亩产 376.2 千克，比对照品种平均每亩增产 7.2%。

（4）栽培要点：提高整地质量，做到精耕细作。施足底肥，增施种肥。每亩施 2 000 千克农家肥和磷肥 50 千克；种肥每亩施 10 千克左右。加强肥水管理。小麦生育期间，适时灌水 3～4 次；分蘖期亩重施尿素 15 千克左右；拔节时适时亩施尿素 10 千克左右。合理密植，适时播种。最佳播种期为 10 月 20～25 日，每亩播 8～10 千克，亩基本苗控制在 14 万～15 万。

(5) 适宜地区：适宜在云南、重庆、四川盆地及川西南地区、贵州北部、湖北襄樊地区种植。

11. 云麦 51

(1) 品种来源：云南省农业科学院粮食作物所与文山州农业科学研究所和昆明市农业科学研究所采用穿梭育种方法选育，亲本组合为 91B-831/92B-84。2007 年通过云南省农作物品种审定委员会审定。

(2) 特征特性：春性，幼苗直立，株高 77 厘米，株型紧凑，分蘖力强，植株整齐；白壳，红粒，短芒，长方形穗，籽粒半角质，穗粒数 35 粒，千粒重 47.8 克；生育期 164 天，属旱地早熟品种；高抗白粉病、叶锈、秆锈病，中抗条锈病；粗蛋白含量 11.2%，湿面筋含量 18.9%，沉降值 9.8 毫升，稳定时间 0.8 分钟，达到国家优质弱筋小麦标准。

(3) 产量表现：2005—2006 年度省区试平均亩产 272.2 千克，较对照增产 1.3%；2006—2007 年度省区试平均亩产 257.0 千克，较对照增产 1.9%；两年省区试平均亩产 264.2 千克，比对照增产 1.6%。

(4) 栽培要点：提高整地质量，做到精耕细作。前作收获后及时进行早耕、深耕、细耙，纳雨蓄墒。可根据土质耕犁开墒，一般犁深 18～24 厘米，墒宽 2～4 米，留 24～30 厘米沟。施足底肥，增施种肥。亩施 2 000 千克农家肥和磷肥 50 千克；种肥每亩施 10 千克左右。小麦生育期间根据土壤墒情适时灌水 3～4 次；分蘖期及时亩施尿素 15 千克，拔节时适时亩施尿素 10 千克。加强病害防治，播种时用粉锈净拌种，始穗期重点防止条锈病。合理密植，适时播种。最佳播种期为 10 月 25～30 日，每亩播种 10～12 千克，保证基本苗控制在 14 万～16 万。

(5) 适宜地区：适宜云南省海拔 700～1 900 米田地种植。

12. 云麦 57

(1) 品种来源：云南省农业科学院粮食作物研究所选育，亲本组合为 PFAU/MLAIV。2008 年通过云南省农作物品种审定委员会审定。

(2) 特征特性：春性，幼苗半直立，株型紧凑，分蘖力强，叶片深绿，植株整齐，株高 93 厘米，茎秆坚实，耐肥抗倒。生育期 163 天，比对照云选 11～12 晚 3 天成熟。穗方形，白壳，白粒，长芒，籽粒角质，穗粒数 47 粒，千粒重 40.4 克。高抗锈病，中抗白粉病。容重 830 克/升，蛋白质含量（干基）12.34%，湿面筋含量 23.3%，面团形成时间 11.2 分钟，稳定时间 26.7 分钟，品质达到国家强筋小麦标准。

(3) 产量表现：2005—2006 年度云南省区试平均亩产 429.4 千克，较对照增产 6.0%；2006—2007 年区试度平均亩产 410.1 千克，较对照增产 14.6%；两年平均亩产 419.9 千克，比对照增产 10.0%。

(4) 栽培要点：提高整地质量，做到精耕细作，每亩施 2 000～3 000千克农家肥和磷肥 50 千克；种肥每亩施 8～10 千克。适时灌水 3～4 次；分蘖期亩施尿素 15 千克，拔节时适时亩施尿素 10 千克。最佳播种期为 10 月 25～30 日，每亩播种 8～9 千克。

(5) 适宜地区：适宜在海拔 2 200～9 500 米中上等肥力条件种植。

13. 渝麦 15

(1) 品种来源：重庆市农业科学院选育，亲本组合为（郑 9023/兰 4）/98767。2013 年通过重庆市农作物品种审定委员会审定。

(2) 特征特性：春性，常规品种。中熟，平均全生育期 181 天，比对照渝麦 7 号早 1 天。幼苗直立，分蘖力强，叶绿色，株高 78 厘米，穗方形，长芒，白壳，白粒，硬质，容重高，易脱粒。在亩基本苗 12 万～14 万情况下，有效穗 18.58 万～21.82 万，穗粒数 38.0～44.4 粒，千粒重 36.1～41.7 克。籽粒容重 830 克/升，粗蛋白含量 13.71%，湿面筋含量 27.2%，沉降值 41.0 毫升，吸水量 62.1 毫升/100 克，面团形成时间 2.4 分钟，稳定时间 12.9 分钟。高抗条锈病、白粉病，中感赤霉病。

（3）产量表现：两年区试，亩产量 210.01～358.91 千克，平均 281.67 千克，比对照渝麦 7 号增产 5.57%。生产试验平均亩产 255.72 千克，比对照渝麦 7 号增产 5.35%。

（4）栽培要点：11 月上旬播种，采用小窝疏株密植，条沟点播，免耕撒播等，净作亩基本苗控制在 12 万～14 万；以农家肥为主，氮、磷、钾配合施用，重底早追。亩施氮素 10～12 千克，五氧化二磷 5～6 千克，氧化钾 5～6 千克。底肥占总用量的 60%～70%，磷肥、钾肥全作底肥；早施分蘖肥，看苗补施穗粒肥；播种覆土后或小麦三叶期前立即化学除草，也可在追肥时选晴天中耕除草；重点防治赤霉病、蚜虫。

（5）适宜地区：适宜在重庆中上肥力水平旱地和稻茬麦田种植，万州区慎用。

14. 渝麦 14

（1）品种来源：四川农业大学农学院、重庆市农业科学院选育，亲本组合为 R88//R1685/绵阳 26。2011 年通过重庆市农作物品种审定委员会审定。

（2）特征特性：春性，在海拔 400 米以下区域全生育期 166～186 天，400 米以上 184～195 天，平均 179 天，比对照早 3 天。分蘖力中等，株高 80.0 厘米，穗方形，长芒，白壳，白粒，半角质，转色落黄好，易脱粒。亩有效穗 18.77 万，成穗率 72.0%，穗粒数 40.9 粒，千粒重 42.9 克。容重 798 克/升，粗蛋白含量 14.14%，湿面筋含量 30.08%，沉淀值 36.0 毫升。属中筋小麦。中抗条锈病，感赤霉病，中抗白粉病。

（3）产量表现：两年区试，亩产量 196.23～415.35 千克，平均 281.58 千克，比对照绵阳 26 增产 9.70%。生产试验平均亩产 289.93 千克，比对照渝麦 7 号增产 5.34%。

（4）栽培要点：立冬前播种，窝播、条播均可，亩净作用种量 7～8 千克，保证基本苗 12 万～13 万。抽穗扬花期注意防治赤霉病、白粉病。

（5）适宜地区：适宜重庆市渝西、渝中、渝东北地区及渝东南大部分中低山区种植。万州区、綦江县慎用。

15. 渝麦 13

（1）品种来源：四川农业大学、重庆市农业科学院选育，亲本组合为川农 19×R3301。2010 年通过重庆市农作物品种审定委员会审定。

（2）特征特性：春性，海拔 400 米以下区域全生育期 176～187 天，400 米以上 189～196 天，平均 184 天，分蘖力较强，长势好，株高 81.0 厘米，穗长方形，长芒，白粒，半角质，转色落黄好，易脱粒。亩有效穗 18.5 万，成穗率 70%，穗粒数 39.9 粒，千粒重 44.1 克。容重 731.5 克/升，粗蛋白含量 12.53%，湿面筋含量 25.6%，沉降值 30.0 毫升。中抗条锈病，中感赤霉病，感白粉病。

（3）产量表现：两年区试亩产量 188.90～403.35 千克，平均亩产 298.7 千克，比对照绵阳 26 增产 8.26%。生产试验平均亩产 260.15 千克，比对照绵阳 26 增产 16.58%。

（4）栽培要点：立冬前播种，窝播、条播均可，净作亩用种量 7 千克左右，净作保证亩基本苗 12.0 万～14.5 万。抽穗扬花期注意防治赤霉病、白粉病。

（5）适宜地区：适宜重庆市渝中、渝东地区及渝东南中低山区种植。万州、丰都慎用。

第三节　春麦区小麦新品种

1. 北麦 9 号

（1）品种来源：黑龙江省农垦总局九三农业科学研究所选育，亲本组合为九三 $97F_4$-1057/九三 $97F_4$-255//119-54-34-Ⅱ-3。2010 年通过黑龙江省农作物品种审定委员会审定，2011 年通过国家农作物品种审定委员会审定。

（2）特征特性：春性中晚熟品种，成熟期平均比对照垦九 10 号早熟 1 天左右。幼苗直立，分蘖力强。株高 88 厘米。穗纺锤形，长芒，白壳，红粒，籽粒角质。每亩穗数 39.0 万，穗粒数 31.0 粒，千粒重 34.9 克。抗倒性一般，接种抗病性鉴定：高感赤霉病、白粉病，中感根腐病，中抗秆锈病，高抗叶锈病。2008 年、2009 年品质测定：籽粒容重 798 克/升、790 克/升，硬度指数 69.8、64.2，蛋白质含量 13.95%、13.03%；面粉湿面筋含量 31.8%、27.6%，沉降值 37.0 毫升、36.2 毫升，吸水率 64.9%、60.4%，稳定时间 3.4 分钟、2.2 分钟。

（3）产量表现：2008 年参加东北春麦区晚熟组品种区域试验，平均亩产 326.5 千克，比对照克旱 20 号增产 10.5%；2009 年续试，平均亩产 346.7 千克，比对照克旱 20 号增产 9.1%。2010 年生产试验，平均亩产 297.6 千克，比对照垦九 10 号增产 6.4%。

（4）栽培要点：适时播种，每亩适宜基本苗 40 万～43 万。秋深施肥或春分层施肥，三叶期压青苗 2 遍，分蘖期进行复方化学除草，扬花期注意防治赤霉病，成熟时适时收获。

（5）适宜地区：适宜在东北春麦区黑龙江省北部及内蒙古呼伦贝尔市地区种植。

2. 克春 4 号

（1）品种来源：黑龙江省农业科学院克山分院选育，亲本组合为克 95RF$_6$-627-4//克丰 6 号/克 87-266。2011 年通过国家农作物品种审定委员会审定。

（2）特征特性：春性中晚熟品种，成熟期与对照垦九 10 号同期。幼苗直立，分蘖力较强。株高 86 厘米。穗纺锤形，顶芒，白壳，红粒，籽粒角质。每亩穗数 40.0 万，穗粒数 32.3 粒，千粒重 34.4 克。抗倒性一般，接种抗病性鉴定：中感赤霉病、根腐病、白粉病，中抗秆锈病，高抗叶锈病。2008 年、2009 年品质测定：籽粒容重 808 克/升、809 克/升，硬度指数 75.2、68.1，蛋白质含量 15.51%、14.40%；面粉湿面筋含量 31.3%、30.5%，沉降值 47.8 毫升、46.2 毫升，吸水率 66.9%、64.8%，稳定时间 4.4 分钟、3.3 分钟。

（3）产量表现：2008 年参加东北春麦区晚熟组品种区域试验，

平均亩产量318.0千克，比对照克旱20号增产7.6%；2009年续试，平均亩产量335.6千克，比对照克旱20号增产5.6%。2010年生产试验，平均亩产量289.2千克，比对照垦九10号增产3.4%。

（4）栽培要点：适时播种，每亩基本苗43万左右。秋深施肥或春分层施肥，药剂拌种，三叶期压青苗，成熟时及时收获。

（5）适宜地区：适宜在东北春麦区黑龙江省北部及内蒙古呼伦贝尔市地区种植。

3. 北麦11

（1）品种来源：黑龙江省农垦总局红兴隆农业科学研究所选育，亲本组合为龙辐91B569/钢94－450。2011年通过国家农作物品种审定委员会审定。

（2）特征特性：春性中熟品种，成熟期平均比对照垦九10号早熟4天左右。幼苗直立，分蘖力一般。株高82厘米。穗纺锤形，长芒，白壳，红粒，籽粒角质。每亩穗数38.1万，穗粒数28.7粒，千粒重36.6克。抗倒性好。接种抗病性鉴定：高感赤霉病、白粉病，中感根腐病，高抗秆锈病、叶锈病。2008年、2009年品质测定：籽粒容重802克/升、800克/升，硬度指数67.2、62.7，蛋白质含量16.95%、13.59%；面粉湿面筋含量36.5%、28.7%，沉降值63.8毫升、66.5毫升，吸水率64.4%、60.1%，稳定时间6.6分钟、7.0分钟。

（3）产量表现：2008年参加东北春麦区晚熟组品种区域试验，平均每亩产量310.3千克，比对照克旱20号增产5.0%；2009年续试，平均每亩产量329.4千克，比对照克旱20号增产3.6%。2010年生产试验，平均每亩产量290.8千克，比对照垦九10号增产3.9%。

（4）栽培要点：适时播种，每亩适宜基本苗43万左右。秋深施肥或春分层施肥，结合化学除草喷施叶面肥，三叶期压青苗，成熟时及时收获。

（5）适宜地区：适宜在东北春麦区黑龙江省北部及内蒙古呼伦

贝尔市地区种植。

4. 沈太2号

（1）品种来源：周晓东选育，为高代品系70149太空育种。2012年通过国家农作物品种审定委员会审定。

（2）特征特性：春性早熟品种，成熟期比对照辽春17号早1天。幼苗直立，叶色浓绿。株高平均78厘米，株型紧凑，抗倒性好。穗纺锤形，长芒，白壳，红粒，角质。2009年、2010年区域试验平均每亩穗数40.2万、41.7万，穗粒数34.0粒、31.9粒，千粒重39.7克、37.1克。抗病性鉴定：中抗秆锈病，中感叶锈病，高感白粉病。混合样测定：籽粒容重815克/升、812克/升，蛋白质含量17.8%、18.5%，硬度指数70.8、64.4；面粉湿面筋含量36.8%、37.9%，沉降值55.5、57.0，吸水率61.9%、62.9%，面团稳定时间4.0分钟、6.4分钟。

（3）产量表现：2009年参加东北春麦早熟组区域试验，平均每亩产量368.5千克，比对照辽春17增产5.1%；2010年续试，平均每亩产量342.0千克，比辽春17增产5.5%。2011年生产试验，平均亩产350.5千克，比辽春17增产6.9%。

（4）栽培要点：春播以顶凌播种为宜，适时早播，每亩基本苗43万左右，施好种肥。播种前用药剂拌种，注意防治白粉病、黑穗病和叶锈病等病虫害。

（5）适宜地区：适宜在东北春麦区辽宁、吉林、内蒙古赤峰和通辽地区、河北张家口坝下、天津种植。

5. 龙辐麦19

（1）品种来源：黑龙江省农业科学院作物育种研究所、中国农业科学院作物科学研究所选育，亲本组合为（九三3u90/九三少）SP4/龙麦26。2011年通过黑龙江省农作物品种审定委员会审定，2012年通过国家农作物品种审定委员会审定。

（2）特征特性：春性中晚熟品种，成熟期比对照垦九10号早1天。幼苗直立，分蘖力强。株高平均92厘米。穗纺锤形，长芒，白壳，红粒，角质。2009年、2010年区域试验平均每亩穗数40.0

万、37.7万，穗粒数32.3粒、26.9粒，千粒重35.5克、39.1克。抗倒性好。抗病性鉴定：叶锈病免疫，中抗秆锈病，高感赤霉病和白粉病，中感根腐病。混合样测定：籽粒容重813克/升、818克/升，蛋白质含量13.78%、16.14%，硬度指数63.9、67.1；面粉湿面筋含量29.0%、33.1%，沉降值38.0毫升、44.5毫升，吸水率61.7%、66.8%，面团稳定时间2.4分钟、2.4分钟。

（3）产量表现：2009年参加东北春麦晚熟组品种区域试验，平均每亩产量349.5千克，比对照克旱20增产10.0%；2010年续试，平均每亩产量320.8千克，比对照垦九10号增产9.5%。2011年生产试验，平均每亩产量283.2千克，比垦九10号增产6.5%。

（4）栽培要点：3月下旬至4月上旬播种，行距15厘米，每亩基本苗40万～43万。秋深施肥或春分层施肥，三叶期压青苗。及时防治病虫，成熟时及时收获。

（5）适宜地区：适宜在东北春麦区黑龙江北部、内蒙古呼伦贝尔地区种植。

6. 克春4号

（1）品种来源：黑龙江省农业科学院克山分院育成，亲本组合为克95RF_6-627-4//克丰6/克87-266。2011年通过国家农作物品种审定委员会审定。

（2）特征特性：春性，中晚熟，从出苗至成熟生育日数88天左右，株高100.9厘米，穗长8.4厘米，无芒、白稃、赤粒，千粒重37.3克，容重806.9克/升。苗期抗旱，结实期耐湿，秆强不倒，高抗秆、叶锈病，赤霉、根腐病轻。2004年农业部谷物及制品质量监督检验测试中心（哈尔滨）分析：籽粒蛋白质含量14.0%，湿面筋含量为31.5%，沉降值为38.5毫升，面团稳定时间5.7分钟。

（3）产量表现：2007—2008年在北安局区域试验中两年平均亩产303.28千克，比对照品种新克旱9号增产11.84%。2008—2009年参加国家春小麦东北晚熟组区域试验，平均亩产326.8千克，比对照克旱20号平均增产6.6%。2010年参加国家春小麦东北晚熟组生产试验，平均亩产289.2千克，比对照垦九10号平均增产3.4%。

(4) 栽培要点：要求土壤肥力条件较好，在大面积生产中，N∶P=1.2∶1较为适合，配合适当比例的钾、硫肥，种植密度以平均亩保苗43万株为宜。

(5) 适宜地区：适宜在黑龙江省北部地区、内蒙古东部地区及其相似生态区种植。

7. 克春5号

(1) 品种来源：黑龙江省农业科学院克山分院育成，组合为克$99F_2$-33-3/九三94-9178。2012年通过黑龙江省农作物品种审定委员会审定。

(2) 特征特性：春性，幼苗直立，株型收敛，株高91厘米，花为多花型，小花数一般4～5个。穗纺锤形，长芒，千粒重36.0克左右，容重790.0克/升。籽粒蛋白质含量16.27%～17.91%，湿面筋含量32.6%～39.02%，稳定时间3.1～4.4分钟，容重770～810克/升。接种鉴定：对秆锈病几个主要生理小种均表现为高抗，中感赤霉病，中抗至中感根腐病。在适应区出苗至成熟生育日数90天左右。

(3) 产量表现：2009—2010年区域试验平均亩产281.2千克，较对照品种克旱16号增产8.3%；2011年生产试验平均亩产量292.7千克，较对照品种克旱16号增产4.3%。

(4) 栽培要点：在适应区3月下旬至4月中旬播种，选择中等以上肥力地块种植，采用宽苗带栽培方式，亩保苗43.3万株。平衡施肥，N∶P∶K为1.2∶1∶0.5，适量加入硫肥，以每亩1～1.1千克为宜，2/3为底肥，于前一年秋季施入，1/3为种肥。在小麦三叶期压青苗1～2次，4～5叶期及时进行化学除草。防治双子叶阔叶杂草亩用7.5～8克甲黄隆，加2，4-D丁酯20～23毫升；防治单子叶如稗草、燕麦等亩用6.9%骠马50～60克或10%国产骠呤50毫升。生育后期及时防治赤霉病。根据成熟情况及气象条件，对小麦及时收获，联合收割机损失不得超过 3%，破碎率不得超过 1%，清洁率达到 95%以上，籽粒含水量在 13.5%以下。有条件的要进行种子包衣处理。

（5）适宜地区：适宜在黑龙江省北部地区、内蒙古东部地区及其相似生态区种植。

8. 高原 776

（1）品种来源：中国科学院西北高原生物研究所选育，亲本组合为青春 533/97－205//高原 602。2012 年通过国家农作物品种审定委员会审定。

（2）特征特性：春性品种，生育期 90～135 天。幼苗直立，苗色深绿。株高 54～111 厘米，株型紧凑，抗倒性较好。穗长方形，长芒，白壳，红粒，籽粒角质。熟相较好，口紧不落粒。每亩有效穗数 7.8 万～33.9 万，穗粒数 21.3～59.1，千粒重 33.3～55.4 克。抗旱性鉴定：抗旱性 4 级，抗旱性较弱，干旱胁迫情况下，穗粒数变异大。抗病性鉴定：中抗条锈病，高感叶锈病、白粉病、黄矮病。2009 年、2010 年分别测定混合样：籽粒容重 776 克/升、744 克/升，蛋白质含量 14.00%、15.63%，硬度指数 65.6、69.5；面粉湿面筋含量 31.7%、34.5%，沉降值 42.8 毫升、56 毫升，吸水率 69.5%、68.6%，面团稳定时间 3.0 分钟、3.3 分钟。

（3）产量表现：2009 年参加西北春麦旱地组区域试验，平均亩产 252.7 千克，比对照定西 35 号增产 22.2%；2010 年续试，平均亩产 203.8 千克，比对照西旱 2 号增产 11.5%。2011 年生产试验，平均亩产 166.1 千克，比对照增产 11.7%。

（4）栽培要点：3 月上旬至 4 月上旬播种，当日平均气温稳定通过 1℃，土壤解冻 5～6 厘米时抢墒早播，顶凌播种，播种深度 3～5厘米。每亩播种量 15～20 千克，每亩基本苗 25 万～35 万。播前每亩施优质农家肥 3 000～4 000 千克、纯氮 7.5 千克、五氧化二磷 4～5 千克。注意防治病虫杂草，及时收获。

（5）适宜地区：适宜在青海互助、湟中等中东部及西北部灌区，甘肃会宁、榆中旱地，宁夏固原旱地、半干旱地、不饱灌地春麦区种植。

9. 新旱688

（1）品种来源：新疆农业科学院奇台麦类试验站选育，亲本组合为90J210/Y-5。2012年通过国家农作物品种审定委员会审定。

（2）特征特性：春性品种，生育期90～136天。幼苗直立。株高46～117厘米，抗倒伏性较好。穗长方型，长芒，红壳，白粒，籽粒角质、饱满。熟相好，口紧不易落粒。每亩有效穗数12.7万～37.0万，穗粒数19.0～55.0，千粒重26.4～46.4克。抗旱性鉴定：抗旱性3级、中等。抗病性鉴定：高抗条锈病，慢叶锈病，中感白粉病、黄矮病。2009年、2010年分别测定混合样：籽粒容重784克/升、792克/升，蛋白质含量17.70%、17.50%，硬度指数61.2、65.2，面粉湿面筋含量37.3%、37.1%，沉降值71.0毫升、71.5毫升，吸水率62.4%、65.3%，面团稳定时间22.6分钟、11.9分钟。

（3）产量表现：2009年参加西北春麦旱地组区域试验，平均亩产232.1千克，比对照定西35号增产12.2%；2010年续试，平均亩产200.9千克，比对照西旱2号增产9.9%。2011年生产试验，平均亩产158.4千克，比对照增产6.4%。

（4）栽培要点：3月中下旬至4月初播种，当气温稳定通过0℃，顶凌播种，每亩基本苗30万～40万。注意防治叶锈病、白粉病、黄矮病。

（5）适宜地区：适宜在甘肃中部、青海中东部、宁夏西海固、新疆天山东部旱地、半干旱地春麦区种植。

10. 西旱1号

（1）品种来源：甘肃农业大学农学院选育，亲本为育种单位育种圃中间材料，杂交组合为DC2024（3788×80M16-2-8）×2011（50300×7812-1-5）。2004年10月通过国家农作物品种审定委员会审定。

（2）特征特性：春性，早熟、生育期82～146天，一般较对照定西35早熟7天以上。抗倒能力强、一般旱地株高65厘米左右，个别高寒阴湿区可达 95 厘米以上。顶土力强，幼苗半直立，叶色深绿，方穗白芒，小穗密度中，护颖长方形，颖肩方肩，颖嘴锐形，落粒性中等，籽粒卵园，硬质红粒。两年区试蛋白质含量 15.87%～17.62%，湿面筋含量 38.5%～39.1%。高抗条锈病、中感黄矮病、中感至高感叶锈病、高感白粉病。抗旱，稳产，适应性广，尤其具有较强抗干热风和干旱成苗能力，后期灌浆速度快、落黄好。属高效用水型品种。

（3）产量表现：国家区试第一年平均亩产 154.4 千克，较对照定西 35 增产 1.8%，产量排第一位；第二年平均亩产 177.8 千克，较对照增产 11.9%，仍居首位；生产试验中，平均亩产 136.6 千克，较对照增产 10.7%，仍居第一。

（4）栽培要点：在降水量 300～500 毫米旱地春播种植，适宜亩密度 20 万～25 万基本苗。播前亩施腐熟农家肥 2 000～3 000 千克、五氧化二磷 3 千克、纯氮 3 千克，做基肥，最好结合最后一次秋季深耕翻埋入土、耙耱过冬。适期早播，亩施磷二铵 2～3 千克做种肥，生育期间一般不再追肥。在节水灌区适宜亩密度 35 万株基本苗，播种量 17～18 千克，施肥量和施肥方式与当地小麦田相同。

（5）适宜地区：适宜在甘肃中部、宁夏西海固地区、陕西榆林、山西大同、河北坝上、青海大通、西藏日喀则和山南等地海拔 1 000～3 837 米、年降水量 300～500 毫米旱地种植。

11. 农麦 3 号

（1）品种来源：内蒙古自治区农牧业科学院小麦研究室选育，亲本组合为母本永 920/蒙花 1 号。2011 年通过内蒙古自治区农作物品种审定委员会审定。

（2）特征特性：春性，幼苗直立，株型紧凑，叶下披、色绿，群体整齐，株高 81～86 厘米。全生育期 91～94 天，中熟品种，比对照永良 4 号早熟 1～2 天。穗纺锤形，长芒、白壳，穗长 9～10 厘米，穗粒数粒 38～43 粒。籽粒白色，椭圆形，硬质，饱满，黑胚较轻，千粒重 38～49 克，容重 782～829 克/升。农业部谷物检测中心（哈尔滨）测试：籽粒粗蛋白含量（干基）14.63%，湿面筋31.4%，沉降值45.5毫升，吸水量66.4毫升/100克，形成时间6.0分钟，稳定时间5.0分钟，容重842克/升。中国农业科学院植保所鉴定：对条锈、秆锈病免疫，慢叶锈病，高感白粉病、黄矮病。连续多年在内蒙古中、西部区试验观察未发现有条、秆锈病，叶锈和白粉病田间发生很轻。后期灌浆速度较快，落黄好，可躲避干热风，抗青枯早衰，较抗倒伏。

（3）产量表现：2009年内蒙古区域试验，平均亩产525.4千克，产量居第二位。2010年平均亩产399.13千克，产量居第一位，平均比永良4号增产14.4%。2010年参加内蒙古生产试验，平均亩产403.57千克，产量居第一位，平均较对照永良4号增产7.7%。

（4）栽培要点：内蒙古中西部地区3月中下旬适时早播，有利于高产。每亩保苗45万～50万株。结合秋翻亩施有机肥2 000～3 000千克，种肥施磷酸二铵25千克，分蘖期结合浇头水亩追施尿素15千克，灌浆期可根外追肥，叶面亩喷施磷酸二氢钾500克。全生育期浇水3～4次。加强田间管理，注意防虫灭草。蜡熟末期及时进行机械收割，适时抢收，做到单收、单晒、单贮。注意防雨、穗发芽及其他生物危害。

（5）适宜地区：适宜内蒙古西部及宁夏、甘肃、新疆等春麦区。

12. 农麦4号

（1）品种来源：内蒙古自治区农牧业科学院小麦研究室选育，亲本组合为蒙花1号/农麦201。2012年通过内蒙古自治区农作物品种审定委员会审定。

（2）特征特性：春性；生育期94～96天，中熟（偏晚）品种。株高80～95厘米，穗长9～10厘米，长芒，穗纺锤形；籽粒饱满、硬质、红粒，色泽度好，千粒重45克左右。株型紧凑，成穗率高，穗层整齐，不易落粒，成熟落黄好。籽粒粗蛋白含量（干基）13.35%，温面筋28.2%，沉降值32.2毫升，吸水率65.4毫升，面团形成时间 4.0 分钟，稳定时间 3.8 分钟，硬度指数 74.8，属中筋品种。对秆锈病表现免疫，高抗叶锈病，慢条锈病，中感白粉病、黄矮病。

（3）产量表现：2009 年参加内蒙古水地小麦区域试验，平均亩产 525.9 千克，比对照永良 4 号增产 6.3%。2010 年参加内蒙古水地小麦区域试验，平均亩产 368.0 千克，比对照永良 4 号增产 5.5%。2011 年参加内蒙古水地小麦生产试验，平均亩产 403.12 千克，比对照永良 4 号增产 2.0%。内蒙古河套地区种植平均亩产 500 千克，大兴安岭沿麓地区旱肥地种植平均亩产 300～350 千克。

（4）栽培要点：内蒙古中西部地区 3 月中下旬适期早播，大兴安岭沿麓地区 5 月中下旬播种。栽培密度亩保苗 45 万～50 万株。结合秋翻亩施有机肥 2 000～3 000 千克，种肥施磷酸二铵 25 千克，分蘖期结合浇头水追施尿素 15 千克，在灌浆期可根外追肥，叶面喷施磷酸二氢钾 500 克。全生育期浇水 3～4 次。加强田间管理，注意防虫、灭草，及时收获。

（5）适宜地区：适宜内蒙古东、西、中部及宁夏、甘肃、新疆等春麦区种植。

13. 宁春 50

（1）品种来源：宁夏农林科学院作物研究所选育。2010 年通过宁夏农作物品种审定委员会审定。

（2）特征特性：春性、幼苗呈半直立，生育期在 100 天左右。株高适中 85.0～90.0 厘米，株型紧凑，穗长芒白壳、纺锤形，小穗排列疏密适宜，穗长 9.0～11.0 厘米，每穗粒数 28～30 粒，籽粒红皮、大小中等、卵圆形，千粒重 45 克左右。分蘖力较强，收获穗数较高，灌浆速度较快，中抗锈病、白粉病，耐青干，对肥水反应不敏感，适应性好，抗倒伏力较强。籽粒蛋白质含量 14.58%、湿面筋 28.4%、形成时间 7.7 分钟、稳定时间 10.7 分钟。

（3）产量表现：2005—2006 年区试亩产 633.4～709.9 千克，比对照宁春 4 号增产 5.2%～6.6%，2007—2008 年区域试验亩产

447.1～607.7 千克，较对照增产 2.2%～5.0%。示范种植一般平均（套种、单种）亩产 370.8～518.0 千克，最高单产潜力每亩在 600 千克以上。

（4）栽培要点：2月下旬至3月上旬顶凌播种，精量播种，提高播种质量。中、高肥力地块宜稀，中、低肥力地块宜密，一般亩保苗 34.0 万～38.0 万，收获穗 38.0 万以上；合理施肥，科学测土配方施肥，增施有机肥，基肥追肥比例一般为 7：3，早灌头水早追肥（4 月下旬结合灌头水，亩施尿素 10.0～12.5 千克）；小麦生长期间根据年度间降水量不同，一般灌溉 3～4 次水。防治病虫草害，一喷三防，适时收获。

（5）适宜地区：适宜在宁夏灌区及西北部分水地春小麦区种植。

14. 宁春 51

（1）品种来源：宁夏农林科学院作物研究所选育，亲本组合为永 3002（永良 15/永 060）/宁春 4 号。2010 年通过宁夏农作物品种审定委员会审定。

（2）特征特性：春性，生育期 94～98 天。幼苗直立，叶色中绿，茎秆细韧，叶片窄而上举，株型紧凑，株高 85 厘米，穗纺锤形，长芒，白壳，小穗排列适中，穗长 9 厘米，小穗 14～16 个，每小穗 3～4 粒，每穗 30～35 粒，籽粒小，卵圆形，红粒，硬质，饱满，千粒重 43.0 克。籽粒粗蛋白含量 16.3%，湿面筋 35.6%，沉降值 44.2 毫升，吸水率 63.5%，面团稳定时间为 10.5 分钟。中抗条锈、叶锈、白粉病。

（3）产量表现：2006—2009 年试验，平均亩产分别为 573.1 千克、671.4 千克、692.0 千克，比对照宁春 4 号增产 9.7%、3.6%、12.6%；2007—2008 年宁夏灌区区域试验，平均亩产分别为 436.1 千克、599.98 千克，较对照宁春 4 号减产 0.95%、增产 0.92%，2009 年生产试验平均亩产 516.14 千克，较对照宁春 4 号减产 0.31%。

（4）栽培要点：选择中等以上肥力水平田块种植，播种时间 2

月下旬至3月上旬；施足基肥，早追肥，保氮增磷；早灌头水，旺苗控二水，全生育期灌4水。及时防治病虫害。适时收获。

（5）适宜地区：适宜宁夏灌区中等以上肥力水平田块种植。

第四节　冬春麦兼播区小麦新品种

1. 新冬32

（1）品种来源：新疆农业科学院粮食作物研究所选育。2009年通过新疆农作物品种审定委员会审定。

（2）特征特性：冬性，中晚熟，全生育期与新冬18号相当。株高101.9厘米，株型紧凑，抗倒伏能力较强。抗病性强，耐瘠薄能力突出。分蘖力强，分蘖成穗率高。穗长8.8厘米，小穗总数20.8个，结实小穗数17.6个，穗粒数39.7个，穗粒重1.51克，千粒重39.9克，容重795.6克/升，籽粒白色，角质，高抗全蚀病。籽粒蛋白质含量14.5%，湿面筋含量30.1%，沉淀值30.56毫升，精粉出粉率66.5%，面团形成时间3.2分钟，稳定时间4.0分钟。

（3）产量表现：两年区试平均亩产428.35千克，比对照新冬18号增产13.48%，比对照新冬22号增产25.74%，极显著高于两对照，居参试品系（种）第一位。生产试验平均亩产432.04千克，较对照新冬18号增产4.92%。

（4）栽培要点：在适墒情况下，播期一般为9月20日至9月25日，亩播量18千克，保苗30万～35万株，晚播需加大播种量至20～22千克。底肥亩施磷酸二铵15千克，或15千克磷肥加5千克尿素，种肥5千克磷酸二铵，早春趁雪墒亩施尿素8～10千克，头水追施尿素10千克。入冬灌冬水，开春后头水宜早，一般比当地晚熟品种提早7～10天灌水，开春后灌水4次。生育期内防治杂草和病虫害。注意适期早收，一般应在蜡熟中后期为佳，以免落粒损失。

（5）适宜地区：适合在北疆积雪稳定地区以及南疆冬麦区

种植。

2. 新春29

（1）品种来源：新疆农业科学院粮食作物研究所选育，亲本组合为85－56/25－3。2008年通过新疆农作物品种审定委员会审定。

（2）特征特性：春性，中晚熟。幼苗直立，株高82厘米左右，整齐度较好。穗纺锤形，穗长9.4厘米左右，小穗数17个左右，结实小穗数15个左右，穗粒数44粒左右，长芒，白壳，颖无茸毛。籽粒白色，角质，千粒重41克左右，容重802克/升。分蘖力中。生育期天数108天左右，较新春6号晚熟5天左右。高抗（条、叶）锈病、白粉病，黑胚率低，抗倒伏能力强，生长势好，稳产性好。属优质中筋拉面型品种。籽粒蛋白质含量15.3％，湿面筋含量32.8％，面粉出粉率61.3％，面粉吸水率62.4％，降落数值608秒，面团形成时间2.5分钟，面团稳定时间2.0分钟。

（3）产量表现：参加新疆耐盐组两年区试平均亩产172.19千克，比对照新春6号（下同）增产5.71％。生产试验平均亩产295.32千克，比对照增产5.11％。丰产组区试两年平均亩产381.19千克，比对照增产6.90％。生产试验平均亩产349.19千克，比对照增产9.16％。

（4）栽培要点：开春后，一般播种机能进地即可播种，在适墒情况下播期越早越好。水浇地一般在3月中下旬至4月上旬播种，山旱地一般在4月中下旬至5月上旬。亩播量按40万～50万粒计，保苗30万株以上。种子应在播前进行药剂处理。注意有机肥与化肥配合施用。亩产500千克中等以上肥力土壤，一般亩施底肥15～20千克，种肥10千克，头水追施尿素10千克，二水视苗情追施尿素5～10千克，抽穗前再追施尿素3～5千克。头水应在两叶一心时，二水与头水间隔不宜超过15天，以后各水以保证不受旱为原则，全生育期一般灌溉4～5水。生育期间防治杂草和病虫害。注意适期早收，一般应在蜡熟中后期为佳，以免落粒损失。

（5）适宜地区：适宜北疆各春麦区种植，在轻度盐碱地也可种植。

3. 新冬 29

（1）品种来源：新疆建设兵团农四师农业科学研究所选育，亲本组合为 PH82－2－2/鲁植 79－1。2005 年通过新疆自治区农作物品种审定委员会审定。

（2）特征特性：冬性，中晚熟，生育期 271 天。幼苗直立，株型紧凑，叶挺，叶舌绿色，叶耳白色，叶片蜡质层较厚，株高 95～105厘米。穗长方形，穗长 10 厘米左右，小穗排列紧密，每穗结实小穗 17 个左右，小穗粒数 2.8～3.4 粒，主穗粒数 45 粒左右，长芒。粒白色，椭圆，角质，腹沟较深，冠毛长度中等，千粒重 40～48 克，容重 833 克/升，籽粒粗蛋白含量（干基）15.3%，湿面筋含量（14%水分基）32.5%，属优质强筋小麦。耐雪腐雪霉病，中抗白粉病，中抗锈病，抗干热风，适应性好。分蘖成穗率中等。

（3）产量表现：2001—2003 年度参加自治区冬小麦北疆片区域试验，平均亩产 422 千克，较对照新冬 18 号增产 1.54%，较对照新冬 22 号增产 11.52%，居参试材料第一位，与新冬 18 号产量相当，极显著高于新冬 22 号。

（4）栽培要点：伊犁河谷适宜播期 10 月 2～10 日，亩基本苗 32 万～40 万。北疆其他冬小麦种植区适宜播期 9 月 25 日至 10 月 5 日，亩基本苗 32 万～35 万。注意防治白粉病、锈病，后期防治干热风。测土配方，注意氮肥后移，中后期施磷酸二氢钾。

（5）适宜地区：适宜新疆北疆各冬麦区种植。

4. 青麦 1 号

（1）品种来源　中国科学院西北高原生物研究所选育，亲本组合为高原 602/青春 533//民和 853/95－256。2012 年通过青海省农作物品种审定委员会审定。

（2）特征特性 春性，中早熟。幼苗直立。株高 110.8 厘米，株型紧凑，单株分蘖数 2.3 个，分蘖成穗率 11%，主茎第一节间长 4.65 厘米，茎粗 0.31 厘米；第二节间长度 9.23 厘米，茎粗 0.41 厘米；穗下节间长度 46.56 厘米。穗长方形，顶芒，白色，小穗着生密度中等，穗长 11.29 厘米，有效穗数 20.5 个，穗粒数 45.6 粒。籽粒椭圆形，红色，角质；千粒重 42 克，籽粒容重 765 克/升，籽粒粗蛋白质含量 13.19%，籽粒湿面筋 32.08%。出苗至抽穗期 54 天，此期间≥0℃积温 627.2℃；抽穗至成熟 50 天，此期间≥0℃积温 820.9℃；出苗至成熟 104 天，此期间≥0℃积温 1 448.1℃；全生育期 133 天，≥0℃积温 1 679.1℃。较抗倒伏，耐旱性中等，中抗小麦条锈病。

（3）产量表现　在高水肥条件下平均亩产 450～650 千克，一般水肥条件下 350～400 千克，柴达木地区高水肥条件下产量潜力可达亩产 700 千克以上。

（4）栽培要点 在有灌溉能够保证 2～3 水（柴达木盆地 5～6 水）地区，每亩施农家肥 2 000～3 000 千克，化肥使用折合纯氮 8.2～22.8 千克，五氧化二磷 9.2～23 千克。播种期 3 月上旬至 4 月中旬，亩播种量 15～20 千克，保苗 25 万～35 万，田间管理以早为主。

（5）适宜地区　适宜青海省东部农业区水地、中位山旱地和柴达木盆地灌区种植。

5. 青春 38

（1）品种来源 青海省农林科学院作物所选育，2005 年通过青海省农作物品种审定委员会审定。

（2）特征特性　春性，中熟，生育期 123±2 天，全生育期 144±4 天。株高 89±3.01 厘米，株型紧凑，分蘖成穗率 74.3±7.89%，穗长 10.6±0.87 厘米，每穗小穗数 18.90±1.51 个，穗粒数 46.9±7.23 粒，小穗密度中等，穗密度指数 22。穗纺锤形、顶芒、白色，颖壳白色、无茸毛，护颖长方形，颖嘴锐形，颖肩方肩，颖脊明显到底。籽粒椭圆形、红色、饱满，腹沟浅窄，冠毛少。千粒重 44.3±2.2 克，籽粒容重 816±2.4 克/升，籽粒角质，粗蛋白质 14.09%，湿面筋 29.1%，淀粉 66.3%，面团稳定时间

4.3 分钟。抗条锈，抗倒伏，耐旱性中，口紧，不易落粒，落黄好。

（3）产量表现　中等水肥条件下亩产 350～400 千克，较高水肥条件下产量 450～500 千克。

（4）栽培要点　分蘖力中等，根系发达，在肥力较高土壤可适当降低播种量。结合秋深翻亩施有机肥 3 000～4 000 千克。播前亩施纯氮 5～7 千克，五氧化二磷 5～7 千克。3 月上中旬播种，播深 4～5 厘米，亩播量 16～20 千克，保苗 30 万～35 万，总茎数55 万～60 万。

（5）适宜地区　适宜在青海省东部农业区川水及柴达木灌区种植。

6. 青春 39

（1）品种来源 青海省农林科学院作物所选育，杂交组合为 TORKA（加拿大红麦）//冬麦 03702/W97 148。2005 年通过青海省农作物品种审定委员会审定，2007 年通过国家农作物品种审定委员会审定。

（2）特征特性　春性，中晚熟，生育期 113 天左右，成熟期与对照定西 35 相当。幼苗半匍匐，叶色深绿、窄长，分蘖力较强。株高 95 厘米左右，株型紧凑，旗叶小硬上举。穗长方形，顶芒，白壳，红较，角质。平均亩穗数 25.0 万，穗粒数 32.0 粒，千粒重 34.6 克。抗倒伏。抗旱性鉴定：抗旱性较差。抗病性鉴定：高抗条锈病、白粉病，慢叶锈病，中感黄矮病、秆锈病。2004 年、2005 年分别测定混合样：容重 780 克/升（2004 年），蛋白质（干基）含量 12.64％、15.39％，湿面筋含量 26.1％、33.5％，沉降值 64.8 毫升、56.4 毫升，吸水率 60.9％，稳定时间 6.4 分钟、4.7 分钟。

（3）产量表现　2004 年参加西北春麦旱地组品种区域试验，平均青海 184.1 千克，比对照定西 35 增产 3.9％；2005 年续试，平均青海 178.3 千克，比对照定西 35 增产 6.4％。2006 年生产试验，平均青海 210.9 千克，比对照定西 35 号增产 10.1％。

(4) 栽培要点　适宜播期 3 月下旬至 4 月上旬，亩基本苗 24 万～30 万。

(5) 适宜地区　适宜在青海大通和互助、河北坝上、西藏日喀则、内蒙武川和卓资、甘肃会宁和榆中旱地作春麦种植。

第四章
常见小麦病虫草害防治技术

第一节 常见小麦病害防治技术

一、小麦锈病

小麦锈病俗称黄疸病，根据发病部位和病斑形状又分为条锈、叶锈和秆锈三种。小麦锈病在全国主要麦区均有不同程度发生，轻者麦粒不饱满，重者植株枯死，不能抽穗，历史上曾给小麦生产造成重大损失，一般发病越早损失越重。

（一）症状识别

“条锈成行叶锈乱，秆锈是个短褐斑。”这是区别三种锈病的口诀。条锈主要发生在叶片上，叶鞘、茎秆和穗部也可发病，初期在病部出现褪绿斑点，以后形成黄色粉疱，即夏孢子堆，长椭圆形，与叶脉平行排列成条状；后期长出黑色、狭长形、埋伏于表皮下的条状疱斑，即冬孢子堆。叶锈病初期出现褪绿斑，后出现红褐色粉疱（夏孢子堆），在叶片上不规则散生，后期在叶背面和茎秆上长出黑色椭圆形，埋于表皮下的冬孢子堆。秆锈危害部位以茎秆和叶鞘为主，也可危害叶片及穗部。夏孢子堆较大，长椭圆形至狭长形，红褐色，不规则散生，常合成大斑；后期病部长出黑色、长椭圆形至狭长形、散生、突破表皮、呈粉疱状的冬孢子堆。

（二）发病规律

病菌（主要以夏孢子和菌丝体）在小麦和禾本科杂草上越夏、越冬。越夏病菌可使秋苗发病。春季，越冬病菌直接侵害小麦或靠气流从远方传来病菌，使小麦发病，发病轻重与品种有密切关系，易感病的品种发病较重，春季气温偏高和多雨年份，植株密度较大，越冬病菌量或外来病菌较多时，易发生锈病流行。

（三）防治措施

选用抗（耐、避）病品种。药剂拌种：用粉锈宁按种子重量0.03%的有效成分拌种，或用12.5%特谱唑按种子量0.12%的有效成分拌种。叶面喷药：发病初期亩用20%粉锈宁乳油30～50毫升或12.5%特谱唑15～30克，对水均匀喷雾防治。

二、小麦白粉病

小麦白粉病在全国各类麦区均有发生，尤其在高产麦区。由于植株生长量大、密度高，在田间湿度大时更易于发生。目前在小麦产量有较大提高的同时，白粉病已上升为小麦的主要病害。发病后，光合作用受影响，造成穗粒减少、粒重降低，特别严重时可造成小麦绝产。

（一）症状识别

发病初期叶片出现白色霉点，逐渐扩大成圆形或椭圆形病斑，上面长出白粉状霉层（分生孢子），后变成灰白色至淡褐色，后期在霉层中散生黑色小粒（子囊壳），最后病叶逐渐变黄褐色而枯死。

（二）发病规律

病菌（子囊壳）在被害残株上越冬，春天放出大量病菌（子囊孢子）侵害麦苗，以后在被害植株上大量繁殖病菌（分生孢子），借风传播再次侵害健株。小麦白粉病在0～25℃均能发展，在此范围内随温度升高发展速度快；湿度大有利于孢子萌发和侵入，植株群体大，阴天寡照，氮肥过多时有利于病害发生发展。

（三）防治措施

选用抗病品种。适当控制群体，合理肥水促控，健株栽培，提高植株抗病力。药剂防治：用粉锈宁按种子量0.03%的有效成分拌种，可有效控制苗期白粉病，并可兼治锈病、纹枯病和黑穗病等病害；也可亩用粉锈宁按有效成分7～10克，对水喷雾防治。

三、小麦纹枯病

小麦纹枯病在我国冬麦区普遍发生，主要引起穗粒数减少，千粒重降低，还可引起倒伏或形成白穗，严重影响产量。

（一）病状识别

叶鞘上病斑为中间灰白色、边缘浅褐色的云纹斑，病斑扩大连片形成花秆。茎秆上病斑呈梭形、纵裂，病斑扩大连片形成烂茎，不能抽穗或形成枯白穗，结实少，籽粒秕瘦。

（二）发病规律

病菌以菌核在土壤中或菌丝在土壤中病残体上存活，成为初侵染源。小麦群体过大、肥水施用过多特别是氮肥过多、田间湿度大时，病害容易发生蔓延。

（三）防治措施

选用抗病性较好的品种。控制适当群体，合理肥水促控，适当增施有机肥和磷钾肥，促进植株健壮，提高抗病力，并及时除草。药剂拌种：用50％利克菌以种子重量的0.3％或20％粉锈宁以种子重量的0.15％、33％纹霉净以种子重量0.2％的药量拌种。药剂喷雾：亩用50％井冈霉素100～150克或20％粉锈宁40～50毫升、50％扑海因300倍液均匀喷雾，防治2次可控制病害，拌种结合早春药剂喷雾防治效果更好。

四、小麦赤霉病

小麦赤霉病俗称烂麦穗头，在全国各类麦区均可发生，但一般在南方麦区发生较重，北方较轻。一般流行年份可造成严重减产，且病麦对人畜有毒，严重影响面粉品质和食用价值。

（一）症状识别

苗期到穗期都有发生，可引起苗枯、基腐、穗腐和秆腐等症状，其中以穗腐危害最大。穗腐：小麦在抽穗扬花期受病菌侵染，先在个别小穗上发病，后沿主穗轴向上、下扩展至邻近小穗，病部出现水渍状淡褐色病斑，逐渐扩大成枯黄色，后生成粉红色霉层（分生孢子）。后期出现黑色颗粒（子囊壳）。秆腐：初期在旗叶的叶鞘基部变成棕褐色，后扩展到节部，上面出现红色霉层，病株易折断。苗枯：幼苗受害后芽鞘与根变褐枯死。基腐：从幼苗出土到成熟均可发生，初期茎基部变褐变软腐，以后凹缩，最后麦株枯萎死亡。

（二）发病规律

小麦赤霉病菌在土表秸秆残茬上越冬。春季形成子囊壳，产生子囊孢子，经气流传播至小麦植株，病害发生受天气影响很大。在有大量菌源存在的条件下，于小麦抽穗至扬花期遇到天气闷热、连续阴雨或潮湿多雾，容易造成病害流行。

（三）防治措施

选用抗病品种。药剂防治：多菌灵为最有效的药剂。在小麦齐穗期，亩用多菌灵有效成分40～50克，对水均匀喷洒于小麦穗部，一次用药即可起到很好的防治效果。另外，特谱唑对赤霉病也有防治作用。

五、小麦颖枯病

小麦颖枯病在全国各麦区都有发生，主要危害麦穗和叶片，叶鞘和茎秆也会发病。受害后籽粒不饱满，千粒重降低，影响产量，颖枯病一般在矮秆品种上更容易发生。

（一）症状识别

小麦颖枯病症状主要表现在麦穗上，有时在叶片、叶鞘和茎秆上也可见到。发病初期，颖壳尖端出现褐色病斑，后变成枯白色，边缘褐色病斑扩展至整个颖壳，其后在病斑上产生黑色小粒（分生孢子器），重者不能结实。叶片发病后，初期出现淡褐色小斑点，后扩大成椭圆形至不规则形斑块，病部中央灰白色，其上密布黑色小粒（分生孢子器），病斑多时，叶片卷曲枯死。叶鞘发病时变为黄褐色，致使叶片早枯。茎节受害则呈现褐色病斑，其上也产生黑色小粒，严重时茎秆呈暗色枯死。

（二）发病规律

颖枯病以病菌（分生孢子器及菌丝体）附着在病株残体上或种子表面越冬、越夏。秋季或春季，在适宜环境条件下放出大量病菌（器孢子），侵入植株后形成病斑，以后病菌在病株上又大量繁殖，靠风雨传播，引起田间再侵染。小麦颖枯病易在田间高温多湿条件下发生蔓延。

（三）防治措施

选用抗（耐、避）病品种。加强栽培管理，及时除草，合理运筹水肥，促进植株健壮，提高抗病能力。药剂拌种：用15％粉锈宁以种子重量的0.2％或12.5％特谱唑以种子重量0.12％～0.3％的药量拌种。喷雾防治：亩用25％敌力脱100克或15％粉锈宁60～100克、多菌灵有效成分50～75克，对水，于扬花期喷雾防治。

六、小麦黄矮病

小麦黄矮病发生较广泛，在西北、华北和东北小麦产区都有发生，可造成严重减产，一般感病越早，产量损失越大。重病麦田可减产30％以上。

（一）症状识别

主要症状表现为叶片变黄和植株矮化。秋苗和返青后，植株均可发病。秋苗感病后，植株明显矮化，分蘖减少，根系变浅，病叶叶尖逐渐褪绿变黄，不能越冬或越冬后不能抽穗结实。返青后感病植株稍有矮化，上部叶尖开始发黄向叶片基部扩展呈黄绿相间的病斑。后逐渐枯黄，穗期感病仅叶尖发黄，造成穗小、千粒重降低。

（二）发病规律

黄矮病由麦二叉蚜和麦长管蚜传毒引起，冬麦区蚜虫传毒主要发生在秋苗和返青期，春麦区主要发生在春季。其发生流行与蚜虫种群消长关系密切，蚜虫的种群数量又受到降水和气温的影响，一般秋季小麦出苗后降水多，有翅蚜虫少，秋苗发病就少，反之则发病多。一般冬暖而干燥有利于蚜虫增殖扩散，导致小麦发病较重。

（三）防治措施

选用抗耐病品种。药剂拌种：用种子量0.3％的50％辛硫磷乳油对水拌种，并闷种24小时后播种。药剂喷雾：亩用40％乐果乳油1 000～2 000倍液，均匀喷雾，防治传毒害虫，可减轻病毒病发生和蔓延。

七、丛矮病

小麦丛矮病在小麦产区分布广泛，小麦全生育期均可染病，对小麦生产造成威胁，重病麦田可减产30%以上。

(一) 症状识别

病株严重矮化，分蘖无限增多，叶片多出现黄绿相间条纹。秋苗发病多不能越冬而死亡，或免强越冬而生长纤弱，不能抽穗。发病晚的叶色浓绿，心叶有条纹，植株矮化，茎秆粗壮，多数不抽穗或穗而不实，即使能结实也是穗小粒少，秕瘦，粒重降低。

(二) 发病规律

丛矮病由灰飞虱传毒引起，其传毒能力很强，1～2 龄若虫易传毒，并可终生传毒，但不经卵传播。秋季小麦出苗后，灰飞虱从杂草或其他寄主迁入麦田危害传毒。红矮病由条纹叶蝉等昆虫传毒引起。叶蝉在病株上吸食获毒后可终生传毒，并经卵传播。秋季小麦出苗后，叶蝉成虫从杂草或其他越夏寄主迁入麦田危害传毒，一般早播麦田叶蝉量多，发病重，冬季温暖干燥时利于发病。黑条矮缩病由灰飞虱和白背飞虱传毒引起。病毒在寄主及带毒昆虫体内越冬越夏，带毒昆虫吸食健株引起发病，获毒昆虫不经卵传毒。秋季小麦出苗后，飞虱由寄主迁入麦田危害、传毒。有利于飞虱繁殖迁移的气候条件也易造成此病发生。

(三) 防治措施

农业措施：选用抗耐病品种。清除杂草，消灭虫源。灌小麦越冬水，减少灰飞虱越冬量。

药剂拌种：用种子量 0.3%的 50%辛硫磷乳油对水拌种，并闷种 24 小时后播种。

药剂喷雾：小麦出苗后，对有灰飞虱的麦田亩用 10%叶蝉散可湿性粉剂 250 克或速灭威可湿性粉剂 150 克、25%扑虱灵可湿性粉剂 25～30 克，对水 50 千克，均匀喷雾。也可用 40%乐果乳油1 000～2 000倍液均匀喷雾，防治传毒害虫，可减轻病毒病发生和蔓延。

八、红矮病

小麦红矮病主要发生在西北、内蒙古和四川等地小麦产区，重病麦田可减产30%以上。

（一）症状识别

病株开始叶色深绿、色调不匀，叶片甚至叶鞘变为紫红色或黄色。最后全株呈红色或黄色，叶片黄化枯死，病株矮化，少数能抽穗但不实或粒秕。重病株心叶卷缩不能抽出，拔节前即死亡。

（二）发病规律

红矮病是由条纹叶蝉等昆虫传播的病毒病，叶蝉在病株上吸食获毒后可终身带毒、传毒。小麦苗期易受叶蝉危害传毒，拔节后抗性增强。早播麦田叶蝉发生量大，发病重，冬季较温暖干燥的年份有利发病。

（三）防治措施

参照丛矮病防治措施。

九、梭条斑花叶病毒病

小麦梭条斑花叶病毒病是土传病毒病，主要分布于我国长江流域、黄淮及西北小麦产区。重病麦田可减产30%以上。

（一）症状识别

小麦苗期开始发病，初期病株新叶出现褪绿梭形条斑，与绿色组织相间，形成花叶症状；拔节后症状明显，后期病斑逐渐扩散增多，整个病叶发黄枯死。发病植株矮化，分蘖减少，穗短小。

（二）发病规律

该病是由一种多黏菌传播的病毒病，多黏菌休眠孢子可在土壤中长期存活。主要通过病土、病根残体和病田流水自然传播，冬小麦秋播出苗后可被感染，但不表现症状，第二年返青后开始出现病症。小麦越冬期病毒呈潜伏状态，小麦成熟前形成休眠孢子，麦收后病毒随休眠孢子越夏。

（三）防治措施

选用抗耐病品种。合理调整作物布局，小麦与绿肥禾本科作物（非寄主作物）实行稻茬轮作。零星发病可用溴甲烷、二溴甲烷或冰醋酸等进行土壤处理。

十、土传花叶病毒病

小麦土传花叶病毒病主要发生在长江中下游冬麦区、西南冬麦区及黄淮冬麦区，主要危害小麦，也可危害大麦。发病麦田可造成10％～70％的产量损失。

（一）症状识别

发病初期新叶产生褪绿小点或小条斑，随病情发展，逐渐扩大形成黄绿相间斑块，后形成不规则淡黄色条斑或斑纹，呈黄色花叶状。小麦秋苗很少表现症状，早春症状明显。感病小麦植株矮化，穗小粒少，籽粒瘪瘦。

（二）发病规律

该病是由一种多黏菌传播的病毒病，侵染循环与小麦梭条斑花叶病毒病相似。主要以土壤及病残体传播。带病毒的多黏菌侵染小麦幼苗根部，小麦成熟前形成休眠孢子堆，病毒在休眠孢子堆中越夏。低温高湿有利于多黏菌生长发育，土壤温度15～18℃且湿度较大时有利于休眠孢子萌发和游动孢子侵染。小麦秋苗感病后一般不表现症状，第二年返青后症状明显。

（三）防治措施

参考梭条斑花叶病毒病防治措施。

十一、小麦黑条矮缩病

黑条矮缩病除危害小麦外，还危害大麦、玉米、水稻、高粱、谷子等作物，在小麦玉米主要产区均有不程度发生。小麦黑条矮缩病主要发生在长江中下游冬麦区。

（一）症状识别

发病幼苗生长缓慢，叶色深绿，分蘖增多，在新叶两侧边缘产生锯齿状缺刻。植株矮化，不能抽穗。拔节后发病植株较矮，叶色浓绿，叶片刚直，抽穗迟，穗小粒秕。

（二）发病规律

黑条矮缩病是由灰飞虱和白背飞虱传播的病毒病。病毒在寄主植物及带毒昆虫体内越、越夏。带毒昆虫吸食健株引起发病。本病发生主要是在晚稻收获后飞虱迁入麦田造成的。晚稻田飞虱数量和发病情况对小麦发病有重要影响。晚稻田飞虱越多、发病越重，小麦发病越重。

（三）防治措施

选用抗耐病品种，创造不利于传毒昆虫发生的条件。药剂防治参考小麦丛矮病防治措施。

十二、小麦腥黑穗病

小麦腥黑穗病是世界性病害，我国大部分麦区均有发生，主要有网腥黑穗病和光腥黑穗病，主要危害麦穗和籽粒，小麦发病可导致严重减产，且使籽粒及面粉品质降低。

（一）症状识别

病株一般较矮，分蘖增多，病穗较短而直立，初为灰绿色，后变为灰白色，颖壳外张露出病粒，病粒短而肥，外包一层灰褐色膜，内充满黑粉。由于病菌冬孢子内含三甲胺，故带有鱼腥味，腥黑穗病因此而得名。

（二）发病规律

腥黑穗病是由真菌引起的病害，其形成的黑粉即为病菌的冬孢子，条件适宜时冬孢子萌发形成孢子侵染小麦。腥黑穗病属幼苗侵染型，其病菌（黑粉）在脱粒时飞散，可黏附于种子表面或落入田间土壤，小麦播种发芽时，冬孢子从叶鞘侵入麦苗，随植株生长，最终在穗部造成危害，一年只侵染一次；小麦芽鞘出土后只有通过伤口才能侵入，一般地下害虫危害重的地块发生较重。

（三）防治措施

选用抗病品种。建立无病种子田。药剂拌种：可用三唑酮

（粉锈宁）按种子重量的 0.3%有效成分拌种，或用 12.5%特谱唑按种子量的 0.3%～05%拌种；也可用 50%多菌灵可湿性粉剂 100 克，对水 5 千克，拌种 50 千克。拌种后堆闷 6 小时后播种。

十三、散黑穗病

小麦散黑穗病在我国各类麦区均有发生，在冬麦区长江流域发生较重，在春麦区东北地区发病较重。发病后直接危害麦穗，造成减产。

(一) 症状识别

病株抽穗略早，其小穗全部为病菌破坏，子房、种皮和颖片均变为黑粉，初期病穗外包一层灰色薄膜，病穗抽出后不久膜即破裂，黑粉（厚垣孢子）随后飞散，仅剩穗轴。

(二) 发病规律

散黑穗病是由真菌引起的病害，其形成的黑粉即为病菌的冬孢子，条件适宜时冬孢子萌发形成孢子侵染小麦。散黑穗病属花器侵染型，带菌种子是传播此病的唯一途径。病害发生与空气湿度关系很大。扬花期若空气湿度大、阴雨多，对病菌冬孢子萌发和侵入有利。一般当年种子带菌率高，次年发病就重。

(三) 防治措施

选用抗病品种。建立无病种子田。药剂拌种：可用三唑酮（粉锈宁）按种子重量的 0.3%有效成分拌种，或用 12.5%特谱唑按种子量的 0.3%～05%拌种；也可用 50%多菌灵可湿性粉剂 100 克，对水 5 千克，拌种 50 千克。拌种后堆闷 6 小时后播种。喷药防治：20%三唑酮或 50%多菌灵、70%甲基托布津等在发病初期喷雾防治。

十四、小麦秆黑粉病

小麦秆黑粉病在我国多数小麦产区均有发生，但主要发生在北部冬麦区。

（一）症状识别

小麦幼苗期即可发病，拔节后开始表现症状。发病部位主要在小麦茎秆、叶鞘和叶片上。感病部位初期呈淡灰色条纹与叶脉平行，孢子堆逐渐隆起，最后导致表皮破裂，散出黑粉（厚垣孢子）。发病植株矮小畸形，分蘖增多。多数病株不能抽穗即枯死，少数能抽穗的也多不能结实或籽粒秕瘦。

（二）发病规律

以土壤传播为主，小麦收获前病株上的厚垣孢子落入土中，收获后部分病株遗留田间，翻入土中，病菌孢子在干燥地区土中可存活3～5年，带病的种子也可传播。小麦播种后，病菌在幼苗出土前从叶鞘侵入生长点，进而侵入叶片、叶鞘和茎秆。该病发生程度与小麦发芽期土壤温度有关，一般土温平均在14℃以下或21℃以上不适宜病菌侵染，以20℃最适宜侵染。病菌只侵染未出土的小麦幼芽，播种时墒情差、播种过深等不利于小麦出苗的情况可能加重病害发生。

（三）防治措施

参照小麦散黑穗病的防治措施。

十五、小麦全蚀病

小麦全蚀病广泛分布于世界各主要小麦产区，是一种毁灭性病害。在我国华北，西北均有发生。近年来病害蔓延到长江流域，在局部造成严重危害。一般发病麦田减产10%～20%，重者可达50%以上，甚至绝收。除危害小麦外，还能危害杂草和其他麦类作物，以及玉米、谷子等禾本科作物。

（一）症状识别

小麦全蚀病在整个生育期均可发生，主要危害植株根部和茎基部。幼苗期轻病株地上部没有明显症状；重病株略矮，根变黑，严重时造成成片枯死；拔节期病株叶片自下而上发黄，根变黑、茎基部及叶鞘内侧产生灰褐色菌丝层；抽穗灌浆期病株出现早枯的穗，根全变黑腐烂，茎基层叶鞘内侧布满黑褐色菌丝层，形成典型“黑脚”症状，潮湿条件下，在菌丝层上形成黑色子囊壳。由于基部受害，受害株略矮化，叶变黄，分蘖少，重者枯死或形成白穗。

（二）发病规律

小麦全蚀病菌寄主很广。该病初次侵染源主要是带菌的土壤、种子和粪肥。土壤温度在12～18℃时，适于侵染。小麦播种越早，发病越重。小麦全蚀病在田间有自然衰退现象，即一般地块连续发病数年，病情加重至高峰后，会衰退下降，即所谓“病害搬家”。

（三）防治措施

选用抗病品种，合理轮作。药剂拌种：用20％粉锈宁乳油按种子量0.03％～0.05％有效成分拌种，或用种子量0.2％的20％立克秀和50％多菌灵混合拌种，不仅可防治全蚀病，还可兼治小麦纹枯病和根腐病。药剂喷雾：用20％粉锈宁乳油对水，于早春返青拔节期，对重病田进行喷雾防治。

十六、麦类麦角病

麦角病在我国分布广泛，尤其以黑龙江、河北、新疆和内蒙古等地区发生较多。主要危害黑麦，也危害小麦和大麦。

（一）症状识别

病菌主要危害花部，花器受侵染后先产生黄色蜜状黏液，其后花部逐渐膨大变硬，形成紫黑色长角状菌核，称为麦角，突出穗外。麦角的大小与寄主植物有关，一般长1～3厘米，直径0.8厘米左右。

（二）发病规律

病菌菌核在土壤中越冬，一般只能存活一年，春季菌核萌发出土，产生大量子囊孢子，借风、雨、昆虫等传播到寄主植物花部，不断侵染小花，开花期越长，侵染越多。春季地面湿润时，有利于菌核发芽，寄主植物开花期间遇雨有利于病菌传播和侵染。

（三）防治措施

一是选用不带菌核的种子。二是清除杂草和自生麦苗，减少菌源。三是秋季深耕，将菌核深埋土中，使其不易发芽或发芽后不易出土。四是非禾本科作物倒茬轮作。

十七、小麦根腐病

小麦根腐病俗称白穗病。全国各类麦区均有不同程度的发生，在东北春麦区以苗腐、叶枯和穗腐为主，西北麦区主要危害根部和茎基部，近年来有加重发生的趋势。据调查，在大田病穗率达到5%时，产量损失可达3%以上，病穗率达15%时，产量损失10%以上。

（一）症状识别

小麦叶、茎、根、穗、粒均可受害，但以根茎部受害为主。在茎秆基部、叶鞘形成黑褐色条斑或梭形斑，根部产生褐色或黑色病斑，引起不同程度茎腐或根腐，进而造成死苗、死茎或死穗。叶片病斑初为梭形小褐斑，后扩大成椭圆形或较长不规则形，病斑可相互连成大块枯死斑，严重时造成整个叶片枯死。穗部受害时，初在颖壳上形成不规则病斑，穗轴和小穗枝梗变成褐色，进而造成死穗或籽粒秕瘦。种子受害时，病粒胚尖或全胚黑褐色。根腐病也可以发生在胚乳的腹背或腹沟部位，病斑梭形，边缘褐色，中间白色，形成花斑粒。

（二）发病规律

小麦根腐病是一种比较严格的土壤寄居菌引起的，其病菌在土壤中适应范围比较狭窄，病残体的菌丝体是小麦根腐病的主要初侵染源。本病在整个生育期都可发生，但以苗期侵染为主。病菌可以从幼苗种子根、胚芽、胚芽鞘、节间侵入组织，侵染越早发病越重。禾谷类作物连作及一年两熟地区小麦、玉米复种或间作套种，有利于病菌积累和传递；土壤pH值高、有机质少、肥力低下的土壤以及冬、春低温和后期干热风等不良因素都会加重病害的发生。

（三）防治措施

一是选用抗病和抗逆性强的品种，并合理轮作，适当倒茬，破坏病菌的传递链。二是培肥地力，加强小麦管理，培育壮苗，增强小麦的抗病能力。三是化学防治，用6%立克秀悬浮种衣剂拌种。

大田喷药可用20%粉锈宁乳剂或15%粉锈宁可湿性粉剂，按药品使用说明进行喷雾防治，还可兼治纹枯病和白粉病。

十八、小麦霜霉病

小麦霜霉病是一种分布较广的土传病害，在我国北部冬麦区、黄淮冬麦区、长江中下游麦区、西北麦区等均有发生，一般田块发病率在5%以下，重病田可达40%以上。一般麦田发病率5%时，产量损失2%左右，发病率20%，产量损失10%左右。

(一) 症状识别

小麦全生育期均可发病，使整个植株表现症状，春小麦苗期、冬小麦返青后开始出现症状，病株矮小，叶色淡绿，心叶黄白色，较细，有时扭曲，叶肉部分较黄，呈条纹状。在低温潮湿条件下，病叶可见白色小点（病菌孢子囊），孢子囊多而密时，形成较厚的灰白霜层。部分病株在拔节前枯死，未死病株拔节后明显矮化，叶部可见条纹。旗叶宽大肥厚，叶面扭曲不平，旗叶和穗畸形，籽粒秕瘦。

(二) 发病规律

在淹水的情况下，病菌自幼苗侵入。病残组织中的卵孢子是病害的初侵染源，它们可在土壤中越冬，也可夹杂在种子中越冬和传播。野燕麦、披碱草等杂草上的菌源也是初侵染源之一。淹水有利于卵孢子萌发和侵入，麦田中低洼淹水处发病重，淹水时间越长发病越重。小麦重茬也有利于发病。

(三) 防治措施

一是选用抗病品种，小麦品种对霜霉病抗性有明显差异，要淘汰感病品种，选用抗病性强的优良品种。二是种子处理，用35%阿普隆100～150克拌种子50千克，或15%甲霜灵75克拌种子50千克，拌后立即播种。三是加强管理，适当轮作。平整土地，适量灌水，避免苗期田间淹水。与非禾本科植物轮作，及时清除田间杂草及病残组织，减少初侵染源。

十九、小麦粒线虫病

小麦粒线虫病在全国各麦区都有发生，除危害小麦外，还能侵害黑麦、燕麦等。

（一）形态特征

成虫肉眼可见，虫体线形，两端尖，头部较钝圆。雌虫肥大，卷曲成发条状，大小为3～5毫米×0.1～0.5毫米，雄虫较小，不卷曲，大小为1.9～2.5毫米×0.07～0.1毫米。产卵于绿色虫瘿内，散生，长椭圆形。一龄幼虫盘曲在卵壳内，二龄幼虫针状，头部钝圆，尾部细尖。

（二）危害症状

小麦受害后，全生育期均能表现症状。苗期受害分蘖增多，植株矮小，叶片皱缩，茎秆弯曲，节间缩短，心叶抽出困难导致变形，甚至枯死。受害植株麦穗短小，颜色深绿，难以黄熟。穗期表现病穗颖壳开张，可见虫瘿，初为深绿，后变褐色呈坚硬小粒，顶端有小沟，虫瘿比健粒粗短，若加一滴水，可见有线虫游出。

（三）发生规律

虫瘿内幼虫抵抗不良环境的能力极强，混杂在种子中的虫瘿是远距离传播的主要来源。当虫瘿与小麦种子同时播入土壤中后，虫瘿吸水变软，幼虫钻出虫瘿，小麦出苗后，幼虫侵入小麦组织，随幼苗生长向上爬行危害叶片、幼穗，在种子内营寄生生活。

（四）防治措施

一是选用无病种子，加强检疫，防止带有虫瘿的种子远距离传播。清除种中的虫瘿，可用清水选，将麦种倒入清水中迅速搅动，捞出上浮的虫瘿，整个操作应在10分钟内完成，以防止虫瘿吸水下沉。也可用20%盐水选，清除虫瘿效果更好。二是药剂处理种子，用甲基异柳磷按种子量的0.2%拌种，每100千克种子用药200克对水20千克，均匀拌种后闷种4小时，即可播种。

二十、小麦叶枯病

小麦叶枯病是世界性病害，由多种病原菌引起。在我国主产麦区均有发生。小麦受害后，籽粒灌浆不饱满，粒重下降，造成减产。

（一）症状识别

主要危害小麦叶片和叶鞘，有时也危害穗部和茎秆。小麦拔节至抽穗期危害最重，受害叶片最初出现卵圆形浅绿色病斑，逐渐扩展连成不规则黄色病斑。病斑继续发展，可使叶片变成枯白色。病斑上散生黑色小粒，即病菌分生孢子器。一般下部叶片先发病，逐渐向上发展。

（二）发病规律

在冬麦区，病菌在小麦残体或种子上越夏，秋季侵入幼苗，以菌丝体在病株上越冬，翌年春季病菌产生分生孢子传播危害。春麦区，病菌在小麦残体上越冬，翌年春季产生分生孢子传播危害。小麦残体和带菌种子是病害的主要初侵染源，低温多湿有利于此病发生和扩展。

（三）防治措施

一是选用抗病、耐病品种。二是药剂拌种，用6%的立克秀悬浮种衣剂按种子量的0.03%～0.05%（有效成分）或三唑酮按种子量的0.015%～0.02%（有效成分）拌种；也可用50%多菌灵可湿性粉剂0.1千克，对水5千克，拌种50千克，然后闷种6小时，可兼治腥黑穗病。三是田间喷药，重病区于小麦分蘖前期用多菌灵或百菌清喷雾防治，每隔7～10天喷一次，连喷2次，可有效控制叶枯病危害。

二十一、小麦雪腐病

小麦雪腐病是真菌性病害，主要发生在新疆冬春麦区的冬小麦产区。严重发生的年份，田间病株死亡率可达50%以上，造成缺苗断垄，减产严重。

（一）症状识别

主要危害小麦幼苗的根、叶鞘及叶片，受害部位满布灰白色松软菌丝，随后形成褐色或黑色菌核，叶片呈水渍状。病部组织烂腐、病叶极易破碎，导致植株萎伏地面枯死。一般容易发生在有雪覆盖或刚刚融化的麦田。

（二）发病规律

菌核脱落田间或混入粪肥中，以菌核随病残体在土壤或粪肥中生活，成为以后感染的主要来源。秋季土壤湿度适宜时，菌核萌发产生担孢子，借气流传播，从根、叶和叶鞘处侵入。低温高湿的环境有利于雪腐病发生，在新疆过晚播种的冬小麦容易发病。

（三）防治措施

选用抗病品种，合理轮作。雪腐病主要是土壤传播，合理轮作可有效减轻或控制病害，适宜轮作的作物有玉米、苜蓿、大豆、棉花等，也可与春小麦倒茬，避开冬季积雪造成的发病条件。药剂拌种，用40％多菌灵超微可湿粉按种子重量0.3％拌种，防效可达90％以上。

第二节　常见小麦虫害防治技术

一、麦蚜

麦蚜在全世界都有分布，可危害多种禾本科作物。从小麦苗期到乳熟期都可危害，刺吸小麦汁液，造成严重减产。麦蚜还可传播小麦黄矮病病毒。我国常见的麦蚜有麦长管蚜（全国主要麦区均有发生）、麦二叉蚜（主要分布在北方冬麦区）、禾缢管蚜（主要分布在华北、东北、华南、西南各麦区）、麦无网长管蚜（主要分布在河北、河南、宁夏、云南等地）四种，是小麦的主要害虫。

（一）形态特征

麦长管蚜：成蚜椭圆形，体长1.6～2.1毫米，无翅雌蚜和有翅雌蚜体淡绿色，绿色或橘黄色，腹部背面有2列深褐色小斑，腹管长圆筒形，长0.48毫米，触角比体长，又有“长须蚜”之称。

麦二叉蚜：成蚜椭圆形或卵圆形，体长 1.5～1.8 毫米，无翅雌蚜和有翅雌蚜体均为淡绿色或绿色，腹部中央有一深绿色纵纹，腹管圆珠笔筒形，长 0.25 毫米，触角比体短，有翅雌蚜的前翅中脉分为二支，故称“二叉蚜”。

禾缢管蚜：成蚜卵圆形，体长 1.4～1.6 毫米，腹部深绿色，腹管短圆筒形，长 0.24 毫米，触角比体短，约为体长的 2/3，有翅雌蚜前翅中脉分支 2 次，分支较小。

麦无网长管蚜：成蚜长椭圆形，体长 2.0～2.4 毫米，腹部白绿色或淡赤色，腹管长圆形，长 0.42 毫米，翅脉中脉分支 2 次，分支大，触角为体长的 3/4。

（二）发生规律

麦蚜在温暖地区可全年孤雌生殖，不发生性蚜世代，表现为不全周期型；在北方则为全生活周期型。从北到南一年可发生 10～30 代。小麦出苗后，麦蚜即迁入麦田危害，到小麦灌浆期是麦田蚜虫数量最多、危害损失最重的时期。蜡熟期产生大量有翅蚜飞离麦田，秋播麦苗出土后又迁入麦田危害。

（三）防治措施

防治标准：在小麦扬花灌浆初期百株蚜量超过 500 头，天敌与麦蚜比在 1∶150 以下时，应及时喷药防治。药剂防治：每亩用 90％万灵粉 10 克或 40％乐果乳油 40 毫升、2.5％敌杀死乳油 10 毫升，对水 50 千克，均匀喷雾。

二、小麦吸浆虫

小麦吸浆虫分为麦红吸浆虫和麦黄吸浆虫两种。麦红收浆虫主要分布在黄淮流域以及长江、汉水和嘉陵江沿岸产麦区；麦黄吸浆虫主要发生在甘、青、宁、川、黔等省高寒、冷凉地带。小麦吸浆虫是一种毁灭性害虫，可造成小麦严重减产。

（一）形态特征

麦红吸浆虫成虫体橘红色，密被细毛，体长 2～2.5 毫米，触角基部两节橙黄色，细长，14 节念珠状，各节具两圈刚毛；足细长，前翅卵圆形，透明，翅脉4条，后翅为平衡棒，腹部9节。幼虫长2.5～3毫米，长椭圆形，无足蛆状。麦黄吸浆虫成虫体鲜黄色，其他特征与麦红吸浆虫相似。

（二）发生规律

两种吸浆虫多数一年一代，也有一年多代，以幼虫在土中做茧越夏、越冬，翌春由深土层向表土移动，遇高湿则化蛹羽化，抽穗期为羽化高峰期。羽化后，成虫当日交配，当日或次日产卵。麦红吸浆虫只产卵在未扬花麦穗或小穗上，扬花后即不再产卵。麦黄吸浆虫主要选择在刚抽出的麦穗上产卵。吸浆虫的幼虫由内外颖结合处钻入颖壳，以口器锉破麦粒果皮吸取浆液。小麦接近成熟时即爬到颖壳外或麦芒上，随雨滴、露水弹落入土越夏、越冬。

（三）防治措施

选用抗虫品种。在重发区实行轮作倒茬。药剂防治：在小麦抽穗、成虫羽化出土或飞到穗上产卵时，结合治蚜，喷撒甲敌粉；也可用40%乐果乳油、50%辛硫磷乳油、80%敌敌畏乳油2 000倍液，或20%杀灭菊酯乳油4 000倍液喷雾防治。

三、麦蜘蛛

麦蜘蛛是取食麦类叶、茎的害螨，在我国主要有麦长腿蜘蛛和麦圆蜘蛛两种。麦长腿蜘蛛主要发生在北纬34°～43°地区，即长城以南、黄河以北麦区，以干旱麦田发生普遍而严重。麦圆蜘蛛主要发生在北纬27°～37°地区，水浇地或低湿阴凉麦田发生较重。有些地区两种蜘蛛混合发生。

（一）形态特征

麦蜘蛛一生有卵、幼虫、若虫、成虫4个虫态，麦长腿蜘蛛雌成螨体卵圆形，黑褐色，体长0.6毫米，宽0.45毫米，成螨4对足，第一对和第四对足发达。卵呈圆柱形。幼螨3对足，初为鲜红色，取食后呈黑褐色。若螨4对足，体色、体形与成螨相似。麦圆蜘蛛成螨卵圆形，深红褐色，背有1红斑，4对足，第一对足最长。卵椭圆形，初为红色，渐变淡红色；幼虫有足3对。若虫有足

4 对，与成虫相似。

（二）发生规律

麦长腿蜘蛛在长城以南黄淮流域一年发生 3～4 代，在山西北部一年发生 2 代，均以成螨和卵在麦田土块下、土缝中越冬。翌年 3 月越冬成螨开始活动，4 月中、下旬为第一代危害盛期，以滞育卵越夏。成、若螨有群聚性和弱负趋光性，在叶背危害。麦长腿蜘蛛以孤雌生殖为主，也可部分进行两性生殖。麦圆蜘蛛一年发生 2～3代，以成螨和卵在麦株、土缝或杂草上越冬。越冬成螨休眠而不滞育，气温升高时即开始活动，危害麦苗。3 月下旬种群密度迅速增加，形成第一个高峰。主要危害小麦叶片，其次危害叶鞘和嫩穗，麦圆蜘蛛为孤雌生殖，低洼潮湿麦田发生严重。

（三）防治措施

倒茬轮作，及时清理田间地头杂草、可减轻麦蜘蛛危害。药剂防治：用 40％乐果乳油 1 000 倍液或 20％哒螨灵 1 000～1 500 倍液、50％马拉硫磷 2 000 倍液喷雾防治，对两种麦蜘蛛均有较好防治效果。撒施毒土：用 5％乐果毒土顺垄撒施。

四、麦叶蜂

麦叶蜂俗称小黏虫，发生普遍，广泛分布于华北、东北、华东等地，常与黏虫混合发生。近年来，一些高产麦田随水肥条件改善和群体增加，麦叶峰发生危害有上升趋势。主要危害麦类，幼虫取食小麦或大麦叶片，严重时可将麦叶吃光。

（一）形态特征

成虫体长 8～9 毫米，雌蜂较大，雄蜂较小，体黑色微有蓝色，前胸背板、中胸背板前盾片、翅基片赤褐色，翅膜质、透明，头部有网状花纹，复眼大，雌蜂腹末有锯齿状产卵器。卵肾形，淡黄色，长 1.8 毫米。幼虫 5 龄，体长 17.1～18.8 毫米，圆筒形，头褐色，胸腹部绿色，背面带暗蓝色。蛹长 9～9.8 毫米，初化蛹时为黄白色，羽化前棕黑色。

（二）发生规律

麦叶蜂一年一代，以蛹在土中越冬。翌年3月羽化为成虫，产卵于叶背主脉两侧组织。4月上旬至5月上旬幼虫危害叶片。5月中旬老熟幼虫入土做土室，滞育越夏，到10月中旬蜕皮化蛹越冬。成虫和幼虫均具假死性。冬季温暖，土壤墒情好时，越冬蛹成活率高，麦叶蜂则发生危害重。

（三）防治措施

人工捕杀：利用成虫和幼虫的假死性，傍晚用捕虫网或簸箕捕杀。

药剂防治：在幼虫孵化盛期，当麦田每平方米有幼虫50头时，用40%乐果乳油1 500倍液或80%敌敌畏乳油1 000倍液、90%敌百虫1 500倍液、2.5%敌杀死乳油4 000倍液，均匀喷雾防治。也可用2.5%敌百虫粉、1.5%乐果粉，每亩1.5～2.5千克，喷粉防治。

五、麦秆蝇

麦秆蝇是我国小麦的重要害虫之一，除危害小麦外，也可危害大麦和黑麦等。主要分布在冀、豫、鲁、晋、陕、甘、宁、青、新及内蒙古，以幼虫蛀秆危害，造成减产。

（一）形态特征

雌成虫体长3.7～4.5毫米，体黄绿色，复眼黑色，触角黄色，胸部背面有3条深色纵纹，幼虫体细长，淡黄绿至黄绿色，口钩黑色。

（二）发生规律

在冬麦区一年发生4代，春麦区一年发生2代。第一代幼虫是主要危害代。幼虫蛀茎危害，在分蘖拔节期造成枯心苗，在孕穗期造成烂穗，在抽穗初期则造成白穗。在冬麦区以幼虫在小麦秋苗上越冬，在春麦区以幼虫在野生寄主上越冬。

（三）防治措施

选用抗（避）虫品种。

药剂防治：用50%甲基对硫磷乳油或50%辛硫磷乳油2 000倍液喷雾，也可用80%敌敌畏与40%乐果乳剂1∶1混合2 000倍液喷雾，对成虫和幼虫均有很好的防治效果。

六、麦茎蜂

麦茎蜂在我国分布较广，湖北、河南、陕西、甘肃和青海等小麦产区均有发生。以幼虫在小麦茎秆中危害，小麦受害后极易倒伏，造成减产。

（一）形态特征

成虫体长8～11毫米，黑色；触角丝状、19节。咀嚼式口器。腹部黑色，腹部侧板前缘前角有1黄色斑，雄成虫体形瘦小，腹部纤细。雌成虫体形较大，腹部丰满。

（二）发生规律

一年一代，以老熟幼虫在小麦根茬作茧越冬，4月中旬至6月上旬化蛹，5月上旬至6月下旬羽化，5月中旬至6月中旬产卵，幼虫从5月下旬至6月中旬在小麦茎秆中取食危害。

（三）防治措施

以农业措施防治为主，化学防治为辅。重发区应进行深翻土壤，轮作倒茬。化学防治可采用土壤处理，在麦茎蜂羽化出土盛期撒施甲基异柳磷毒砂，每亩用40%甲基异柳磷乳油250～300毫升拌沙土30千克，均匀撒入麦田。在成虫期也可采用喷雾防治，用90%晶体敌百虫2 000～3 000倍液或48%乐斯本每亩25毫升对水50千克喷雾。

七、蛴螬

蛴螬俗称地蚕，是多种金龟子的幼虫。在地下害虫中种类最多，危害最重，分布最广，我国主要危害种类为铜绿明金龟、大黑鳃金龟、暗黑鳃金龟及黄褐丽金龟，其食性很杂，可危害几乎所有大田作物、蔬菜、果树等。幼虫主要咬食种子、幼苗、根茎、地下块茎、果实。成虫则危害豆类等作物以及果树的叶片、花等组织。

（一）形态特征

铜绿丽金龟：成虫体长16～22毫米，宽8～12毫米，背部有铜绿光泽，并密布小刻点，腹面黄褐色，背部有2条纵肋。幼虫共3龄，老熟幼虫体长30～33毫米，体色污白，呈C形，头部前顶每侧6～8根刚毛，排成1列，肛门横裂型，肛腹板刚毛群中有2列平行刺毛列，每列15～18根。

大黑鳃金龟：成虫体长17～22毫米，长椭圆形，黑褐色或深黑色，有光泽，鞘翅有3条明显纵肋，两翅合缝处也呈纵隆起，体末端较钝圆，幼虫乳白色，共3龄，老熟幼虫体长40毫米左右，头部橘黄色，前顶刚毛每侧3根，体弯曲成C形，肛腹板仅有钩状刚毛群，无刺毛列，肛门三裂型。

暗黑鳃金龟：成虫与大黑鳃金龟色相似，区别在于体无光泽，密被细毛，鞘翅4条纵肋不明显，体末端有棱边，幼虫区别在于头部前顶刚毛每侧1根，位于冠缝旁。

黄褐丽金龟：成虫体长12～17毫米，体型长卵形，背赤褐色或黄褐色，有光泽，鞘翅上具有3条不明显纵肋，密生刻点。幼虫体长25～35毫米，呈C形，乳白色，头部前顶刚毛每侧5～6根，排成纵列。

（二）发生规律

大黑鳃金龟：两年发生1代，以成虫和幼虫在土中隔年交替越冬。华北地区成虫4～5月出土危害，幼虫孵化后危害夏播作物或春播作物根系及块茎、果实，8月以后危害加重，秋收后还可继续危害冬麦，后潜入深层土越冬。越冬幼虫出土后则危害春播作物种子、幼苗及冬麦苗，5～6月入土做土室化蛹，7月为羽化期，刚羽化的成虫原地越冬。

铜丽绿金龟、暗黑鳃金龟、黄褐丽金龟：均一年发生1代，多以3龄幼虫在土中越冬，开春上升危害，4～5月是危害盛期，5月开始化蛹，6～7月为羽化盛期，随即大量产卵，8月进入3龄盛期，严重危害各种大秋作物及冬麦，9～10月开始准备下移越冬。

金龟子多昼伏夜出，有强趋光性及假死性，对未腐熟的厩肥及腐烂有机物有强趋性，幼虫在土中水平移动少，多因地温上下垂直移动。

（三）防治措施

主要以化学防治为主。药剂拌种：同蛴螬防治。或者于生长期喷药、喷根等，用1.5%乐果粉或2.5%敌百虫粉剂每亩约2千克喷施，能有效防治成虫；也可用上述药剂1 000倍液喷雾；还可用毒土撒施于行间防治幼虫及成虫（参照蝼蛄防治），亩用50%辛硫磷乳剂300毫升或用上述药剂结合灌水灌入地中，均有效果。

诱杀成虫：可用黑光灯、未腐熟厩肥（置于地边）诱杀成虫，能减少虫口及次年虫源。

八、金针虫

金针虫为叩头虫的幼虫，属多食性地下害虫，俗称铁丝虫、姜虫子，成虫俗称叩头虫。我国主要有3种危害最重，即沟金针虫、细胸金针虫和褐纹金针虫。金针虫可危害多种作物（禾本科、薯类、豆类及棉麻果菜等），幼虫咬食种子、幼苗、幼根（被害呈不规则丝状）、块根、块茎等。沟金针虫在我国分别范围较广，但北方较南方重。

（一）形态特征

沟金针虫：成虫体长14～18毫米，宽3～5毫米，雌虫较粗壮，雄虫较细长，棕褐色至深褐色，密被细毛，前胸背板半球状隆起，后角尖锐，后翅退化，鞘翅纵列不明显，老熟幼虫长20～30毫米，身体扁平，多金黄色，体背中央有1细纵沟，臀节背面斜截形，密布粗刻点，末端分岔，内侧有1对齿状突起。

细胸金针虫：成虫体长8～9毫米，宽2.5毫米，暗褐色或黄褐色，密生黄茸毛，前胸背板略呈圆形，后角尖锐略向上翘，鞘翅狭长，每翅有9条纵列点刻。老熟幼虫体长23毫米，淡黄色，细长圆筒形，有光泽，臀节圆锥形，背面近基部有1对圆形褐斑，下有4条褐纵线，末端不分岔。

褐纹金针虫：成虫体长9毫米左右，宽3毫米，茶褐色，鞘翅上各有9条明显纵列刻点。幼虫体长25毫米左右，茶褐色，末端不分岔，但尖端有3个齿状突起。

三种金针虫的成虫均有叩头习性、假死性及趋光性，且对腐烂植株残体有趋性。

（二）发生规律

沟金针虫：每3年完成1代，以成虫和幼虫在土中做土室越冬。当年老熟幼虫8月份化蛹，9月份羽化，当年在原蛹室内越冬；越冬成虫3月出土，5月产卵于土下3～7厘米处，孵化后即开始危害，9月份进入第二次危害高峰，11月份开始越冬；越冬幼虫翌年3～5月是危害盛期，可危害冬麦及春播作物种子及幼苗，9月份为再次危害高峰，危害秋播及大秋作物，幼虫在10厘米土温10～18℃时危害最盛，11月开始越冬。在有机质含量较少、土质疏松的沙土地较严重（土壤湿度约15%～18%）。该虫6～8月有越夏现象。

细胸金针虫：多两年发生1代，以成虫和幼虫在土中越冬（深30～40厘米），越冬成虫3月开始出土活动，5月为产卵高峰期，孵出的幼虫随即开始危害作物，6月份进入越夏期，9月份又开始进入危害盛期，10～11月开始越冬。越冬幼虫3～5月份为危害高峰期，7月为化蛹期，8月份羽化后原地越冬。幼虫较耐低温，10厘米深土温7～12℃为危害盛期，超过17℃即停止危害，该虫春季危害早，秋季越冬迟，较严重。喜欢在有机质丰富、较湿的黏土地块生活（土壤湿度20%～25%）。成虫对新鲜枯萎草堆有强烈趋性，故可用此来诱杀。有越夏现象。

褐纹金针虫：约3年完成1代，以幼虫和成虫越冬。越冬成虫在5月份开始危害，6月份产卵，当年的幼虫即以3龄虫越冬，主要在9月份为第一次危害高峰。越冬幼虫3月份即开始危害，9月份为第二次危害盛期，第三年7、8月份化蛹羽化越冬。该虫适于高湿区（土壤湿度20%～25%），常与细胸金针虫混合发生，主要分布在西北、华北等地。

（三）防治措施

一是农业措施，可与棉花、油菜等金针虫不太喜欢的作物进行轮作。二是诱杀成虫，用新鲜草堆拌1.5%乐果粉进行诱杀，也可用黑光灯诱杀。三是药剂防治，若每平方米有虫4～5头即应防治，方法参照蛴螬。

九、蝼蛄

蝼蛄俗名“拉拉蛄”，几乎危害所有农作物、蔬菜等，在我国危害最重的是华北蝼蛄和东方蝼蛄。是咬食作物地下根茎部及种子的多食性地下害虫，经常将植株咬成乱麻状，或在地表活动，钻成隧道，使种子、幼苗根系与土壤脱离不能萌发、生长。进而枯死，从而造成缺苗断垄或植株萎蔫停止发育。

（一）形态特征

华北蝼蛄：成虫体长36～50毫米，黄褐色（雌大，雄小），腹部色较浅，全身被褐色细毛，头暗褐色，前胸背板中央有1暗红斑点，前翅长14～16毫米，覆盖腹部不到一半；后翅长30～35毫米，附于前翅之下。前足为开掘足，后足胫节背面内侧有0～2个刺，多为1个。

东方蝼蛄：成虫体型较华北蝼蛄小30～35毫米（雌大雄小），灰褐色，全身生有细毛，头暗褐色，前翅灰褐色，长约12毫米，覆盖腹部达一半；后翅长25～28毫米，超过腹部末端。前足为开掘足，后足胫节背后内侧有3～4个刺。

（二）发生规律

华北蝼蛄：约3年1代，以成虫若虫在土内越冬，入土可达70毫米左右。第二年春天开始活动，在地表形成长约10毫米松土隧道，为调查虫口的有利时机，4月份是危害高峰期，9月下旬为第二次危害高峰。秋末以若虫越冬。若虫3龄分散危害，如此循环，第三年8月份羽化为成虫，进入越冬期。其食性很杂，危害盛期在春秋两季。

东方蝼蛄：多数1～2年1代，以成、若虫在土下30～70毫米越冬。3 月份越冬虫开始活动危害，在地面上形成一堆松土堆，即隧道，4 月份是危害高峰，地面可出现纵横隧道，其若虫孵化 3 天即开始分散危害，秋季形成第二个危害高峰，成为对秋播作物的暴食期。可在秋末冬初部分羽化为成虫，然后成、若虫同时入土越冬。

两种蝼蛄均有趋光性、喜湿性，并对新鲜马粪及香甜物质有强趋性。卵产于卵室中，卵室深 5～25 毫米。

（三）防治措施

药剂拌种：可用 50%辛硫磷或 40%乐果乳油、50%对硫磷乳油、50%地亚农乳油、50%久效磷乳油，按种子量的 0.1%～0.2%药剂，对 10%～20%的水，对匀，均匀地喷拌在种子上，并闷种 4～12 小时再播种。

毒土、毒饵毒杀法：用上述药剂每亩用 250～300 毫升，加水稀释 1 000 倍左右，拌细土 25～30 千克制成毒土；或用辛硫磷颗粒剂拌土，每隔数米挖一坑，坑内放入毒土覆盖；也可用炒好的谷子、麦麸、谷糠等制成毒饵，于苗期撒施田间进行诱杀，并要及时清理死虫。还可用鲜马粪进行诱捕，然后人工消灭，可保护天敌。

十、地老虎

地老虎俗称土蚕、切根虫等，危害最重的是小地老虎和黄地老虎。可危害多种作物及蔬菜，其中包括棉花、玉米、高粱、粟、麦类、薯类、豆类、麻类、苜蓿、烟草、甜菜、油菜、瓜类以及多种蔬菜等。主要以幼虫取食作物子叶、嫩茎叶，严重时造成毁种重播。

（一）形态特征

小地老虎：成虫体长 16～23 毫米，翅展 42～54 毫米，体色暗褐色，前翅有明显带黑边肾形斑、环形斑、棒形斑各 1 个。在肾形斑外侧有 1 个尖端向外的楔形黑斑，其外又有 2 个尖端向内的剑形斑纹，三斑相对，很易识别，后翅淡黄色。幼虫共 6 龄，老熟幼虫黑褐色，长 37～47 毫米，圆筒形，头黄褐色，体表粗糙且布满大小不等的颗粒，体上 4 毛片排列呈梯形。卵为馒头形，散产于植物叶片及根茬上。蛹红褐色，长 18～24 毫米，末端有臀刺 1 枚。

黄地老虎：成虫体长 14～19 毫米，翅展 32～43 毫米，黄褐色。前翅有 1 明显黑褐色肾形斑、环形斑和楔形斑，后翅灰白色。幼虫长 33～45 毫米，头黑褐色，有不规则网纹，体为黄褐色，多皱纹，颗粒不明显；臀板暗褐色，中央有 1 条黄色纵纹，并且有许多分散小黑点。蛹长 15～20 毫米，腹部 5～7 节很有多小刻点。

（二）发生规律

小地老虎：在我国每年发生 2～7 代，北方 2～4 代。该虫在北方无法越冬，属于迁飞性害虫。成虫 3 月份迁飞至北方，在杂草及近地茎叶背和嫩茎或表土产卵，初孵幼虫在心叶内昼夜取食，5 月份为幼虫危害高峰，作物幼苗多受其害。3 龄后幼虫潜入土中，只在夜间危害，咬断幼苗茎，然后拖入土中取食；老熟幼虫潜入地下 3～5 厘米化蛹越冬，有假死性，受惊后可收缩成环形，最适发育温度 18～26℃，适宜相对湿度 50％～90％，高温或温度过低不利于其发生。主要发生在阴凉、潮湿、田间盖度大、杂草丛生、土壤湿度大的地方。成虫有趋光性、趋化性，尤其喜欢酸甜气味。幼虫在虫口密度大时有相互残杀习性。

黄地老虎：多与小地老虎混合发生，危害习性也与小地老虎相似。在北方每年发生 2～4 代，以老熟幼虫或少数蛹在土中越冬，冬小麦返青时开始活动，4～6 月是重危害期，总体发生比小地老虎约迟 1 个月。该虫在全国均为春秋两季为危害高峰，以春季为重，可危害多种作物幼苗，冬前代主要危害秋菜及冬小麦，然后越冬，成虫昼伏夜出，有趋光性；卵散产于作物或杂草根茬上，低龄幼虫在心叶危害，3 龄后则转至植物根部土中危害，与小地老虎相似。

（三）防治措施

诱杀成虫：可用黑光灯或杨树枝等诱集，再捕杀；也可用切碎的喷有药剂的毒草（喜食鲜草或小白菜叶），撒施或小堆堆放于田间诱杀，并及时清理死虫，以免复活。

药剂防治：参见其他地下害虫防治。也可于低龄幼虫时用50%辛硫磷乳油1 000倍液或2.5%敌杀死、20%速灭杀丁乳油2 000倍液均匀喷雾，均可有效防治。

十一、麦根蝽象

主要分布在我国华北、东北、西北及台湾。主要危害小麦、玉米、谷子、高粱等作物。成、若虫以口针刺吸寄主根部的营养，造成植物叶黄、秆枯，严重减产或点片绝收。

（一）形态特征

成虫体长约5毫米，近椭圆形，橘红至深红色，有光泽。前胸宽阔，小盾片为三角形，前翅基半部革质，端半部膜质，后翅膜质。前足腿节短，胫节略长；中足腿节较粗壮，胫节似短棒状，外侧前缘具1排扫帚状毛刺；后足腿节粗壮。触角5节，复眼浅红色，1对单眼黄褐色，头顶前缘具1排短刺横列。

（二）发生规律

华北地区两年发生1代，个别三年1代，以成虫或若虫在土中30～60厘米深处越冬。翌年越冬代成虫4月逐渐上升到耕作层危害和交尾，5月中下旬产卵，6月上旬至7月上中旬出现大量若虫，危害小麦、高粱、玉米等作物根部，若虫越冬后至翌年6～7月，老熟若虫羽化，若虫期和成虫期约需1年，条件不利时若虫期可长达2年。世代不够整齐，有世代重叠现象。西北地区两年1代，翌年越冬成虫于6～7月交配产卵。若虫于8月中旬至9月上旬孵化，10月下旬越冬，翌年4月中旬开始活动，4月下旬至7月中旬进入若虫危害期，7月下旬至8月中旬成虫羽化后越冬。于第三年成虫经补充营养，交配产卵，产卵前期15天。东北地区两年或两年半完成1代，越冬成虫于7月产卵，发育快的翌年8月羽化为成虫，当年以成虫越冬。发育慢的群体则需进行2次越冬，第三年6～7月羽化为成虫。该虫有假死性，能分泌臭液，在土中交配，把卵散产在20～30厘米潮湿土层里，产卵数粒至百余粒。干旱年份发生危害重。

(三) 防治措施

一是倒茬轮作，实行小麦与非禾本科作物轮作。二是药剂防治，在播前施用3%甲基异柳磷颗粒剂，亩用量3千克，撒在播种沟内进行土壤处理。也可在雨后或灌水后于中午喷撒2.5%甲基异柳磷或其他有机磷农药粉剂。

十二、叶蝉

叶蝉俗名浮尘子，在我国各作物上主要有大青叶蝉、黑尾叶蝉、白翅叶蝉、棉叶蝉等十多种，可以危害水稻、玉米、小麦等禾本科作物及大豆、棉花、马铃薯等作物，主要以成、若虫刺吸植株汁液，可使叶片枯卷、褪色、畸形甚至全叶枯死。该类虫还是病毒病的主要传播媒介。

(一) 形态特征

成虫体长数毫米，形似蝉，体色有绿、白、黄褐等。头顶圆弧形，翅为半透明，革质，颜色、斑纹各异，成虫喜跳跃、飞翔，卵产于叶片背面或叶鞘组织上；若虫多5龄，体褐色，灰白，黄绿等色，3龄以后出现翅芽，跳跃性好。该虫多群集危害，受惊后可斜向爬行或跳跃飞开。成虫有趋光性。

(二) 发生规律

每年发生十数代不等，世代重叠严重，可以卵、成虫在植物皮缝、杂草及土缝中越冬。翌年气温回升后便开始活动，适宜气温20～30℃，北方多在5～6月开始。气温高、天气阴湿有利于其发生危害，大雨可冲刷杀死大量虫口。因此，天气闷热时要注意该虫发展动态，预防灾情发生。由于其世代重叠，故危害高峰主要与天气有关，该虫可迁飞，是病毒病的又一传播媒介，可以传播多种病毒，因此，防治叶蝉也是防治病毒病的前提。叶蝉在北方到10月份大秋作物收获后便转移到冬麦等菜类作物危害一段时间后，进入越冬状态。

(三) 防治措施

选用抗虫、抗病品种。

成虫可用黑光灯诱杀，然后集中销毁。

药剂防治：于若虫低龄，或成、若虫群集时喷洒药剂，可用2.5%敌百粉或2%叶蝉散粉剂、5%西维因粉剂，每亩2～2.2千克，喷粉；也可用40%乐果1 000～1 500倍液或50%马拉硫磷等药剂均匀喷雾（要喷到害虫体上），主要集中于叶背面。

十三、黏虫

黏虫俗称行军虫、五色虫等，在全国大部分地区均有发生。主要危害麦类、玉米、谷子、水稻、高粱、糜子等禾本科作物和甘蔗、芦苇等。大发生时也可危害豆类、白菜、甜菜、麻类和棉花等。黏虫为食叶害虫，1～2龄幼虫仅食叶肉，3龄后蚕食叶片，5～6龄为暴食期，大发生时，幼虫成群结队迁移，常将作物叶片全部吃光，将穗茎咬断，造成严重减产甚至绝收。

（一）形态特征

成虫体长17～20毫米，翅展36～45毫米，头、胸部灰褐色、腹部暗褐色，前翅中央有淡黄色圆斑及小白点1个，前翅顶角有1黑色斜纹，后翅暗褐色，基部色渐淡，缘毛白色。雄虫体稍小，体色较深。卵半球形，白色或乳黄色。幼虫共6龄，老熟幼虫体长38毫米，体色变化很大，从淡黄绿到黑褐色，密度高时多为黑色，头红褐色，沿蜕裂线有一近八字形斑纹，体上有5条纵线。蛹长约20毫米，第5～7节背面近缘处有横脊状隆起，上具横列成行的刻点。

（二）发生规律

从北到南一年发生2～8代，成虫具有迁飞特性。第一代即能造成严重危害，以幼虫和蛹在土中越冬。3、4月份危害麦类作物，5、6月份化蛹羽化，6、7月份成虫危害小麦、玉米、水稻和牧草，8、9月份又化蛹羽化为成虫。成虫昼伏夜出，具强趋光性，繁殖力强，1只雌蛾产卵1 000粒左右，在小麦上多产于上部叶片尖端或枯叶及叶鞘内。幼虫亦昼伏夜出危害，暴食作物叶片等组织，有假死及群体迁移习性；喜好潮湿而怕高温干旱，群体大、长势好的麦田有利于其发生危害。

（三）防治措施

诱杀成虫：在成虫羽化初期，用糠醋液或黑光灯、杨树枝把诱杀成虫。

药剂防治：在幼虫3龄以前，每平方米有幼虫20头以上时，用2.5%敌百虫粉或5%马粒松粉、3.5%甲敌粉、5%杀螟松粉等，每亩1.5～2.5千克，喷粉防治；也可用90%敌百虫1 000倍液或50%杀螟松1 000倍液、50%辛硫磷1 000～1 500倍液、2.5%敌杀死3 000倍液喷雾。

一般在田间发现病虫害时，要及时均匀喷药防治，时间掌握在上午9时以后，应避开阴雨天气，并应特别注意人身安全。

十四、麦穗夜蛾

麦穗叶蛾也叫麦穗虫。主要分布在内蒙古、甘肃、青海等省、自治区。以幼虫危害，初孵幼虫先取食穗部花器和子房，食尽后转移危害，2～3龄后在籽粒中潜伏取食，4龄后转移到旗叶吐丝缀连叶缘成筒状，日落后到麦穗取食，天亮前停食，每头幼虫可食害小麦30粒左右。

（一）形态特征

成虫体长16毫米，翅展42毫米左右，体黑褐色。前翅有明显黑色基剑纹，在中脉下方呈燕飞形，环状纹、肾状纹呈银灰色，边黑色。前翅外缘有7个黑点，密生缘毛；后翅浅黄褐色。卵呈圆形，初产乳白色，后变灰黄色，卵面有菊花纹。幼虫灰褐色，末龄体长33毫米左右，头部有一浅黄色八字纹，背线白色。蛹黄褐色或综褐色，长18～21.5毫米。

（二）发生规律

一年1代，以老熟幼虫在田间表土下越冬。翌年4月底至5月中旬幼虫在表土做茧化蛹，蛹期45～60天。6月中旬至7月上旬进入羽化盛期，成虫白天隐蔽在小麦植株或草丛下，黄昏时飞出活动，取食小麦花粉。在小穗颖内侧或子房上产卵，卵期约13天，幼虫 7 龄。幼虫危害期可达 60～70 天，9 月中旬幼虫开始在麦茬根际土壤内越冬。

（三）防治措施

诱杀成虫：利用成虫的趋光性，在 6 月上旬至 7 月下旬安装频振式杀虫灯或黑光灯诱杀成虫。化学防治：在幼虫 4 龄前喷洒菊酯类杀虫剂或 90％晶体敌百虫 1 000～1 500 倍液、50％辛硫磷乳油 1 000倍液，每亩 50 千克。4 龄后幼虫白天潜伏，应注意在日落后喷洒上述杀虫剂。

十五、小麦潜叶蝇

小麦潜叶蝇在华北部分麦田经常发生，被害株率一般 10％～20％。潜入叶中的幼虫取食叶肉，仅存表皮，造成小麦减产。

（一）形态特征

成虫体长约 3 毫米，体黑色，有光泽，前缘脉仅一次断裂，翅的径脉第一支刚刚到达横脉的位置。幼虫蛆状，体长 3～3.5 毫米，体表光滑，乳白色到淡黄色。

（二）发生规律

每年发生 2 代，10 月中旬初见幼虫，11 月中旬为第一代幼虫盛期。11 月下旬入土化蛹，翌年 2 月底 3 月初羽化，4 月中旬为第二代幼虫高峰期，也是田间危害盛期。5 月初落土化蛹。4 月 10 日前幼虫主要危害下部叶片，4 月下旬主要危害上部叶片，成虫有趋光性。

（三）防治措施

诱杀成虫：利用成虫的趋光性，在成虫羽化初期开始用黑光灯诱杀。药剂防治：在始盛期，每亩用 40％乐果乳油 50 毫升，对水 50 千克均匀喷雾。

十六、麦蝽

麦蝽又名臭斑斑。主要分布于西北各省区，河北、山西、江苏、浙江、吉林等省也有分布。麦蝽以口器刺吸叶片汁液，使受害麦苗出现枯心，或叶片上出现白斑、扭曲或变枯萎。小麦生长后期被害，可造成白穗或秕粒。

（一）形态特征

成虫体长 9～11 毫米，黄色或黄褐色，前胸背板有 1 条白色纵纹，背部密生黑色点刻，小盾板发达。卵为鼓状，长 1 毫米，初产时白色，孵化前变灰黑色。若虫共 5 龄，体长 8～9 毫米，黑色，复眼红色，腹部节间黄色。

（二）发生规律

每年 1 代，以成虫及若虫在杂草（尤其是芨芨草）、落叶或土缝中越冬。4 月下旬出蛰活动，先在杂草上取食，5 月初迁入麦田，6 月上旬产卵，卵期 8 天左右，6 月中旬进入孵化盛期。若虫危害期 40 天左右，危害后成虫或老熟若虫迁回杂草，9 月后陆续越冬。麦蝽白天活动，夜间或盛夏中午躲藏在植株下部或土缝中，以 13～15时最为活跃。成虫一般下午交尾，其后一天即可产卵，卵多产在植株下部或枯叶背面，每头雌虫可产卵 20～30 粒。一般茂密麦田发生偏重，灌水后易裂缝的黏土麦田比沙壤土麦田发生重。

（三）防治措施

农业防治：早春麦蝽出蛰前，清除并消毁越冬场所杂草，以减少虫源。化学防治：春季芨芨草或其他杂草返青时，越冬虫源多在芨芨草或其他杂草上取食，此时防治最为有效。可用 90%敌百虫 1.5～2 克对水 60 千克喷雾，也可用 80%敌敌畏乳油 1 500 倍液喷雾防治。

十七、小麦皮蓟马

小麦皮蓟马又名小麦管蓟马。主要分布在新疆麦区。主要危害小麦花器，在灌浆时吸食籽粒浆液，造成小麦籽粒秕瘦而减产。此外，还可危害麦穗的护颖和外颖，使受害部位皱缩、枯萎。

（一）形态特征

成虫体长 1.5～2 毫米，黑褐色。翅 2 对，边缘有长缨毛，腹部末端延长或管状，称尾管。卵初产白色，后变乳黄色，长椭圆形。若虫无翅，初孵淡黄色，后变橙红色，触角及尾管黑色，前蛹即伪蛹，淡红色，四周生有白毛。

（二）发生规律

一年发生1代，以若虫在麦茬、麦根处越冬，在4月上中旬日平均气温达到8℃时越冬若虫开始活动，5月上中旬进入化蛹盛期，5月下旬开始羽化为成虫，6月上旬为羽化盛期，羽化后成虫危害麦株。成虫危害及产卵时间仅2～3天。成虫羽化后7～15天开始产卵，卵孵化后，幼虫在6月上中旬小麦灌浆期危害最盛，7月上中旬陆续离开麦穗停止危害。小麦皮蓟马发生程度与前茬、小麦生育期等因素有关。连作或邻作麦田发生重，抽穗期越晚危害越重。

（三）防治措施

栽培措施：合理轮作，适时播种，清除杂草，减少越冬虫源。化学防治：小麦开花期用40%乐果乳油1 500倍液或80%敌敌畏乳油1 000倍液、50%马拉硫磷2 000倍液喷雾防治。

十八、薄球蜗牛

薄球蜗牛是一种雌雄同体、异体受精的软体杂食性动物，危害小麦、大麦、棉花、豆类及多种十字花科和茄科蔬菜。主要危害小麦嫩芽、叶片及灌浆期麦粒。

（一）形态特征

成贝体长35毫米左右，贝壳直径20～23毫米，灰褐色，共5层半，各层螺旋纹顺时针旋转。

（二）发生规律

一年发生1～1.5代，成螺或幼螺均能在小麦、蔬菜根部或草堆、石块、松土下越冬，3、4月份开始活动，危害小麦嫩叶，在小麦抽穗灌浆期，夜间爬到麦穗上取食籽粒浆液。一般在低洼潮湿的麦田发生较重。

（三）防治措施

每平方米有蜗牛3～5头时，用蜗牛敌500克拌炒香的棉籽饼粉10千克，于傍晚撒施于麦田，每亩5千克。也可用90%敌百虫

1 500 倍液喷雾防治。

十九、蝗虫

蝗虫俗称蚂蚱，种类很多，全世界已知有 1 万多种，我国有上千种。成群发生后即被称为蝗灾。蝗虫危害的作物很多，其中禾本科受害最重，成虫和幼虫均可咬食作物，严重时将所有绿色植物咬食一空，形成赤地千里的惨状，是农业上的重点预测防治对象。以下重点介绍东亚飞蝗和土蝗两类。

［**东亚飞蝗**］

东亚飞蝗是危害最重的蝗虫，喜食禾本科和莎草科作物和杂草。以小麦、玉米、高粱、水稻、谷子、甘蔗等受害最重，一般不取食双子叶植物。成虫和若虫均可造成危害，严重时可将作物吃成光秆或全部吃光，造成严重减产，甚至颗粒无收。

（一）形态特征

成虫体长 32～50 毫米，绿色或黄褐色，头顶较圆，口器上颚青蓝色，前胸背板中隆线发达，散居型略呈弧状隆起，群居型较平直，中隆线两侧有棕色纵纹，前翅褐色，有许多斑点，后足发达，具有很强的跳跃能力，其内侧基部黑色，近端部有黑环，胫节红色，外缘具刺 10～11 个。卵囊圆柱形，每个囊内有数十粒卵，卵粒长筒形，黄色。5 龄蝻虫体长约 26～40 毫米，群居型红褐色，散居型较浅，在绿色植物多的地方多为绿色。

（二）发生规律

东亚飞蝗以卵在土中越冬。由北往南每年发生代数渐增，我国北方一般 1～2 代，重发期在干旱少雨的季节，可分为秋蝗和夏蝗两次危害高峰。该虫发生与气候、水文、地理及植被等有关，蝗灾主要发生在水旱交替的低海拔区，大水过后裸露的浅滩是蝗虫产卵栖息的佳所，往往易发蝗灾，尤其干旱年份，蝗源多在浅湖低洼易涝地区，蝗虫在干旱季节取食量大增，随着龄期增长，食量不断增大，蝗蝻 2 龄以后群集于稀草地，并逐渐聚拢，一旦气候、水文等条件适宜就会起飞转移危害，其迁飞能力很强，主要咬食植株叶片及嫩茎、穗，严重时所过之处无存绿色植物。

（三）防治措施

重灾区要严查蝗虫动态，做好预报预测工作，一旦种群密度达到防治指标，必须采取有效的灭蝗方法，及时控制，防治指标一般为每平方米0.45头，防治时期为蝗蝻出土盛期至3龄前。防治措施：兴修水利，做到旱能浇、涝能排，并主动种植各种作物或林草，以提高覆盖度，造成不利于蝗虫生存发育的场所，也可造成其喜食食物缺乏，从而有效控制蝗虫发生。充分利用天敌，发挥其优势作用，可有效控制虫灾。药剂防治：要在临达防治指标前及时治理，严防群迁或起飞。可用毒土诱杀，用麦麸或米糠等100份，加水100份，及90%敌百虫（或40%氧化乐果乳油）0.15份，混合后撒施于地中。地面喷施可用40%氧化乐果乳油或40%久效磷、50%甲基1 605乳油、50%马拉硫磷、40%甲基异柳磷乳油，每公顷1～1.5千克，对水，地面喷施；还可用4%敌马粉剂每公顷25～30千克，喷粉防治。

［土蝗］

除东亚飞蝗外，其他蝗虫一般通称为土蝗，种类也很多，如短额负蝗、亚洲小东蝗、黄胫小东蝗、笨蝗以及中华稻蝗等。土蝗取食范围较广，除危害禾本科作物外，还危害棉、麻、花生、豆类、瓜类、马铃薯以及果蔬林木、杂草等，可将植物叶片咬成缺刻或孔洞，严重时全部食光。由于土蝗一般不具迁飞性，故其危害较东亚飞蝗小，但在局部地区却能给农业生产带来严重后果。

（一）形态特征

多数与东亚飞蝗相似，只是体型较小，飞翔能力较弱。

（二）发生规律

以卵在土中越冬，各地每年发生代数不等，可出现世代重叠。其防治指标为每平方米有蝗蝻5头或成虫3头，笨蝗成虫为每平方米0.5头，防治时期应尽量在低龄蝗蝻时期。

（三）防治措施

方法、药剂同东亚飞蝗防治。

二十、麦蛾

麦蛾是我国各粮食产区的重要害虫之一，其危害程度仅次于玉米象，可危害所有禾谷类作物籽粒，使粮食在贮藏期损失 20%～40%。主要以幼虫蛀食粮粒，并有转粒蛀食危害的习性。

(一) 形态特征

成虫体长 6 毫米左右，翅展 12～15 毫米，体淡褐或黄褐色，形似麦粒或稻谷，有缎状光泽，头顶光滑，其前翅狭长，形似竹叶，翅面散有暗色鳞片构成的不规则小斑点，后翅烟灰色，指状梯形；两翅均有缘毛，后翅缘毛较长，约为翅宽的两倍。幼虫体长 4～8毫米，全身乳白色，头部淡黄色。腹足退化，不明显，每腹足有 2～4 个趾钩。

(二) 发生规律

每年发生 2～7 代，甚至更多，经老熟幼虫在粮粒内越冬，室内田间均可繁殖。成虫羽化后多于粮堆表面产卵，卵产于籽粒的腹沟或护颖内侧等缝隙中，多成卵块形式，幼虫孵化后多从籽粒胚部或损伤口处蛀入危害，仅初孵龄幼虫能钻入粮堆深处危害，其余 93%～98%在粮面以下 20 厘米内，其中约一半在 6 厘米深的顶层危害，在温度 20～30℃，相对湿度高时，有利于其发生。成虫的飞翔力较强，能飞到田间产卵于即将成熟的稻麦等籽粒上，后随粮食进入仓内孵化危害。

(三) 防治措施

粮食入库前进行曝晒。夏日晴天时将小麦摊在场上，厚 3～5 厘米，每隔半小时翻动一次，粮温上升到 45℃以上时，连续保持 4～6小时，将小麦水分降到 12.5%以下，趁热入仓，加盖密封。

将干燥的粮食密封，使其内缺氧，以窒息害虫。也可充入氮气或二氧化碳气等保护性气体。保证粮库通风，降低粮堆温度，阻止害虫生长繁殖。

药剂熏蒸：可用磷化铝、磷化钙等固体熏蒸剂，一片磷化铝可熏蒸小麦 400 千克，25 克磷化钙可熏蒸小麦 250 千克。也可用敌敌畏、溴甲烷等液体熏蒸剂进行熏蒸，使用时要严格按照使用说明进行，预防人员中毒、爆炸等恶性事故发生。

田间防治：于当地麦蛾产卵盛期到卵孵化高峰期，每亩用50％辛硫磷乳油或40％乐果乳油75毫升对水50千克，喷雾，以消灭卵和初孵幼虫。

二十一、米象、玉米象、锯谷盗

米象、玉米象极其相似，但危害区不太一样，米象主要危害北纬27°以南，玉米象则广泛分布于北纬27°以北。成虫主要危害禾谷类作物谷粒及其产品，也可危害豆类、油菜籽、薯干、干果等。

锯谷盗可危害各种植物性贮藏品，尤以粮食、油料等危害严重，是仓库害虫中数量多，分布最广的害虫，分布于全国各地。

（一）形态特征

米象和玉米象外形相似，生产上通常作为一个物种加以防治。成虫体长3.5～5毫米，圆筒形，褐色或深褐色，其头部额区延伸成啄状，在两鞘翅上各有2个黄褐色椭圆形斑纹。幼虫体长4.5～6毫米，背部隆起呈弯曲状，无足，体肥大，且柔软多皱褶。全身乳白色，仅头部淡黄色。玉米象和米象的区别主要在于其生殖器官上的差异。另外，玉米象体形较宽肥，米象较瘦窄；玉米象前胸沿中线的刻点数多于20个，而米象则少于20个；玉米象活动力大，分布广，危害大，其种族发育历史较短。

锯谷盗成虫体长2.5～3.5毫米，细长而偏，深褐色，无光泽，背面密被淡黄色细毛。头部长梯形，前端粗窄，表面粗糙，黑色小眼。前胸背板每侧各有6个齿，尤以第1、6齿明显，背面有3条明显的纵隆线，被密毛，鞘翅较长，两侧近于平等；幼虫体长4～4.5毫米，细长筒形、灰白色，腹部各节淡褐色，头扁平。

（二）发生规律

米象、玉米象每年可发生数代不等。玉米象不但能在全年内繁殖，而且能在田间繁殖；米象则不能飞到田间繁殖。玉米象抗低温能力、耐饥饿力、产卵繁殖力、发育速度均比米象要强。玉米象可在仓内仓外田间松土缝中越冬，而米象仅在室内越冬。两者幼虫均可在谷物籽粒内越冬，成虫均较活泼，有假死性，趋上性及背趋光性，卵产于粮食内，幼虫在籽粒中蛀食。羽化后，成虫飞出危害，在仓内低温（13℃以下）、粮食含水量低于10%时不利于其生长发育。

锯谷盗每年可发生2～5代，主要以成虫在仓库附近石块、树皮下越冬。也有少数在仓内各种缝隙处越冬。该虫性活泼，爬行很快，很少飞翔。由于身扁，故极易钻入包装不严密的仓储物内进行危害。此虫对低温、高温、药剂等均有很高的抗性，很难防治。

（三）防治方法

参照麦蛾防治方法。

第三节　麦田害虫天敌保护

一、瓢虫

瓢虫是麦田最常见、种群数量最多的蚜虫天敌，对麦田中后期蚜虫有较大的控制作用。其中以七星瓢虫、异色瓢虫和龟纹瓢虫发生数量最多，控制蚜虫作用最强。

（一）形态特征

七星瓢虫：成虫体长5.7～7毫米，宽4.5～6.5毫米，体半球形，背橙红色，两鞘翅上有7个黑色斑点。

龟纹瓢虫：成虫体长3.8～4.7毫米，宽2.9～3.2毫米，黄色至橙黄色，具龟纹状褐色斑纹。鞘翅上黑斑常有变异，有的扩大相连或缩小而成独立的斑点，有的完全消失。常见有二斑型、四斑型和隐四斑型。

异色瓢虫：成虫体长5.4～8毫米，宽3.8～5.2毫米，卵圆形，鞘翅近末端中央有1明显隆起的横瘠痕。色泽和斑纹变异较大，有浅色型和深色型两种类型。浅色型基本为橙黄色至橘红，根据鞘翅上黑斑数量的不同，又可分为19斑型、14斑型、无斑变型和二斑变型；深色型基色为黑色。

（二）发生规律

七星瓢虫：在黄河流域一年发生3～5代，第一代在麦田取食麦蚜，以成虫在土块下、小麦分蘖即根茎间土缝中越冬，于翌年2月中下旬开始活动，3月份开始产卵于叶背面，第一代成虫在4月中旬始现，5月中下旬为盛发期。1～4龄幼虫和成虫单头最大每日食蚜量分别为16.2、37.2、40.0、128.9和128.6头。

龟纹瓢虫：一年发生7～8代，以成虫群聚在土坑或石块缝隙中越冬。翌年3月开始活动，幼虫爬行迅速，捕食能力强，一头3龄幼虫日捕食幼虫可达80头左右。

异色瓢虫：一年发生6～7代，以成虫在岩洞、石缝内群聚越冬，一窝少则几十头，多则上万头。翌年3月上旬至4月中旬出洞，一部分在麦田活动取食，小麦收获后迁入棉田等其他场所。成虫不耐高温，超过30℃死亡率很高。一头4龄幼虫日捕食蚜虫100～200头。

（三）保护利用

小麦油菜间作，利用这些作物上蚜虫发生早、数量大的特点，为瓢虫生存创造条件，可显著增加瓢虫数量。春季晚浇水，可减少瓢虫越冬死亡率。选用对瓢虫杀伤力小或无伤害的选择性农药，如抗蚜威和灭幼脲等，避免使用杀伤力强的广谱农药。

二、草蛉

草蛉是麦田中较常见的害虫天敌之一，主要有中华草蛉和大草蛉两种。在全国各地均有分布，寄主主要为麦蚜、棉蚜和麦蜘蛛。

（一）形态特征

中华草蛉：成虫体长9～10毫米，前翅长13～14毫米，后翅长11～12毫米，体绿黄色。胸和腹部背面两侧淡绿色，中央有黄色纵带，头淡红色，触角比前翅短，灰黄色。翅透明，翅脉黄绿色。卵椭圆形，长0.9毫米，初产绿色，近孵化时褐色。3龄幼虫体长7～8.5毫米，宽2.5毫米，头部除有1对倒八字形褐斑外，还可见到2对淡褐色斑纹。

大草蛉：成虫体长13～15毫米，前翅长17～18毫米，后翅长15～16毫米，体绿色较暗。头黄绿色，有黑斑2～7个。幼虫黑褐色，3龄幼虫体长9～10毫米，宽3～4毫米，头背面有3个品字形大黑斑。

(二) 发生规律

中华草蛉：一年发生6代，以成虫在麦田、树林、柴草和屋檐下背风向阳处越冬，翌年2月下旬开始活动。第一代部分草蛉幼虫在麦田取食麦蚜和红蜘蛛，5月上旬为幼虫高峰期。成虫不取食蚜虫。幼虫活动能力强，行动迅速，捕食凶猛，有"蚜狮"之称。在整个幼虫期可捕食幼虫500～600头。耐高温性好，能在35～37℃温度下正常繁殖。遇饲料缺乏时幼虫有相互残杀的习性。

大草蛉：以茧在寄主植物的卷叶、树洞内或树皮下越冬，翌年4月中下旬羽化后，在有蚜虫的地方活动。不耐高温，气温超过35℃时，卵孵化率很低。

(三) 保护利用

正确选用化学农药，避开幼虫、成虫高峰期用药，可以对草蛉起到一定的保护作用。化学农药对草蛉幼虫、成虫有一定的杀伤作用，但对卵和茧影响较小。一六〇五农药对草蛉杀伤力较强，抗蚜威和乐果相对较安全。人工增殖，人工饲养繁殖草蛉，于适当时机在麦田释放，可有效控制幼虫。

三、蚜茧蜂

蚜茧蜂是麦田蚜虫的重要天敌之一。在麦田发生较多的是燕麦蚜茧蜂和烟蚜茧蜂，全国各麦区均有分布，主要寄主是麦长管蚜和其他蚜虫。

(一) 形态特征

燕麦蚜茧蜂雌蜂体褐色，长2.5～3.4毫米，触角15～17节。烟蚜茧蜂体长1.8～2.7毫米，头和触角暗褐色，唇基与口器黄色，胸背面暗褐色，其余部分暗黄色，少数全胸暗黄色。

（二）发生规律

两种蚜茧蜂均以蛹在菜田枯叶下越冬，在麦田发生 2 代左右，4 月初有成蜂出现，5 月中旬达到高峰，一头燕麦蚜茧蜂雌蜂平均寄生蚜虫 50 余头，最多达到 120 余头。被蚜茧蜂寄生的蚜虫活动能力逐渐减弱，体色变成灰褐色，被蚜茧蜂寄生的蚜虫还能取食一段时间，逐渐死亡，死后蚜体逐渐膨大成谷粒状，即僵蚜。

（三）保护利用

选择化学农药防治蚜虫时，应避开成蜂高峰期，蚜茧蜂僵蚜对化学农药有很强的抗药性，在僵蚜时期喷药治蚜有利于保护蚜茧蜂。

四、食蚜蝇

食蚜蝇是麦田蚜虫的重要天敌之一。在麦田发生较多的有黑带食蚜蝇和大灰食蚜蝇两种。黑带食蚜蝇在小麦主要产区均有分布，大灰食蚜蝇主要分布在北京、河北、甘肃、河南、上海、江苏、浙江、湖北、福建等地。

（一）形态特征

黑带食蚜蝇：成虫体长 8～11 毫米，棕黄色，雌虫额正中有 1 黑色纵带，前粗后细。中胸背板黑绿色，第 2～4 节背板均有黑色横带或斑纹，第 5 节背板有黑色工字型纹，幼虫呈蛆形。

大灰食蚜蝇：成虫体长 9～10 毫米，棕黄色，中突棕色，触角棕黄色或黑褐色。腹部黑色，第 2～4 背板各有 1 对大黄斑。老熟幼虫体长 12～13 毫米，纵贯体背中央有 1 前窄后宽的黄色纵带。

（二）发生规律

黑带食蚜蝇：4 月中旬在麦田出现，中下旬产卵，以幼虫捕食麦蚜，5 月份达到高峰，以后转入棉田。1～3 龄幼虫每日单头捕食蚜虫 7.0、30.3、72.3 头，一生可捕食麦蚜 1 000～1 500 头。

大灰食蚜蝇：成虫 4 月在小麦上产卵，以幼虫捕食蚜虫，3 龄幼虫单头日捕食蚜虫可达 70 余头，一生捕食蚜虫 1 000 头左右。5 月份以后迁入棉田。

（三）保护利用

避免使用广谱杀虫剂，选择对食蚜蝇及其他蚜虫天敌安全的农药，如抗蚜威、灭幼脲等农药，既可消灭蚜虫又可相对保护天敌。

第四节　常见麦田草害防治技术

常见麦田杂草在我国有200余种，以一年生杂草为主，有少数多年生杂草。麦田杂草主要分为阔叶杂草和禾本科杂草两大类，各种杂草除人工（或机械）锄草外，主要采用化学除草。

一、常见麦田阔叶杂草及防除

常见麦田阔叶杂草有马齿苋、猪殃殃、小蓟（刺儿菜）、荠菜、米瓦罐、苣荬菜、律草（拉拉秧）、苍耳、播娘蒿、酸模叶蓼、田旋花、反枝苋、凹头苋、打碗花、苦苣菜等，用于麦田防除阔叶杂草的除草剂有2，4－D丁酯、2甲4氯、百草敌、苯达松、溴草晴、巨星、甲磺隆、绿磺隆、碘苯晴、使它隆（治锈灵）、西草净等。

（1）巨星　在小麦2叶期至拔节期均可施用，以杂草生长旺盛期（3～4叶期）施药防治效果最好。每亩用75%巨星干悬剂0.9～1.4克，对水30～50千克，于无风天均匀喷雾。

（2）2，4－D丁酯　在小麦4叶至分蘖末期施药较为安全。若施药过晚，易产生药害，致麦穗畸形而减产。亩用72%的2，4－D丁酯乳油60～90毫升，对水均匀喷雾。注意在气温达18℃以上的晴天喷药，除草效果较好。

（3）2甲4氯　对麦类作物较为安全，一般分蘖末期以前喷药为适期，亩用70%2甲4氯纳盐55～85克或20%2甲4氯水剂200～300毫升，对水30～50千克，均匀喷雾。在无风晴天喷药效果好。

（4）百草敌　在小麦拔节前喷药，亩用48%百草敌水剂20～30毫升，对水40千克，均匀喷雾。在晴天气温较高时喷药除草效果好。拔节后禁止使用百草敌，以防产生药害。

(5) 苯达松（排草丹） 在麦田任何时期均可使用。亩用48%苯达松水剂130～180毫升，对水30千克。均匀喷雾。气温较高、土壤湿度大时施药效果好。

二、常见麦田禾本科杂草及防除

常见的麦田禾本科杂草有野燕麦、看麦娘、稗草、狗尾草、硬草、马唐、牛筋草等，近年来节节麦有发展趋势，亦应引起重视。常用于麦田防除禾本科杂草的除草剂有骠马、禾草灵、新燕灵、燕麦畏、杀草丹、禾大壮、燕麦敌、青燕灵、野燕枯等。

(1) 禾草灵　亩用36%禾草灵乳油130～180毫升，对水30千克，均匀喷雾，可有效防治禾本科杂草。

(2) 骠马　对小麦使用安全的选择性内吸型除草剂。在小麦生长期间喷药，亩用6.9%骠马乳剂40～60毫升或10%骠马乳油30～40毫升，对水30千克，均匀喷雾，可有效控制禾本科杂草危害。

(3) 新燕灵　主要用于防除野燕麦。在野燕麦分蘖至第一节出现期，亩用20%新燕灵乳油250～350毫升，对水30千克，均匀喷雾。

(4) 杀草丹　可在小麦播种后出苗前，每亩用50%杀草丹乳油100～150毫升，加25%绿麦隆120～200克；或用50%杀草丹乳油和48%拉索乳油各100毫升，混合后对水30千克，均匀喷洒地面。也可在禾本科杂草2叶期亩用50%杀草丹乳油250毫升，对水30千克，均匀喷雾。此外，可适时进行人工或机械锄草。

三、阔叶杂草与禾本科杂草混生及防除

麦田中两类杂草混生时可选用绿麦隆、绿磺隆、甲磺隆、利谷隆、异丙隆、禾田净和扑草净等农药，对多数阔叶杂草和部分禾本科杂草有较好的防治效果。

(1) 绿麦隆　小麦播种后出苗前，每亩用25%绿麦隆200～

300 克，对水 30 千克，地表喷雾或拌土撒施。麦田若以硬草和棒头草为主，播后苗前每亩用 25%绿麦隆 150 克，加 48%氟乐灵 50 克，均匀地面喷雾，可有效控制杂草。

(2) 甲磺隆　在小麦播种后到 2 叶期，每亩用 10%甲磺隆 3～5 克，加水 30 千克均匀喷雾，可控制杂草。但该药残效期较长，对后茬作物甜菜有影响，在种植甜菜地区用药时要谨慎。

(3) 绿磺隆　在小麦播种前、播种后出苗前、幼苗期均可使用，以幼苗早期施药效果最好。绿磺隆在土壤中持效期达一年左右，对麦类作物安全，但对后茬作物玉米、棉花、大豆、花生、油菜、甜菜等产生药害。用药应考虑到后茬作物。

(4) 扑草净　在小麦播种后出苗前每亩用 50%扑草净 75～100 克，加水 30 千克进行地表喷雾。干旱地区施药后浅耙混土 1～2 厘米，可提高除草效果。

(5) 利谷隆　在小麦播种后出苗前，每亩用 50%利谷隆 100～130 克，加水 30 千克，均匀喷雾，并浅耙混土，提高除草效果。

四、化学除草应注意的问题

采用化学除草技术，既要求高效除草，又要保证不伤害小麦，还要考虑不影响下茬作物。

(1) 正确选择除草剂。首先要根据当地主要杂草种类，选择适当有效的除草剂；其次是考虑当地的耕作制度，选择不影响下茬作物的除草剂。另外，还要注意交替轮换使用杀草机制和杀草谱不同的除草剂品种，以避免一些杂草产生耐药性，致使优势杂草被控制了，耐药性杂草逐年增多，由次要杂草上升为主要杂草而造成损失。

(2) 尽早施药。杂草幼小时耐药性差，药剂防除效果好。

(3) 严格掌握用药量和用药时期。一般除草剂都有经过试验后提出的适宜用量和时期，应严格掌握，切不可随意加大药量，或错过有效安全施药期。

(4) 注意施药时的气温。所有除草剂都是气温较高时施药才有利于药效的充分发挥，但在气温 30℃以上时施药，有增加出现药害的可能性，气温低于 10℃不宜喷药。

（5）保证适宜湿度。土壤湿度是影响药效高低的重要因素。播后苗前施药若土层湿度大，易形成严密的药土封杀层，这时杂草种子发芽出苗快，可提高防除效果。生长期土壤墒情好，杂草生长旺盛，利于杂草对除草剂的吸收和在体内运转而杀死杂草，药效快，防效好。因此，应注意在土壤墒情好时应用化学除草剂。

第五章
田间调查取样和测定方法

苗情信息采集大致可分为现代信息采集和传统信息采集。现代信息采集主要通过遥感系统进行。当前不少单位采用物联网进行数据采集分析系统，获取相关的苗情信息。物联网就是物物相连的互联网，即通过装置在各类物体上的射频识别（RFID）、传感器、二维码等，经过接口与无线网络相连，从而给物体赋予“智能”，可实现人与物体的沟通和对话，也可以实现物体与物体互相间沟通和对话，这种将物体联接起来的网络被称为“物联网”。但是目前生产实践中应用的主要还是传统的信息采集方法，在此主要介绍常用的小麦苗情信息采集和测定方法。

第一节 麦田调查取样方法

一、取样原则

根据实事求是和客观的原则，田间取样要确保具有代表性，同时要随机取样，尽量减少人为因素干扰。即客观性、代表性、随机性原则。

二、取样方法

通常采用随机取样调查，即田间各个取样单位（如一定面积、一定株数或单个植株）都有相同的机会被抽取作为样本，使抽取的样本具有代表性，不能随意而取。由于农作物种类、作物栽培耕作方式和农田环境条件不同而异，采用的方法有以下几种（图 1）。

1. 五点取样法

适宜于密集成行的作物，可以按一定面积、一定长度或一定植株数量选取样点。这种方法比较简单，取样数量比较少，样点可以稍大，适合于较小或近方形的地块，是最普遍的方法。

2. 对角线取样法

分为单对角线和双对角线取样。在田间对角线上，各采取等距离的地点作为取样点，与五点式取样相似，取样数较少，每个样点可稍大（多用双对角线法）。

3. 棋盘式取样法

将地块划成等距离、等面积的方格，每隔一个方格在中央取一个点，相邻行的样点交错分布。这种方法适合于地块较大或长方形的地块。取样数目较多，调查结果比较准确，但较费工时。

4. 平行线取样法

适合于成行的作物。在田间每隔若干行取一行调查，一般在短垄的地块可用此法；若垄长时，可在行内取点。这种方法样点较多，分布也较均匀。

5. Z 字形取样法

适宜于不均匀的田间分布。样点分布田边较多，田中较少，如蚜虫、红蜘蛛前期在田边点片发生时，以采用此法为宜。

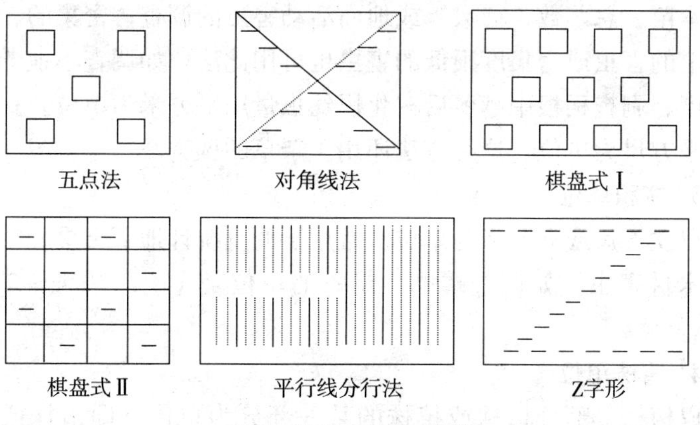

图 1　取样方法示意图

以上取样方法均为等距取样，因此取样时要估计田块面积，然后再根据田块面积决定抽样数。

一般田块在 2 亩以下的抽样数为 5 个，2～10 亩抽样 5～10 个，10～50 亩抽样 10～15 个，50～100 亩抽样 15～20 个，100 亩以上抽样 20 个以上。

三、取样单位

每个样点的形状和统计观察的单位即取样单位。进行田间调查时，必须根据调查的目的、任务（如调查小麦苗情、病虫草害）、作物种类、耕作栽培方式不同，选取合适的取样单位。常用单位如下：

1. 长度单位

以尺、米或厘米为单位。常用于条播密植作物苗情（如小麦的基本苗、不同生育期的总茎数调查，成穗数调查、害虫数、病株数及受害程度等）调查。调查小麦苗情时，可查一定长度范围内（多以 1 米双行为单位）的苗数、总茎数、病株数或害虫头数等，然后根据播幅和行距，折算成每亩病苗数、总茎数、病株数或虫口数。

2. 面积单位

以平方尺[①]或平方米。常用于撒播密植的大田作物苗情（如小麦基本苗、总茎数、穗数）或地面活动害虫的调查；密集的、矮生作物上的害虫或密集度很低的害虫也可用此法，如调查小地老虎幼虫密度、剥查稻根中越冬后三化螟幼虫量用平方米为单位。查蝗虫卵以平方尺为单位。这种方法还用于杂草的调查。

3. 体积单位

以立方尺或立方米为单位。常用于调查统计地下害虫和贮粮害虫、木材害虫。如调查蝼蛄、蛴螬的单位是 1×1×0.4～0.6 立方米。

4. 植株单位

以植株、部分植株或植株的某一部分为单位（即植株或其器官）。如调查小麦每穗粒数，可以在田间随机取 20 个麦穗为一个单

① 尺为非法定计量单位，3 尺＝1 米。——编者注

元，每亩地取若干单元，也可在调查穗数的样点中随机取 20 个麦穗，分别数每穗粒数。或者计数每株（丛）作物或作物上某一器官或部位上的虫数（病斑数或面积）。适用于株、行距清楚的作物调查。如调查那些体小不活泼、数量多而群集的害虫，如调查麦蚜在不同苗期的密度，都是以植株为单位，最后计算出平均每株或百株的害虫数。

5. 以诱集物为单位

利用害虫的趋性，调查诱集害虫的发生情况。以诱集物为单位，如用灯光诱虫，以一定的灯种、一定的光度、在一定时间内诱集的虫数为计算单位；而用糖醋液诱集小地老虎、黄盆诱蚜，则以每一个诱集器（盆）为单位；用草把诱卵、杨枝把诱蛾，则以“把”为单位，计算百把卵数，百把蛾数等。

6. 网捕单位

在单位时间内，以一定大小口径的扫网摆动次数为单位，计算平均每网虫数。适用于小型而活动性很强的害虫，如飞虱、吸浆虫、叶蝉类的调查。近年来我国研究迁飞害虫，固定在高山上的高山捕虫网，也属网捕单位。

7. 时间单位

用于调查活动性大的害虫，可在一定面积范围内，单位时间内目测经过或起飞的虫数，可以此粗略地表示其密度。

四、取样数量

田间调查取样必须有充分的代表性，以尽可能反映整体情况，最大限度地缩小误差。在调查某一苗情性状时，若取样过少，会使调查结果不准确；取样过多，又浪费人力与时间。为保证取样质量和节约人力必须确定适宜的取样数量。取样数量主要根据调查田块的大小、地形、作物生长整齐度、地块周围环境等来确定。面积小、地形一致、作物生长整齐、四周无特殊环境影响，每个样点可小一些；反之，每个样点可大一些。在时间及人力许可时，尽可能多地取些样（每个样点小麦、玉米、大豆、棉花一般为 20～30 株，水稻为 20～30 丛）。

五、杂草调查取样

杂草不但直接危害作物，与作物争夺养分、水分、光等资源，而且是许多病虫害的寄主，能助长病虫害发生和蔓延，因此从某种意义上说除草可以防治病虫害。农田杂草主要为被子类植物，且种类繁多，目前已知全世界生长在农田中的杂草有 8 000 余种，直接危害作物的有 1 200 余种，我国有 500 多种。其调查和取样方法同上，但调查内容有所区别。

杂草调查和取样的方法同上。为了便于调查，可把杂草分为以下三类：禾本科、阔叶类和莎草科。防治时根据杂草的主要类型选用适宜的农药。

禾本科杂草：主要以种子繁殖，胚有一个子叶，叶形狭窄，茎秆圆筒形，有节，节间中空，平行脉，叶子竖立无叶柄，生长点不外露，须根系。主要有稗草、雀稗、白茅、铺地黍、马唐、狗尾草、野燕麦、狗牙根、牛筋草、茅草（香草）、看麦娘、蜡烛草、毒麦等。

阔叶类杂草：有 2 片子叶，生长点裸露，叶较宽，叶子着生角度大，网状脉，有叶柄，直根系。有苍耳、苘麻、醴肠、苋菜、龙葵、藜、叶蓼、田旋花、刺儿菜、苣荬菜、繁缕、大蓟、车前、蔓陀罗、牵牛等。

莎草类杂草：此类杂草也是单子叶，但茎为三棱型，个别为圆柱形。无节，通常为实心，叶片窄长而尖锐，竖立生长，平行叶脉，叶鞘闭合呈管状，如异型莎草、碎米莎草、牛毛草、白莎草、香附子等。

第二节　小麦苗情分类标准

小麦苗情分类需要依据群体状况和单株长势情况，如群体总茎数、单株苗高、叶龄、分蘖数、次生根数等，但目前全国各地小麦的苗情分类尚无统一的标准。不同生态区、不同品种类型、不同播期、不同品种对小麦苗情分类都有一定影响。为方便实用，根据多年的生产实践，参考各地的标准，按不同生态区和品种类型列出下列群体标准供参考。

北部冬麦区苗情分类标准（万株；以亩计）

生育期	主要指标	旺苗	一类苗	二类苗	三类苗
越冬前	总茎蘖数	＞100	80～100	60～79	＜60
返青期	总茎蘖数	＞100	80～100	60～79	＜60
起身期	总茎蘖数	＞110	90～110	70～89	＜70
拔节期	总茎蘖数	＞120	100～120	80～99	＜80

黄淮冬麦区苗情分类标准（万株；以亩计）

生育期	主要指标	旺苗	一类苗	二类苗	三类苗
越冬前	总茎蘖数	＞95	80～95	55～79	＜55
返青期	总茎蘖数	＞100	80～100	60～79	＜60
起身期	总茎蘖数	＞110	90～110	70～89	＜70
拔节期	总茎蘖数	＞115	90～115	75～89	＜75

河北省冬小麦苗情分类调查表（万株；以亩计）

生育期	主要指标	旺苗	一类苗	二类苗	三类苗
越冬前	总茎蘖数	＞100	80～100	60～80	＜60
返青期	总茎蘖数	＞100	80～100	60～80	＜60
起身期	总茎蘖数	＞120	100～120	80～100	＜80

北京市冬小麦苗情分类标准（万株；以亩计）

季节	年份	旺苗	一类苗	二类苗	三类苗
冬前	2010	冬前茎≥100	80≤冬前茎<100	60≤冬前茎<80	冬前茎<60
冬前	2011	冬前茎≥100	80≤冬前茎<100	60≤冬前茎<80	冬前茎<60
冬前	2012	冬前茎≥120	80≤冬前茎<100	60≤冬前茎<80	冬前茎<60
冬前	2013	冬前茎≥100	80≤冬前茎<100	60≤冬前茎<80	冬前茎<60
起身期	2010	最高茎≥110	90≤最高茎<110	70≤最高茎<90	最高茎<70
起身期	2011	最高茎≥100	80≤最高茎<100	60≤最高茎<80	最高茎<60
起身期	2012	最高茎≥120	100≤最高茎<120	80≤最高茎<100	最高茎<80
起身期	2013	最高茎≥120	100≤最高茎<120	80≤最高茎<100	最高茎<80

山东省冬小麦苗情分类标准（万株；以亩计）

生育期	主要指标	旺苗	一类苗	二类苗	三类苗
越冬前	总茎蘖数	>80	60～80	45～60	<45
春季	总茎蘖数	≥100	80～100	60～80	<60

陕西冬小麦冬小麦苗情分类标准（万株；以亩计）

生育期	主要指标	一类苗	二类苗	三类苗
越冬前	总茎蘖数	>60	45～59	<45
春季	总茎蘖数	>80	60～79	<60

山西省冬小麦苗情分类标准（万株；以亩计）

生育期	主要指标	一类苗	二类苗	三类苗
越冬前	总茎蘖数	60～80	45～60	<45
春季	总茎蘖数	80～100	60～79	<60

湖北省小麦苗情分类标准（万株；以亩计）

生育期	主要指标	旺苗	一类苗	二类苗	三类苗
越冬前	总茎蘖数	＞65	50～65	35～49	＜35
返青期	总茎蘖数	＞80	60～80	40～59	＜40
拔节期	总茎蘖数	＞100	70～100	50～69	＜50

安徽省沿江地区春性小麦苗情分类标准（万株；以亩计）

生育期	主要指标	旺苗	一类苗	二类苗	三类苗
越冬前	总茎蘖数	＞70	50～70	30～49	＜30
返青期	总茎蘖数	＞80	70～80	50～69	＜50
拔节期	总茎蘖数	＞90	80～90	50～79	＜60

安徽省沿淮、淮北地区半冬性性小麦苗情分类标准（万株；以亩计）

生育期	主要指标	旺苗	一类苗	二类苗	三类苗
越冬前	总茎蘖数	＞90	70～90	60～69	＜60
返青期	总茎蘖数	＞100	80～100	70～79	＜70
拔节期	总茎蘖数	＞110	90～110	80～89	＜80

安徽省江淮地区半冬性、春性小麦苗情分类标准（万株；以亩计）

生育期	主要指标	旺苗		一类苗		二类苗		三类苗	
		半冬性	春性	半冬性	春性	半冬性	春性	半冬性	春性
越冬前	总茎蘖数	＞80	＞70	70～80	60～70	60～70	50～60	＜60	＜50
返青期	总茎蘖数	＞90	＞80	80～90	60～80	70～80	40～60	＜70	＜60
拔节期	总茎蘖数	＞100	＞90	90～100	80～90	70～90	60～80	＜70	＜60

宁夏灌区春小麦苗情分类标准（万株；以亩计）

生育期	主要指标	旺苗	一类苗	二类苗	三类苗
头水（4月25日）	基本苗数	＞50	40～50	30～39	＜30
二水（5月10日）	总茎蘖数	＞100	80～100	60～79	＜60

注：头水、二水时间以2月下旬播种、3月下旬4月初出苗的灌区中部麦田管理为参照，由于宁夏灌区从南到北，春小麦播期推迟，各地肥水管理及苗情标准可参照以上标准调整。

第三节　调查记载标准及方法

一、小麦基本苗数的调查

调查小麦的基本苗数，可根据小麦播种方式采取不同的方法。

1. 条播麦的调查

我国大部分麦田采用条播，对这种麦田，可在小麦全苗后在麦田中选择有代表性的样点3～5个，每点取并列的2～3行，行长1米，数出样点苗数，先计算平均值，然后计算出基本苗数。

$$\text{亩基本苗数（万）}=\frac{\text{样点平均苗数}}{\text{样点面积（米}^2\text{）}}\times 667$$

2. 撒播麦的调查

南方稻茬麦常有撒播方式，北方近年也有少数撒播麦田。对这类麦田，可在小麦全苗后进行调查，具体方法可采用事先做好的铁丝方筐，一般1米见方，然后在大田中选代表性的样点3～5个，把铁丝筐套上去，分别数出样点铁丝筐内的苗数，计算出样点的平均数，再计算出基本苗数。

$$\text{亩基本苗数（万）}=\text{每平方米苗数}\times 667$$

二、小麦主要生育过程的记载及标准

（1）播种期：实际播种日期，以月/日表示（以下生育期记载同此）。

（2）出苗期：幼苗出土达2厘米左右，全田有50%的麦苗达

到此标准时为出苗期。

（3）三叶期：全田有50%的麦苗伸出第三片叶的日期。

（4）分蘖期：全田有50%的植株第一个分蘖露出叶鞘的日期。

（5）越冬期：当冬前日平均气温稳定下降到0℃时，小麦地上部分基本停止生长，进入越冬期，称为越冬始期，一直延续到早春气温回升到2～3℃时开始返青，从越冬始期到返青期这一段时期都称为越冬期。

（6）返青期：早春日平均气温回升到2～3℃时，小麦由冬季休眠状态恢复生长的日期。田间有50%植株显绿，新叶长出1厘米。

（7）拔节期：全田有50%植株主茎第一茎节伸长1.5～2厘米时进入拔节期（拔节始期），可用指摸茎基部来判断，或剥开叶片观察。从拔节始期到挑旗期这一阶段都称为拔节期。

（8）挑旗期：全田有50%以上植株旗叶展开时的日期。

（9）抽穗期：全田有50%以上麦穗顶部小穗露出旗叶叶鞘的日期。

（10）开花期：全田有50%以上麦穗中部小穗开始开花的日期。

（11）乳熟期：籽粒开始灌浆，胚乳呈乳状的日期。

（12）蜡熟期：茎、叶、穗转黄色，有50%以上的籽粒呈蜡质状的日期。

（13）完熟期：植株枯黄，籽粒变硬，不易被指甲划破，称为成熟期。

（14）收获期：实际收获的日期。

（15）全生育期：从播种至完熟所经历的总日数（也有从出苗期开始计算生育期的，但需注明）。

三、最高茎数、有效穗数和成穗率调查和测定

最高茎数是指小麦分蘖盛期时植株的总茎数（包括主茎和所有分蘖），又可分为冬前最高总茎数和春季最高总茎数，冬前最高总茎数是越冬前调查的总茎数，春季最高总茎数是指在拔节初期分蘖两

极分化前的田间最高总茎数，可参照基本苗的调查方法进行调查。

有效穗数是指能结实的麦穗数，一般以单穗在 5 粒以上为有效穗，调查方法同基本苗，可在蜡熟期前后进行调查。

成穗率是有效穗占最高总茎数的百分率。

四、小麦叶面积系数测定

小麦叶面积系数是指单位面积土地（一般以亩计）上小麦植株绿色叶片总面积与单位土地面积的比值。叶面积系数是衡量群体结构的一个重要指标。系数过高影响小麦群体通风透光，过低不能充分利用光能。小麦不同生育时期叶面积系数有很大变化，通过栽培管理措施，合理调控群体发展，使叶面积系数达到最适数值，有利于小麦获得高产。叶面积测定的方法很多，可通过叶面积仪直接测定，还可一般用烘干法和长乘宽折算法。

1. 叶面积仪测定法

先测定若干有代表性单位面积样点（一般要求 5 点以上）上植株的全部叶面积，取其平均值，然后再计算叶面积系数：

叶面积系数＝样点叶面积/样点面积

或从田间取有代表性的麦苗样本 50 株，测定其全部绿叶面积，计算单株叶面积，再根据基本苗数计算叶面积系数：

叶面积系数＝单株叶面积×亩基本苗数/667 米^2

2. 烘干法

取若干有代表性单位面积样点（一般要求 5 点以上）上的植株，分别在每个部位叶片中部取一定长度（一般为 3～5 厘米）的长方形小叶块，将小叶块拼成长方形（标准叶），量其长、宽，求得叶面积（S1），然后烘至衡重称重量（G1）。将剩余的叶片烘至衡重，称其重量（G2），各测定样点的平均值，即可计算出叶面积系数：

样点叶面积＝标准叶的叶面积（S1）×（G1＋G2）/G1

叶面积系数＝样点叶面积/样点面积

也可从田间取有代表性的麦苗样本 50 株，先从样本中取 5～7 株，同上取标准叶，求出叶面积（S1）和重量（G1），另从样本中取 30 株，取其全部绿叶烘至衡重，称其重量（G2），经计算求出叶面积系数：

单株叶片干重＝G2/30 株

单株叶面积＝单株叶片干重×S1/G1

叶面积系数＝单株叶面积×亩基本苗数/667 米^2

3. 长乘宽折算法

选取有代表性的 30 株麦苗，直接量出每株各绿叶的长度和最宽处的宽度，相乘以后再乘以系数 0.83，取其平均值，求出单株叶面积，即可计算出叶面积系数：

叶面积系数＝单株叶面积×亩基本苗数/667 米^2

也可取若干有代表性单位面积样点（一般要求 5 点以上）上的植株，直接量出每株各绿叶的长度和最宽处的宽度，相乘以后再乘以系数 0.83，取各点面积平均值，即可计算出叶面积系数：

叶面积系数＝样点叶面积/样点面积

五、小麦倒伏情况调查记载

小麦品种抗倒伏能力弱、生长过密或植株较高、生长后期遇大风雨，都可能出现倒伏。每次倒伏都应记载倒伏发生的时间，可能造成倒伏的原因，以及倒伏所占面积比例和程度等。倒伏面积（%）按倒伏植株面积占全田（或全区）面积的百分率计算。倒伏的程度一般可分为 4 级。0 级：植株直立未倒；1 级：植株倾斜 15°以下，称为斜；2 级：植株倾斜 15°～45°，称为倒；3 级：植株倾斜 45°～90°，称为伏。目前，小麦区试中把倒伏分为 5 级。1 级：不倒伏；2 级：倒伏轻微，植株倾斜角度小于 30°；3 级：中等倒伏，倾斜角度 30°～45°；4 级：倒伏较重，倾斜角度 45°～60°；5 级：倒伏严重，倾斜角度 60°以上。

六、小麦整齐度田间观察标准

一般田间观察小麦的整齐度可分为三级：一级用“＋＋”表示整齐，全田麦穗的高度相差不足一个穗子；二级用“＋”表示中等整齐，全田多数整齐，少数高度相差一个穗子。三级用“一”表示不整齐，全田穗子高矮参差不齐。

七、室内考种的主要内容

可根据实际需要确定考种内容。一般主要有如下 10 项内容：

1. 株高

由单株基部测量到穗顶（不算芒长）的平均数，以厘米为单位。如在田间测定，则由地表测量到穗顶（芒除外），一般需要测量 10 株以上，然后计算平均数。如果做栽培研究，常把样点取回，按单茎测量株高，然后计算平均值，可依此计算出株高的变异系数，凡变异系数小的整齐度好，反之则整齐度差，以便进一步验证栽培措施的合理性。

2. 穗长

从基部小穗着生处测量到顶部（芒除外），包括不孕小穗在内，以厘米为单位。一般应随机抽取样点，测量全部穗长（包括主茎穗和分蘖穗），然后求平均值。也可依此计算出穗长的变异系数，凡变异系数小的整齐度好，反之整齐度差。

3. 芒

根据麦芒有无或长短、性状，一般可分为：

无芒：完全无芒或芒极短。

顶芒：穗顶小穗有短芒，芒长 3～15 毫米。

短芒：全穗各小穗都有芒，芒长 20 毫米左右。

长芒：全穗各小穗都有芒，芒长 20 毫米以上。

曲芒：麦芒勾曲或蜷曲。

4. 穗型

一般可分以下几种类型：

纺锤形：穗中部大，两头尖。

长方形：穗上下基本一致，呈长方体。

圆锥形：穗上部小而尖，基部大。

棍棒形：穗上部大，向下渐小。

椭圆形：穗特短，中部宽。

分枝型：麦穗上有分枝，生产上较少见。

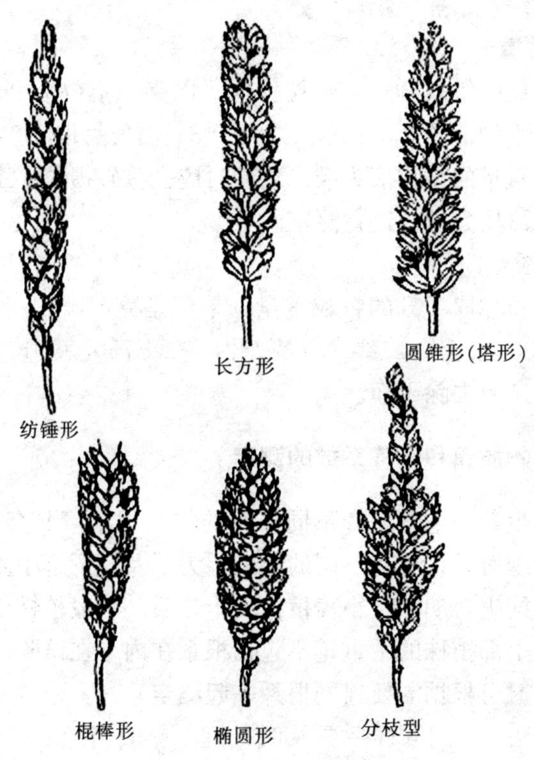

图 2　小麦穗型

(引自金善宝、刘安定主编《中国小麦品种志》)

5. 穗色

以穗中部的颖壳颜色为准，分红、白两色。

6. 小穗数

数出样本中每穗的全部小穗数，包括结实小穗和不孕小穗，求平均值。

7. 穗粒数

数出样本中每穗的结实粒数，求平均值。

8. 粒色

主要分红粒（包括淡红色）与白粒（包括淡黄色）两种。个别还有紫色、绿色、黑色粒等。

9. 千粒重

风干籽粒随机取样 1 000 粒称重（以克为单位）。以两次重复相差不大于平均值的 3%为准，如大于 3%需要另取 1 000 粒称重，以相近两次重量的平均值为准。数粒时应去除破损粒、虫蚀粒、发霉粒等，也可用数粒仪进行测定。

10. 容重

用容重器称取 1 升的籽粒重量。单位是克/升。一般一级商品小麦容重 790 克/升，二级 770 克/升，三级 750 克/升。测量容重时要注意将杂质去除干净。

八、干物质重和经济系数的测定

小麦一生各个生育期和不同器官的物质积累情况有很大变化，不同水肥管理对干物质有不同的影响，为了及时了解小麦的生长情况，常在不同生育期测定小麦植株的干物质，一般植株干物质重主要是测定地上部植株的干重，不包括根系在内（在试验研究中的盆栽小麦，有时可根据需要连同根系一起测定）。

测定方法：田间取样后要及时处理，一般当天取样当天处理。新鲜样品采集后要及时进行杀青处理，即把样品放入 105℃烘箱内烘 30 分钟，然后将温度降到 60～80℃，继续烘 8 小时左右，使其快速干燥，然后取出，待温度降到常温时称重，再继续烘干 4 小时，第二次称重，一直达到恒重为止。成熟时测定干重，可将样本放在太阳下晒干，称取风干重，即为生物产量，然后脱粒，称取籽粒重量，用籽粒重除以生物产量即为经济系系。例如，每亩生物产量 1 000 千克，籽粒产量 410 千克，则经济系数为 410÷1 000＝0.41。

九、小麦田间测产

田间测产一般应用于丰产田或试验田，一般田间生长不匀的低产田测产的可靠性较差。测产的方法是先随机选点采样，然后测定产量构成因素或实际产量。再计算每亩的产量。具体方法是在测产田中对角线上选取5个样点，每个样点1米^2，数出每样点内的麦穗数，计算出每平方米的平均穗数，从每个样点中随机连续取出20～50穗，数出每穗粒数，计算每穗的平均粒数，参照所测品种常年的千粒重，或把样点脱粒风干后实测千粒重。按下式计算理论产量（以亩计）：

$$\text{理论产量（千克）}=\frac{\text{每平方米穗数}\times\text{每穗平均粒数}\times\text{千粒重（克）}}{1\,000\times1\,000}\times667$$

如果把1米^{2}样点的植株收获全部脱粒风干后称重，则可按下式计算产量：

理论产量（千克）＝平均每点风干籽粒重量（千克）×667

测产的准确性，关键在于取样的合理性与代表性。但在实践中往往出现取样测产偏高，实际应用中经常把测产数×缩值系数（或称校正系数），缩值系数一般定为0.85。

十、小麦高产创建实产验收

为了规范高产创建田的测产验收，农业部根据不同作物种类制定了相应的测产验收办法。现照录如下：

全国粮食高产创建测产验收办法（试行）

第一章　总　　则

第一条　主要目的。为了规范粮食作物高产创建万亩示范点测产程序、测产方法和信息发布工作，推动高产创建活动健康发展，特制定本办法。

第二条　适用范围。本办法适用于全国水稻、小麦、玉米、马铃薯等粮食作物高产创建万亩示范点测产验收工作。

第二章　指导思想和工作原则

第三条　指导思想。按照科学规范、公开透明、客观公正、严格公平的要求，突出标准化和可操作性，遵循县级自测、省级复测、部级抽测的程序，统一标准，逐级把关，阳光操作，确保粮食高产创建万亩示范点测产验收顺利开展。

第四条 工作原则。全国粮食作物高产创建万亩示范点测产验收遵循以下原则：

（一）以省为主。县、省、部三级分时间、分层次进行测产，由省（区、市）农业行政主管部门统一组织本地测产验收工作，并对测产结果负责。

（二）科学选点。县、省、部三级测产选择万亩示范点有代表性的区域、有代表性的地块和有代表性样点进行测产，确保选点科学有效。

（三）统一标准。实行理论测产和实收测产相结合，统一标准，规范运作。

第三章 测产程序

第五条 县级自测。水稻、小麦、玉米高产创建示范点在成熟前15～20天组织技术人员进行理论测产，马铃薯示范点在收获前15～20天进行产量预估，并将测产和预估结果及时上报省（区、市）农业行政主管部门。同时报送万亩示范点基本情况，包括：(1) 示范点所在乡（镇）、村、组、农户及村组分布简图；(2) 高产创建示范点技术实施方案；(3) 高产创建示范点工作总结。

部级高产创建示范点县在作物收获前，均要按照本办法对示范点产量进行实收测产，并保存测产资料备验。

第六条 省级复测。各省（区、市）农业行政主管部门对高产创建示范点自测和预估的结果进行汇总、排序，组织专家对产量水平较高的示范点进行复测，并保存测产资料备验。同时，在示范点作物收获前10天推荐1～3个示范点申请部级抽测。

第七条 部级抽测。根据各地推荐，农业部组织专家采取实收测产的办法抽测省（区、市）1～2个示范点。

第八条　结果认定。农业部组织专家对各省（区、市）高产创建示范点测产验收结果进行最终评估认定。

第九条　信息发布。各地粮食作物高产创建万亩示范点测产验收结果由农业部统一对外发布。

第四章　专家组成和测产步骤

第十条　专家组成

（一）专家条件。测产验收专家组由 7 名以上具有副高以上职称从事相关作物科研、教学、推广的专家组成，专家成员实行回避制。

（二）责任分工。专家组设正副组长各 1 名，组长由农业部粮食作物专家指导组成员担任，测产验收实行组长负责制。

（三）工作要求。专家组坚持实事求是、客观公正、科学规范的原则，独立开展测产验收工作。

第十一条　测产步骤

（一）前期准备。专家组首先听取高产创建示范点县农业部门汇报高产创建、测产组织、自测结果等方面情况，然后查阅高产创建有关档案。

（二）制定方案。根据汇报情况和档案记载，专家组制定测产验收工作方案，确认取样方法、测产程序和人员分工。

（三）实地测产。根据专家组制定的测产验收工作方案，专家组进行实地测产验收，并计算结果。

（四）汇总评估。专家组对测产结果进行汇总，并进行评估认定。

（五）出具报告。测产结束后，专家组向农业部提交测产验收报告。

第五章　水稻测产方法（略）

第六章　小麦测产方法

第十四条　理论测产

（一）取样方法。将万亩示范点平均划分为50个单元，每个单元随机取1块田，每块田3点，每点取1米^{2}调查亩穗数，并从中随机取20个穗调查穗粒数。

（二）计算公式。

理论产量（千克）＝每亩穗数×每穗粒数×千粒重（前3年平均值）×85％

第十五条　实收测产

（一）取样方法。在省级理论测产的单元中随机抽取3个单元，每个单元随机用联合收割机实收2 000米^2（3亩）以上连片田块，除去麦糠杂质后称重并计算产量。实收面积内不去除田间灌溉沟面积，但去除坟地、灌溉主渠道面积；收割前由专家组对联合收割机进行清仓检查；田间落粒不计算重量。

（二）测定含水率。用谷物水分测定仪测定籽粒含水率，10次重复，取平均数。

（三）计算公式。

实收亩产量（千克）＝每亩籽粒鲜重（千克）×［1－鲜籽粒含水量（％）］÷［1－13％］

（其他作物的验收办法略。）

参 考 文 献

陈万权.2012. 图说小麦病虫草鼠害防治关键技术.北京：中国农业出版社.

崔读昌，刘洪顺，闵谨如，等.1984. 中国主要农作物气候资源图集.北京：气象出版社.

金善宝.1961. 中国小麦栽培学.北京：农业出版社.

金善宝.1996. 中国小麦学.北京：中国农业出版社.

金善宝，刘安定.1964. 中国小麦品种志.北京：农业出版社.

马奇祥，等.1998. 麦类作物病虫草害防治彩色图说.北京：中国农业出版社.

全国农业技术推广服务中心.2004. 小麦病虫防治分册.北京：中国农业出版社.

姚祖芳，赵振勋.1991. 河北省土壤图集.北京：农业出版社.

张锦熙，刘锡山，等.1981. 小麦叶龄指标促控法的研究，中国农业科学(2)：1-13.

赵广才.2010. 中国小麦种植区域的生态特点.麦类作物学报，30(4)：886-895.

赵广才.2010. 中国小麦种植区划研究（一）.麦类作物学报，30(5)：886-895.

赵广才.2010. 中国小麦种植区划研究（二）.麦类作物学报，30(6)：1140-1147.

赵广才.2013. 优质专用小麦生产关键技术百问百答：3版.北京：中国农业出版社.

《植保员手册》编绘组.1971. 麦类油菜绿肥病虫害的防治.上海：上海人民出版社.

中国农业科学院.1979. 小麦栽培理论与技术.北京：农业出版社.

中国农业科学院.1959. 中国农作物病虫图谱（第一集、第二集）.北京：农业出版社.

中国科学院南京土壤研究所.1986. 中国土壤图集.北京：地图出版社.